未来之城

卓越城市规划与城市设计

著 【西】阿方索·维加拉
 胡安·路易斯·德拉斯里瓦斯

译 赵振江

段继程

裴达言

校 【西】路彬（ALEX CAMPRUBI）
 陈安华

TERRITORIOS
INTELIGENTES
ALFONSO VEGARA
JUAN LUIS DE LAS RIVAS

中国建筑工业出版社

U0202752

都市基金会 FUNDACIÓN METRÓPOLI

都市基金会

TTT FUNDACION**METROPOLI**
Knowledge creation and sharing

都市基金会是一个非营利性组织，目标是立足国际化视野促进城市空间的发展和创新，主要开展以下活动：

"20城市计划"：目前，该项活动是集中在五大洲20个试点城市的一项研究。在新加坡、波士顿、迪拜、上海、圣地亚哥、悉尼、都柏林等地及其主要大学开展，将各自具有竞争力的优势和城市空间的主要创新进行比较。

"城市实验室"：在"20城市计划"理论和实践经验的基础上，"都市基金会"与多个城市和地区签约，论证其发展中的优秀成果，确定后续的战略性规划项目。

"都市艺术"：旨在恢复艺术在人类居住环境设计中的创造力和创新作用。我们相信，描绘未来城市和整个国家面貌的神笔将在建筑、规划、景观、绘画、雕塑和新技术的融合中诞生。

"城市卓越推进计划"：该基金会有一系列的计划来创造和分享知识，其中包括"众城项目"、"市长研习院"、"青年设计师奖励资助计划"、"城市创意孵化园"、"城市优秀设计奖"和"论文发表"等。

"城市解决方案孵化器"：旨在确保可行性的程序，帮助想法实现。这些举措帮助城市领导和政府与拥有知识、经验、技术和财务能力的战略伙伴通过孵化项目成功进行城市发展领域的转型。

阿方索·维加拉
都市基金会创办人兼主席

都市基金会办公大楼

绿水青山

永续发展

城市和区域的发展·规划先行

顶层设计是百年发展的大计

随着世界范围内环境污染与生态破坏问题的日益严重，生态环境成为世界关注的重要问题。由于城镇发展过于快速导致的严重不平衡，生态修复的重要性渐渐凸显。部分城市中，城市公共空间配套都不完善，原有的生态基底遭到破坏，我们面对的常常是严重污染的湖泊水系、洪水泛滥的河道、生态退化的海滨、枯燥乏味的快速路、无人问津的城市死角、千篇一律的住区、缺乏生气的小镇、空心化的乡村、废弃的矿山，以及危险的垃圾填埋场等等。在这些项目中，有着极其复杂的影响因素，需要我们策划、规划，生态环境及工程设计团队充分结合实际，结合场地，在实践中进行系统的整合，随时进行缜密的平衡，最终呈现出和谐共生的宜居环境。居民可以享受到高质量的城市公共空间和人文的生态修复的景观，这种人与自然的和谐就是我们设计师与建设者的初心和动力。

从大都市建成区域的城市更新，到小城镇乃至乡村地区的公共空间改造，我们参与着中国快速城市化的进程以及生态文明建设。经过20年的发展，我们从传统的江河湖海的水利水生态治理领域，到快速发展的文化旅游领域，就是要实现宜居环境和历史文脉传承。

聚焦于生态环境修复与文化旅游是岭南园林与城市"共赢共成长"的服务理念，服务于城市，服务于当地居民，将传统与创新相结合，将文化与生态相结合，营造功能多元化、展现地域特色的城市公共空间景观，提升城市品质，改善人居环境。我们已经为上百个城市提供了数千处各类高品质公共空间，用实际行动履行"让环境更美丽，让生活更美好"的责任与使命。

我们欣喜地发现《未来之城——卓越的城市规划与城市设计》这本书所描述的世界各地城市化所面对的历史挑战非常类似于当今中国所面对的。我们在项目中遇到严重的生态问题，超级城市的发展扩容、历史文化的传承、区域经济发展等等问题都能在本书中找到参考案例和答案。我们很欣赏本书作者的视野、经验及对未来的观点，我们将把从本书学习到的知识运用到实际的项目中。

岭南园林希望借鉴全球范围内的经验，学习新的理念技术，同全球专业人士共同智慧成长，以"厚德、务实、创新、共赢"的发展理念为引领，为"蓝天常在、青山常在、绿水常在"，赢得可持续性发展的美好未来，为中国梦努力奋斗！

董事长 尹洪卫

岭南园林
LINGNAN LANDSCAPE

滁河环境整治工程规划

The Chinese Edition of Territorios Inteligentes has been a task that has taken several years and has gone through a series of challenges that I have overcome. Thanks to the support of close friends and a group of professionals that I admire for their integrity and excellence.

First of all, I want to thank to Alfonso Vegara and Fundación Metrópoli for trusting me to coordinate the translation to Chinese for this edition, especially I want to thank him for his generous understanding and patience through the long process that this publication went through. It has been a privilege to have the opportunity to do this work for Fundación Metrópoli and work together with Gracia Cid in charge of all the publications of FM. I believe the wisdom of Dr. Vegara and Dr. Rivas gathered in this book will permeate and contribute as a reference of urban knowledge for governmental administrations and the professional fields of design in China.

I thank as well to Mr. Wu (吴宇江), for all his understanding, support and friendship; without his time, contribution and trust, this project would not have been possible. Neither with the generous contribution of Chen Anhua (陈安华) who became my professional mentor in China. Mr. Chen read all the Chinese versions several times to ensure the message of the authors was delivered correctly and with a professional language; I am grateful for his support, this book would not have been in better hands since Mr. Chen has a broad knowledge and vast experience of the Chinese urban realm and the urban plannning profession in Asia. I am also grateful to Ms. Shi and Ms. Sun (孙书妍) for their interest and time invested in the understanding of the style of the Spanish edition and delivering a proper style to this Chinese edition.

I appreciate as well the work of the translation team who spent long hours reading and re-reading the Spanish text, since the concepts in this book require not only skills on Spanish language but a professional knowledge that would, in turn, deliver the correct meaning; Isaac Landeros(蓝艺文) and Carlos Espino (马凯达) as architects, supported this task. I am obligated to give a special mention to Jia Minghui (贾明慧), who was humble enough to not accept credits on translation, but acted as a key member of the translation team. Last but not least, I need to thank the guidance of Prof. Zhao Zhenjiang (赵振江) and Duan Jicheng (段继程) whose life work has been a bridge between Spain and China and accepted this challenge together with me.

Liu Zhidan (刘志丹), thank you for your introducing me to the right people. Wang Jiang (王江), thank you for making the graphic design structure of the first version in which the publisher's graphic design team continued to work. I also want to thank as well to Wu Xiafei (邬夏菲), for her generous time, giving format to the book and placing together all the digital content for the final version. To Zhang He (张赫), my assistant and my Chinese teacher Candice (龙宇笑) for their unconditional support.

At the beginning of this project, I was encouraged by Prof. Terrence Curry (柯瑞) and Prof. Zhu Wenyi (朱文一) from Tsinghua University whose support and guidance I also deeply appreciate. To finish this project, I received support from Ye Jinfeng (叶劲枫), Wu Ting (吴霆), Huang Yaping (黄娅萍), and PuBang Landscape Architecture Co., Ltd., PuBang Design Institute(普邦园林股份有限公司和普邦设计院)who I thank for allowing me the time and resources needed to produce the final version of this edition.

Finally, I cannot express my feelings to thank my wife Annie (蒋哲), who not only helped me communicate and translate but also sacrificed our family time in favor of this Chinese edition with true enthusiasm. Without her patience, love and support, this project would have also not been possible.

Alex Camprubí

06

《未来之城——卓越城市规划与城市设计》这本书对我来说是一项艰巨的任务，历经数年和一系列考验，得益于很多好友和一群让我十分尊敬的诚信和卓越的专业人员的帮助。

首先，我想感谢阿方索·维加拉及都市基金会对我在本书中文翻译工作中给予的信任，尤其需要感谢阿方索·维加拉教授在本书出版的漫长过程中的理解和耐心。十分荣幸有机会为都市基金会和FM出版物的负责人 Gracia Cid 工作。我相信本书凝聚了阿方索·维加拉和胡安·路易斯·德拉斯里瓦斯两位教授的智慧，本书将以城市规划知识参考的形式来参与和贡献于中国的政府行政管理和设计专业领域。

我还想感谢吴宇江编审的理解、支持和友谊。如果没有他费心费时，给予信任，这个项目不可能完成。陈安华是我在中国专业领域里的导师，对本书的贡献也是不可或缺，陈先生将全书阅读了多次，确保将作者的本意以专业的词汇准确地传达。此外，因为陈先生是中国最优秀的城市规划师之一，他在中国城市规划领域拥有广泛的视野和丰富的专业知识，这本书也因为他的支持而变得更好。

我也感谢史瑛和孙书妍编辑为了解西班牙文版的风格投入的兴趣和时间，并为这本书提供了中文版的风格。

我也感谢翻译团队花了很长时间阅读和重读西班牙文本的作品，因为这本书的概念不仅需要西班牙语的技能，而且还需要专业知识，从而提供正确的含义；建筑师 Isaac Landeros（蓝艺文）和 Carlos Espino（马凯达）也对这项工作给予了支持。我还要特别感谢贾明慧，她十分谦逊，甚至没有接受我把她的名字放在工作人员表里的请求，但事实上她是翻译小组的关键成员。最后，我需要感谢赵振江教授和段继程教授，他们把建立西班牙和中国之间的关系纽带作为自己的终身事业，和我一起接受了这一挑战。

很感谢刘志丹帮我找到合适的人；王江帮我制作第一版的平面设计结构，出版社平面设计小组在此基础上作了修改。我也要感谢邬夏菲，利用自己宝贵的时间，整理书的格式，将最终版所有的电子数据内容拼在一起。感谢我的助手张赫，还有我的中文老师龙宇笑给予了我无条件的支持。

在项目开始之初，我受到清华大学柯瑞教授和朱文一教授的鼓励和指引，对此我十分感激。感谢叶劲枫先生、吴霆先生、黄娅萍女士，以及普邦园林股份有限公司和普邦设计院给了我时间及资源，让我能完成这本书的最终版。

最后，我无法表达对我的妻子Annie（蒋哲）的感激之情，她不仅帮助我沟通和翻译，而且牺牲了我们的家庭时间，帮我去完成这本书的中文版。没有她的耐心、爱和支持，这一切都不会有可能完成。

路彬

致谢

7　城市中心的复兴　151

赋予欧洲城市遗产的价值　城市建筑学　博洛尼亚历史中心规划　老城中的新建筑　古根海姆效应　美国城市中心的复兴　费城的艺术大道

8　城市战略规划　179

竞争中的城市和区域　城市如同一家企业：战略规划方法　作为城市规划战略的建筑事件和城市：脉冲效应　城市规划和战略规划比较　以战略为导向的城市规划——"都市方案"

9　区域城市　199

城市规划中的区域规模　第一批区域规划：大城市对峙超级城市　欧洲区域新文化　管理方法　巴斯克城市区域——欧斯卡尔希利亚　巴利亚多利德：未来城市的景观结构

10　可持续发展城市　221

可持续发展区域，城市规划新视野　生态规划：伊恩·麦克哈格　《21世纪地方议程》　增长管理：俄勒冈州波特兰　生态城市规划，黑川纪章的共生哲学　《雅典新宪章2003》　"尝试这条路"——欧洲规划理事会的建议　库里蒂巴——巴西的生态首都

11　数字城市　249

知识社会　革新和区域　新型经济区域　数字革命后的城市　都柏林数据中心　新加坡纬壹科技城

12　未来之城——卓越城市规划与城市设计　273

全球化世界中的城市　全球化的破裂　21世纪居住区域的新形式　第三世界城市的非正式城市规划　"20城市计划"和智能场所　"卓越集群"和城市形象　迈向城市规划

未来之城

序言

未来之城的篇章

阿方索·维加拉和胡安·路易斯·德拉斯里瓦斯所著的《未来之城——卓越城市规划与城市设计》一书是我目前所见有关城市规划出版物中最为全面的一本。该书着力呈现当代城市规划的新观点，以及这些观点所意味的学科间的交叉，即创新的态度要与创新的灵感、概念和计划结合起来，这向来都是城市建设的参照系数。

在该书所研究的几乎所有案例中，城市都被设定为一个人们聚集的场所、一个人们工作生活的地方。21世纪是关于城市的世纪，未来的城市在外观上跟我们今天所见的相差无几。但真正区别一个"好"城市的标志在于能否协调居住者和大自然的关系，所以我们在城市功能和环境问题上面临着巨大的挑战。这就要求在全球范围内达成一个城市、地区、国家之间的协议，以便惠及人类生活的方方面面并实现最终进步。

城市不是难题而是出路！真正能使城市生活改善的只有变革的决心和统一的战略眼光，其关键在于人们要理解城市所需要的是什么，什么是为大部分人所认同的城市蓝图。我们不是设计的奴隶，城市在其环境中自有应对经济发展趋势的转变能力。我甚至相信，城市有能力改变一个国家。

城市追寻的目标不仅在于生活的质量，还应包括生活的进步。必须清楚认识到：一个城市只有在了解自身想成为什么样之后，才能把握住未来的方向。任何时候都不要忘记事物的本质，不要忘记在今天海量的、可提供的信息面前，从重要中分辨出基本，从日常所需中抽离出战略，这样才有可能使大部分人理解并接受一份未来的蓝图，从而获得所有人的支持来共同建造未来的城市。一般说来，国家经济的决策者们并不关心城市建设，一些人是因为不了解城市的问题，另一些人则是眼里只有经济发展。但事实是我们不能只把工作投在镀金炉里，因为一串串数字背后，城市中的人才是真正的节点。

通过市民的眼睛、人民的眼睛，国家才有望看到未来。这种由人而及远景大观的视角体现在城市中，也体现在阿方索·维加拉和胡安·路易斯·德拉斯里瓦斯的这本书里。这不仅是城市设计工作者们的重要参考，也可以作为一本普及读物来拓宽城市命运执掌者的视野：市长、市领导、地区主管、各级干部、公务员。《未来之城——卓越城市规划与城市设计》让我们期待的城市改造能够更好地被人理解和运用。

贾米·勒讷（Jaime Lerner）

曾任巴西库里蒂巴市市长、帕拉南州州长，
现为国际建筑设计师联合会主席

巴西巴拉那州库里蒂巴市Arame歌剧院

中文版导言

未来之城的精神

编制大规划

就在中国城市发展方兴未艾之际，《未来之城——卓越城市规划与城市设计》中文版面世了。阿方索·维加拉和胡安·路易斯·德拉斯里瓦斯在这本书里谈到了有关城市领域的理论、愿景和已经完成的项目，它们所面对的历史挑战非常类似于当今中国城市和区域所面临的现实挑战。发达国家城市150年发展历程中的许多重要场景正在中国的城市里重演——不论是柯布西耶1922年提出的"300万人的现代城市"，还是格罗皮乌斯在1929年"国际现代建筑大会"上拿出来的"密度图"，我们在当今中国都可以看到它们的现实版本，它们对中国的规划有着如此强大的影响。[1]通过汇集这种建设城市的智慧并回顾当时的情景，可以让我们更好地检讨我们的城市，探索未来城市的可能性。同时也提醒我们：现在的城市只不过是过去那些愿景的实际成果。当今社会是复杂的、多元文化的和动态的，它的实践和理论正在创造着未来的城市。未来城市就存在于可以运用的知识越来越多的城市世界里。

中国是一个伟大的国家，有着几千年的文化。但最近这100年的发展深刻地影响和改变了这个国家。1978年，中国实施了对外开放政策，一场关于发展的竞赛也就此展开。过去30年，谈论中国崛起的文献数目剧增，可是讨论中国城市发展如何受到国际影响的文献却寥寥无几。实际上，国际影响正环绕着中国的公共领域，而且这30年尤其明显，就像"丝绸之路"不同时代中国对外国的影响一样。现在，随着"一带一路"战略的提出，"丝绸之路"的概念再次成为中国发展的一个推动力，"一带一路"战略也必将会扩大中国对世界的影响。[2,3]

改革开放近30年以来的变革为中国的快速城市化奠定了基础，恰恰是这个有中国特色的城市化和令世界叹为观止的同步的工业化进程，促进了一些规模较大的城市继续膨胀。在这个背景下，人口从乡村向城市转移，中国的人口分布发生了重大改变。这个在特定时期出现的巨大的工业化和城市化过程可能不会在未来重演了。[4]从1978年到2013年，中国城乡人口的迁徙规模在人类历史上前所未有——城市地区新增人口达到5.586亿。过去10年里，中国发展出了23座人口超出100万的城市。2015年至2030年期间，预计中国的城市人口还会再增加3.5亿。

1907年，伯纳姆曾经在"芝加哥规划"的卷首这样讲到："编制大规划，小规划是没有力量打动人心的，而且小规划可能不会变为现实。编制大规划，希望和工作目标要长远。记住，一个宏大的、合乎逻辑的蓝图一旦编制出来是会长期存在下去的，就是我们不在了，它还会存在，用不断成长的坚持来证明自己。不要忘记，我们的儿孙们会继承我们未尽的事业。所以，让我们的口号成为号令，让我们的灯塔美丽。"无独有偶，为中国发展而建立的伟大理想与伯纳姆的精神不谋而合。

中国江苏苏州工业园

从城市和智能场所获得经验教训

通过比较中国已经开发的成千上万个期望值很高的项目，我们发现，有些项目特别是一些政府主导实施的新城开发项目没有实现最初的设想，所以，那些理想最终成了一种城市乌托邦。这种城市乌托邦惊人地相似，成了一种痛苦的学习经历。无果而终的项目现在变成了一种挑战，迟早需要这一代人和下几代人来找出解决的办法。究竟是什么在决策过程中让这些项目的愿景离目标那么遥远呢？这个问题依然没有答案。虽然这是一个难题，但是，这本书中描述的许多基本要素，如果在设计时真的考虑到了，肯定可以大大增加城市设计和城市规划成功的机会。

孤立和没有整体规划支撑的决策已经证明是不明智的。阿方索和胡安·路易斯在这本书里就很好地描述了那些城市规划失败案例的来龙去脉。综合来看，这些失败的案例虽然性质各异，但是，它们的共同特征是没有以整体方式去分析和研究城市的发展。研究不够，所以不能全面地认识社会、金融、城市、文化和行政管理等因素。成功的智能场所（不是智慧城市）肯定既有多学科的工程师、设计师和经济专家组成的团队，也有政府协议、私人投资和热情参与进来的社区。最近这些年，正在形成的"政府引导、企业主体"的合作关系开始与中国社会所具有的那种整体设计文化结合起来了。

中国其实不乏成功的城市发展实践，其中之一就是苏州。"苏州市赢得了2014年的'李光耀世界城市奖'，这个奖是世界上与城市发展相关的最重要奖项之一。苏州市因为在经济开发和吸引海外投资方面的成就而获得了这个奖项。昔日的姑苏（苏州在古代的名字）大力保存了它的历史遗产，这座水城的河道整修和市中心更新都是很值得赞赏的城市实践活动。苏州被认为是人间的天堂，它那充满活力的城市生活正在推动着那里的经济繁荣。我们认为，把城市发展与文化、环境和社会价值协调起来正是苏州和杭州这两座中国城市的特征。"

"威廉·怀特很反感郊区化，他激烈地批判当代城市丧失了自己的标志。正如威廉·怀特会提到的城市多样性的观念，新城市的话题始终都是异彩纷呈的。"怀特这样写道，"如果我们真能从新城思潮中排除掉反城市的乌托邦，那么，新城思潮一定是众说不一的。实际上，新城的许多目标和标准都是卓越的：工业、商业和居住相结合的住区类型；范围广泛的公用设施、休闲场所和开放空间。现实地讲，新城市应该在业已存在的城市里，或者非常靠近业已存在的城市。在中国的大发展时代，新城事实上就是这样发展的。[5]阿方索和胡安·路易斯在这本书里继续写道，"新城最重要的发展时期与文明发展的关键时期联系在一起。文化和城市观念在城市建设中相互联系起来。"

"20世纪末，特别是在欧洲，新城的发展是对郊区增长的一种反映，人们试图用新城开发模式替代郊区开发模式，特别是替代大都市郊区的蔓延式开发模式。这些相应改变一般需要区域视角、合作的愿望、组织领导、开发适当的基础设施、建设一个可以吸引人们来工作的城市环境并提供相应的生活质量。"苏州过去30年的发展经验已经在大都市空间里产生了一座新城市，这座新城市还在发展中。这座新城市的发展与怀特的想法不谋而合，与欧洲城市的经验异曲同工，并遵循了本书最后一章从欧洲城市发展中概括出来的相同原理。各种各样的城市在城市发展和公共事务中所面临的挑战都有相似的方面，在交通、通讯、教育、城市基础设施、经济系统等方面，全球的城市都采用了相似的科学技术。尽管区域文化、社会行为、空间因素存在差异，但是，这些差异维持了一个全球模式，所以，人们有可能认识业已存在的模式。前车之鉴，后事之师，这让我们在开发城市或区域新项目时获得了竞争优势。

新常态和重新确定的城市地标

显而易见，在中国这个城市膨胀时期，基础设施开发一直都是重中之重，因为需要依靠它来拉动经济增长。但是，《国家新型城镇化规划》（2014—2020）显示，政府正在认识到，业已建成的基础设施没有充分考虑到未来发展的延展性，所以需要通过分析如何更好地利用现存基础设施来反思城市的发展战略。政府正在制定规划为未来创造经济发展机会，未来的发展会考虑缓解环境压力、保护自然资源、确保可持续发展。

2014年，"十三五"规划的颁布拉开了深化改革的序幕，这个阶段的改革开始把中国城市经济推向未来。用格林和斯特恩的话讲，"新常态""强调：把经济增长的驱动力从大规模工业投资转向国内消费，尤其是服务业；用创新的方式提高生产率，攀登全球价值链；减少差别，尤其是城乡差别和区域不平等；环境可持续性，强调减少空气污染和其他形式的局部环境破坏，减少温室气体排放。"[6]

"十三五"规划和《国家新型城镇化规划》（2014—2020）希望振兴中国的三线城市和乡村。关于这个问题，欧洲和美国都经历了整体战略和新干预特征的强烈争论，尤其是那些具有悠久历史文化遗产的地方。奥地利的格拉茨、法国的巴黎、美国的费城和西班牙的毕尔巴鄂，都是这类城市更新时的争论案例。它们都追逐着不同的目标，都致力于采用新的方式来振兴那些由地标建筑作为标志的城市地区，如彼特·库克设计的格拉茨美术馆、贝聿铭设计的卢浮宫入口、拉斐尔设计的金梅尔中心或盖里设计的古根海姆博物馆。有人认为，这些地标建筑是那些地方转变的引擎，这是一种误解。实际上，这些地标建筑不过是整体更新的一个元素。人们对这些地方都展开过认真的研究，小心翼翼地制定过整体规划，所以，这些地方恢复的基础是：重新思考了它们的城市基础设施、找到了它们的卓越之处、安排了那里的经济活动，从而建立了一个场所，让数百个成功的新项目在整体环境中落户。

林奇在他的《城市意象》（1960）一书中提出过"意象性"的概念。地标建筑就是"意象性"的元素，也是城市推销自己的一个元素。在经济竞争日益加剧的世界里，吸引投资和人才并非依赖这些城市地标。能够吸引投资和人才的正是那些功能齐备、令人愉悦和美好的公共场所，因为人们的活动、生产和消费都集中在那些地方。在经济高速发展条件下的中国，很难产生这类规划。"新常态"政策也会以更全面和更综合的方式来规划设计城市、景观和建筑。当然，那里需要给注重细节的决策提供更为广泛的信息：设计让城市具有吸引力的城市空间、景观、基础设施、交通的细节；设计公共场所布局细节，因为社会价值会蕴涵其中；或设计建筑细部，形式在那里转变成具有吸引力的情感。密斯·凡·德·罗曾经说过"神在细节里"，这句名言揭示了密斯建筑的抽象的性质：那些建筑让人产生了一种感受，这种感受成为那个空间的一种本质、一种磁力，给新城市事件的发生创造了机会。

中国的许多地标性建筑还是孤独的，这是因为没有被看成整体开发战略的结果，所以没有实现它的社会目标。2014年，习近平主席提出"不要搞奇奇怪怪的建筑"，这是规劝设计师和城市规划师要更有意识和负责任地推进可持续的城市发展。

可持续性和作为一种经济驱动力的旅游业

可持续性是当前中国政府决策的一个中心问题，《未来之城——卓越城市规划与城市设计》深入探讨了可持续发展范式的起源和中国迫切需要的基于环境意识的发展框架。对可持续发展的地方而言，世界上有很多最成功的设想和案例。《未来之城——卓越城市规划与城市设计》在"可持续发展城市"一章中，通过那些最成功的规划设计方案，描述了联合国的作用，即如何鼓励各国政府采用联合国的可持续发展议程。《未来之城——卓越城市规划与城市设计》还引荐了黑川纪章的共生哲学，介绍了欧洲城市理事会的指南，"尝试这种方式"——这个2003年版的雅典宪章，介绍了巴西库里蒂巴的典范经验。过去10年里，衡量和实施可持续发展的各种评估系统、方法和规定传遍了全世界。随着国际政策的实施、联合国缔约国会议推动的内部事务和大数据管理，可持续发展的前景正在步履蹒跚地走来。

1992年，联合国在里约热内卢举办了可持续发展峰会，这次会议之后，中国政府制定了"中国21世纪议程"。"2015年9月，中国国家主席习近平出席了联合国可持续发展峰会，与其他国家的领导人一道签署了《2030年可持续发展议程》，这个议程为联合国各成员国随后15年的发展提供了指南"。[7]中国一直都在不遗余力地推进可持续发展，自愿向联合国提交了执行《2030年可持续发展议程》的审查情况。

中国要对可持续发展的推动做出必要的努力，当然，挑战依然存在。中国面对的是一个复杂的局面，这个局面超出了"环境承载力"的生物学概念。中国不仅关注气候变化，也非常关注满足未来发展所需要的有效的能源、水和环境资源，而且也在满足国际社会希望建立市场化协商机制的愿望。

实施新政策的一个例子是"海绵城市"。大规模的城市建设对环境造成了极大影响，过度硬化、城市内涝和水系生态等成了突出问题，为此中国政府确定了30个"海绵城市"的试点。"海绵城市"建设反映了人们对自然环境的尊重和中国传统"天人合一"生存智慧的回归，也为建设可持续发展的城市景观奠定了基础。由此我们更加怀念景观城市论的三位杰出人物——奥姆斯特德、麦克哈格和斯蒂芬·欧文，他们在不同时期对认识新城市领域和推动城市可持续发展都做出过重要贡献，至今我们还能享受到他们的创造。

在中国的乡村地区和小城镇，正在从不同的角度贯彻执行新的规划政策。2014年，《国家新型城镇化规划》（2014—2020）考虑到要加强地方和乡村经济的发展，以便减少人口向城市的转移，以此作为一种战略性的人口分布计划。住房和城乡建设部、国家发改委、财政部在2016年公布了一项涉及城乡发展的重要政策即"特色小镇"。目标是到2020年，在全国范围内发展1000个左右的"特色小镇"。[8]十九大报告提出了实施"乡村振兴战略"，这些政策给众多的小城镇和乡村地区带来了发展机会，正如前面提到的，通过"国家新型城镇化规划"，减缓人口向高密度城区迁徙。

"特色小镇"政策已经引起了地方政府、投资者和设计公司的兴趣，不过他们需要认识到：地方经济，需要有足够的信息来支撑决策过程、形成开发设想。这些设想包括适当的金融工程、环境工程、精确的产业和市场调研，而且要全面地认识社会和设计的敏感性。

作为设计和规划方案的城市智慧

人们都在憧憬未来的城市，而《未来之城——卓越城市规划与城市设计》这本书浏览了林林总总的未来城市的可能方案。这本书里展示的未来城市方案不仅是从我们最近的城市历史中谨慎地挑选出来的，而且还是"都市基金会"一个名为"20城市计划"的研究项目的成果。这些城市展示了多样性的全球城市环境，它们近20年发展的连续数据构成了这项研究的坚实基础。"特色小城镇"可以看成是"智能场所"，"智能场所"有别于"卓越集群"，它是由地方社区规划设计的，包括了环境意识，具有竞争性，具有可以增加社会凝聚与发展的机会；可以制定政府间的发展协议，把它们自己与周边地区结合起来。"智能场所"诱发创新，"智能场所"与城市网络相连。

《未来之城——卓越城市规划与城市设计》中的案例会让读者涉猎不同的区域、城市和场所，它们都曾受到杰出人物的影响，或本身就是由他们规划设计的。这些杰出人物与我们分享他们的规划设计实践、思想和理论，虽然有些远见卓识产生于百年以前，但是，它们至今依然影响着我们的世界。

阿方索·维加拉和胡安·路易斯·德拉斯里瓦斯驾轻就熟地把当代城市发展思想汇集在这本书里，他们使用简练和清晰的语言分析了当代城市的前世今生，从人的角度阐释了我们的景观、城市的公共场所和我们的城市的价值。透过中国实践来阅读这本书，我常常停下来反复思考我们发现的相似之处、反复思考可能成为未来发展成功的关键因素。《未来之城——卓越城市规划与城市设计》这本书的一个突出特征是，能够把过去150年来人们对城市的认识汇集成为一个相互联系的纲要。

把我在这个中文版导言里的阐述与本书作者的阐述区别开来是很难的，因为他们的思想已经影响了我的世界观，影响了我对周围世界的认识。

路彬、陈安华

注释

1   Barnett, Jonathan (2011), City Design: Modernist, Traditional, Green and System Perspectives. New York: Routledge.

2   Lam Wo-lap, Willy. "Getting lost in 'One Belt, One Road'". 12 April 2016. (http://www . ejinsight. com/20160412-getting-lost-one-belt-one-road/).

3   Palmer, James. Our bulldozers, our rules. Foreign Policy; The Economist, 2 July 2016. (https:// www.economist.com/news/china/21701505-chinas-foreign-policy-could-reshapegood-part-world-economy-our-bulldozers-our-rules).

4   Ryser, Judith, Franchini, Teresa, Ross, Peter, & Camprubi, Alex. (2015). International Manual of Planning Practice. The Hague, Netherlands: ISOCARP.

5   Vegara, Alfonso; Rivas, Juan Luis de (2016). La Inteligencia del Territorio, Supercities. Pamplona, Spain. Fundación Metropoli.

6   Green, Fergus;Stern, Nicholas. China's "new normal": structural change, better growth,and peak emissions. 2015. Grantham Research Institute on Climate Change and the Environment; Centre for Climate Change Economics and Policy.

7   Extract from UNDP Executive Summary of China's actions on the implementation of the 2030 Agenda for Sustainable Development, September 25, 2015. New York. U.S.A. https://sustainabledevelopment. un.org/hlpf/2016/china (2017.01.05).

8   State Council of the People's Republic of China. (2016). China to Build 1,000 distinctive towns. http:// english.gov.cn/state_council/ministries/2016/07/19/content_281475397243491.htm. Visited on June 15th, 2017.

西班牙文版导言

城市规划的新视野

一直以来，人类的栖息地总是受到某些重大技术革新的影响，居住形态、生产方式、社会关系、政治体制、区域和城市环境都处于不断的变革之中。农业的发展把游牧人口固定下来形成最早的村落，继而形成具有交换性质和商业倾向的城市。

蒸汽机的发明引发了工业革命，并让世界在上两个世纪逐渐告别农业模式，迎来了城市的迅速成长，催生了剩余价值、资本、资产阶级和无产阶级的分化。社会差异体现在城市与农村之间的鸿沟上，也存在于工业化的城市内部：一边是资本家金碧辉煌的豪宅院落，一边是无产者勉强挣扎在最卑微的生活条件之下。

今天的我们正经历着一场数字革命，这也将对人类的居住环境和工作、生活方式有着决定性的影响。20世纪最后几十年尤其是21世纪初，我们见证了人类历史上最为深刻而迅速的发展。这一发展不仅改变了经济、政治和社会的面貌，当然也使居住环境得到了更新。技术进步、通信和网络的发展催生了我们称之为"全球化"的国际经济新秩序，它正在努力逐步打破贸易壁垒、呼唤大经济共同体和市场的开放。

全球化中的人类居住地是城市和城市系统。时至今日，世界人口约有一半居住在城市，到2025年，这一比例将上升到75%。在今后的25年里，将近20亿人会出生或迁居到城市，尤其是大城市，这样地球上就会出现超过500个百万人口的聚居地。要对这样的挑战做出一个人性化而有创意的回应，也许是人类面临的最严肃的问题之一。这个挑战来自国际经济新秩序，然而却不可能由市场、自由主义、贸易联盟解决，更不是单一国家制定政策所能避开的问题。

身处全球化阶段，我们的城市提高质量的关键无疑在于吸引和培养高素质人才的能力。在这个意义上讲，沟通机制、工作机会、创新氛围、教育设施、居住环境、生活质量、社会平稳度、治安状况、自然景观保护和城市空间设计等都是竞争力的重要参考因素。只有成功地引入和培养了高素质人才的城市才能够繁荣发展，因为人是21世纪经济的基本原材料。除竞争力之外，全球化语境中的城市还需要正视两个核心问题：社会凝聚力和环境、文化的持续性。

全球化带来了重要的进步，但同时也引发了处于这个新经济秩序之中和游离在其之外的国家、城市、公司和人之间的"断裂"。今天，穷国和富国之间的差距仍然有天壤之别，城市尤其是发展中国家的大城市，正在遭遇着全球化的双刃剑，而且其中忧大于喜。

全球化的城市风光不仅仅是令人目眩的摩天大楼、奢华的高档社区、私家会所和最新式的机场，同样也容纳着贫穷的景观。大城市有主导世界经济的中心，却也隐藏着最令人绝望的困境。我们眼中是日益加剧的社会分化，令人恐慌的暴力和混乱的治安，以及豪华城区、标志性建筑和商业中心里的保安系统等城市空间中的新障碍。大城市从未像现在这样处于令人窒息的压力之下，也从未如此急于寻求社会聚合与生态保护的新举措。

马德里阿尔科本达斯区都市基金会Eco-Box

全球化的经济提供了前所未有的机遇，并且有能力创造出更多的财富。但实现这一梦想的关键在于我们能否找到某种方式让这个进步不仅仅让一小部分人受益，而是惠及所有人。市场可以调节经济活动的发展、推动财富积累、提供对话机会，但市场自身却无法跳出"全球化的断裂"去创造一个能克服"断裂"的居住环境，或许只能在城市、地区和人们日常生活的层面上为这个难题提供有效的思路。立足于促进落后国家发展、与贫困问题斗争的国际组织应当对城市予以特别重视，因为这是新时代生活的主要活动场景。

正是在面对这种艰巨性和充满激情的状态下，我们撰写此书，希望能在设计未来城市的共同事业中有所贡献。城市的重要性一直在增强，它们变成了一个非常复杂的对象，既带来了明显的问题，又伴生着从未有过的机遇。在本书中，我们把"卓越城市规划与城市设计"这一称号献给理想中的城市环境，那里正展开着对未来的连贯而开放的规划，也从地区认同的角度正视着一体化的冲击。正如之前指出的，全球化的市场所蕴含着的最大风险在于社会的断裂和产品、地区事务的标准化。本书试图面向所有城市规划工作者和关心城市未来的人们。随着章节的铺开，我们将介绍20世纪的城市具有现在面貌的主导思想，也会指出对21世纪的城市建设将具有借鉴性的案例。全书内容并不按照时间顺序来排列，因为它不是一本城市学史。我们只是想通过20世纪最著名的理念和成果，来证明每一个具有代表性的作品背后都有其自身的价值和矛盾，而这些想法正在激励着更多设计的出现。所以全书结构可以视作主题式，每章处理一个不同的城市学要点，最后接近我们要努力传达的意图。

有鉴于此，该书并非局限于逐章逐节的阅读，重要的是应当时刻注意：这些聚焦城市设计和空间管理的观照方式不是封闭的、排他的。而恰恰相反，它们在不同情况下会有不同的有效性。例如我们今天的设计依然遵循着"巴塞罗那论坛"关于"城市经纬"和塞尔达的对角线理论，大量具有生态倾向的设计同时具备清晰的战略眼光，世界上不同国家正开展的新城市和新社区规划大部分都在城市区域规划的视野中，新型的数字化行政区与历史中心的重建相结合，而许多大都会卫星城的计划都能在20世纪著名的城市乌托邦中找到呼应之处。于是，我们对城市标志作了一个选择性的浏览和回顾，因为在我们看来，这对21世纪的城市设计具有十分重要的借鉴意义。也因为这样，每章开头都有几句导语，对即将介绍的理念和案例的现实意义做一个概括，末尾附上的参考书目和注解将帮助有兴趣的读者在相关题目上深入下去。与此同时，给每幅插图配上简评，以总结其价值，并显示其与文章主体相互印证的关系。

本书提出了一种观察城市的新方式，我们将它写出来是因为我们相信城市规划学对于今天乃至未来的重要性，它不仅是一种为了避免土地、景观和基础设施之间发生使用冲突，而且也是使城市活动保持井然有序的手段。最初的城市化方案把精力集中在规划城市、建立秩序、分配资源和制定城市化标准上，而这正是居民私有财产的基本保障，它的形成时间并不长。本书致力于传达这样一种观点：在全球化时代，应对城市发展挑战所需的精力远大于制定传统的规划方案。我们生活的环境充满了思想、国界、地区、规则和态度的融合，以及人口的巨大流动性，并且包括了生产力的所有其他因素。21世纪所要求的城市必须具备独特的眼光，要在各种新的现实下追求适度、包容和协调之间的平衡。全球化的新境况要求重新设计经济、政治的规则，城市规划当然也不例外。多个国家遭遇的城市危机适时证明，传统的方式和手段已不足以应对新的挑战。

21世纪城市规划学的关注对象之一是如何推动智能城市和空间的转化，这就要求制定计划时要看它能否巩固城市的某一个性特征，能否在更开放和竞争的环境中站稳脚跟并成为参照，能否激发城市的独特性和优势，并引导其向着适宜的方向发展。新世纪的城市将建立在创新的基础上，而创新是学科交叉的产物，是源于不同知识和态度的融汇。各种物理空间的碰撞和直接或间接的接触，都将诞生于这个社会最具创造力和包容性的人们中间。

《未来之城——卓越城市规划与城市设计》营造的是这样一种空间：在其自身特点和优势的基础上追求自己独有的面貌，一种具有竞争力的面貌，能够容纳经济活动前进和社会阶层平稳，同时兼顾环境和文化的可持续发展。但更多的困难和不确定因素在于：在一个资源有限的环境下要认清一个具体城市应当采用的关于未来的战略规划亦非易事。因此在最后一章里，我们介绍了"城市规划"的经验——由"都市基金会"组织的关于五大洲20个创新城市的调查，以期通过命名"卓越集群"的方式来研究相关的规划方案。

《未来之城——卓越城市规划与城市设计》还应当能够及时吸收其他城市的创新经验。从"20城市计划"中学习，从城市中学习，这是几乎所有城市和城市空间都会使用的口号，因为当前我们面临着经验和知识巨大洪流的冲击。书中呈现出的是城市地标建筑和我们认为对城市建设最有益的理念，也希望这些理念对读者朋友们有所启发，或者哪怕只是促进大家对生活和城市的理解。

阿方索·维加拉

对现代城市规划学源流的讨论可以集中在19世纪中叶，因为正是在那个时期，欧洲主要的城市开始正面应对工业革命的挑战。由于迅速而大量的城市化和人口集中，城市变成了工业生产中心、社会和文化活动中心。从这时开始出现了"城市建设管理计划"，承担起街道、建筑、区域规划及其他种种技术任务，以便统筹处理城市增长的压力。

　　在现代城市规划最初的道路上有一个极为重要的人物：伊尔德方索·塞尔达（Ildefonso Cerdá），他写作了《城市化总论》（Teoría General de la Urbanización），设计了"巴塞罗那旧城周边开发计划"（Ensanche de Barcelona），并使之成为城市规划史中最令人叹服的案例之一：严格的几何学和人性化的街区划分表现出了优秀的灵活性和提升空间。

　　1992年巴塞罗那奥运会的规划，22@BCN新型社区的实现以及最近几届论坛提出的方案，无一不有力地证明了塞尔达对城市规划学的贡献是长期有效的。

　　今天的我们再次面临变革，其程度与工业革命相比，或许有过之而无不及，因为这一"数字化革命"铸造着全球化的双刃剑，并影响着世界上众多城市的结构和功能。在这种新的形势下，传统的城市规划开始力有不逮，这就要求我们寻找新的工具，为我们创造适应未来的空间。

At the beginnings of modern urbanism, we encounter an exceptional figure: Ildefonso Cerdá who wrote Teoría General de la Urbanización (General Theory of Urbanisation) and who designed the Barcelona Ensanche, one of the best examples of urbanism of all time. The apparently rigid geometry of the Ensanche and the inspired design of the urban block, have proved to be flexible and adaptable urban design.

The urban projects for the 1992 Barcelona Olympics, the 22@BCN initiative and the recent Barcelona Forum 2004 have shown the validity and historical permanence of the urban contributions of Cerdá.

Today, we are again immersed in a process of change of a magnitude perhaps greater than during the Industrial Revolution. This is the so-called Digital Revolution which is feeding the contradictory phenomena of globalization, and which is affecting the structure and functions of cities around the world. In this new context, obvious cracks are showing in the traditional urban plans, and it is necessary to define new planning instruments that answer the need to invent the future of our cities and regions.

01 现代城市规划溯源

The Beginnings of Modern Urbanism

城市需要规划吗？

如果没有规划的概念，我们就无法理解现代城市规划学。先不说它的前身，现代意义上的城市规划在工业城市的扩张中找到了新的发展空间，并被广泛应用于分析问题和解决问题的过程当中。在一个刚刚起步向城市化迈进的社会中，规划能够诊断病情、对症下药[1]，目的都是为了使未来所需的城市形态越来越清晰。"统筹规划是防止随意性的保证"，勒·柯布西耶以其特有的方式强调："制作规划图就是把想法准确化、固定化，就是要胸有成竹让思路变得可感、可靠、可传递。"[2]为满足"精确表现意图"的需求，理性的逻辑会逐渐占据上风。在规划中设定一套格式化语言作为标准和规范用语，会为解决城市无序状况提供有序的策略。

然而混淆视听的是，如今出版的大部分作品都不是真正意义上的规划，它们只是从不同观点和理论出发的研究成果，或者集中在某一局部领域，如基础设施、交通、商业等。要进一步解释这一问题，一方面应当指出"城市性"是一个非常复杂的现象，另一方面在于我们的社会已经高度专业化。知识都是以行业分工为框架的，与城市相关的各种专业知识更趋于描述而不是解读城市，或者说，很少有人真正理解城市。[3]城市规划总是面临着两组课题：其中一个课题是解释城市化进程的性质和条件；另一课题是，在考虑城市相关问题方面通过特定的计划、纲领和设计进行参与的同时，分析城市空间的物理组织能力。很明显，历史、经济、地理等社会科学和工程、建筑、法律等技术性学科一起构建了我们关于城市概念的知识框架。问题是打造一个城市、赋予其物理形态的任务是一个频繁发生但充满活力的过程，这一过程会牵涉整个社会，而我们只能准确知道其中某些重大的节点而已。城市规划正是基于这些节点而来，因为它们表明了在特定的历史发展时期城市是如何酝酿产生的。因此在所谓统筹计划中，我们给予了规划蓝图特殊的强调和重视，正是以此为基础，建筑师和工程师为当代城市培养孕育出了一个新的学科。

城市规划学最初被定义为"建造城市的艺术"，这显示出它实用科学的本质。它的困难之处不在于概念层面或知识积累，也不在于对其他学科的依赖，而恰恰在于已建城市所面临的日常管理问题。

萨克利夫（Sutcliffe）、霍尔（Hall）、曼库索（Mancuso）、肖艾（Choay），卡拉比（Calabi）、泰索（Teyssot）等人所做的研究已经让我们对城市学历史有了相当的了解。从19世纪末诞生之初城市建设新技术的性质和根源，到它在当代城市发展过程中的功能和扮演的角色，他们不仅关注到城市化现象的演进和文化根基，同时也提出了技术性和设计性的问题，如道路规划、城郊区域、建筑及其相互关系等具有主导地位的元素。这些元素涵盖了社会和经济领域，与传统规划案的手法相一致。规划从来不只是简单的工具而已。

像维多利亚一样的一些城市已经确立了建立在持续的城市设计和城市规划努力基础上的城市文化

尽管城市规划学强调工具性价值，甚至将其与计划相提并论，但我们并没有忽视它周边发生的事物。我们的出发点正是要探求有益于城市"打造"的知识和经验，并且这种知识和经验在任何情况下都要对社会及自然环境负责。今天否认规划可行性的人，声称市场化会造成城市混乱无法管理，其实他们的说法并不全面。城市的现状或许不甚理想，但如果就此停止对未来的憧憬，不再相信我们能改善它，那只是人的思想过于僵化和贫瘠的结果。在经历过20世纪70年代的迷茫之后，意大利著名建筑师格雷戈蒂（Gregotti）指出，建立在希腊技术理念上的城市规划学将迎来新的契机，这一理念能够让人明辨哪些思路可以实现，哪些可以用另一种方式实现，以在空间中——当然只是在部分空间中——安排出特定的秩序。[4]此外，我们更不能忘记欧洲对于它厚重的城市文化传统的绝对重视。

城市规划的诞生

专业人士的笔墨倾向于集中在现代城市规划的初期，即从19世纪中叶开始，如德国的"都市计划"和英国的"市镇计划"。[5]因为在这些地方，城市发展受制于工业扩张，因而表现出最激烈的反弹。我们的主要关注点在于这一时期诞生的一项新技术，更确切地说是一组包含不同观点的新技术：区域划分、道路划分、排列整合。它的目的并不是设计一个面向未来的城市，而是为了经营现存的城市，建立一种现代的城市管理模式。欧洲进入一个激流猛进的城市化和人口急剧集中于城市的进程，这一进程一直持续到第一次世界大战，城市变成了主要的生产中心以及社会和文化活动最为集中的场所。

与北美和欧洲其他地区一样，德国在整个19世纪也沉浸在社会改良主义的氛围之中，进而酝酿出了工业城市的最早形态：布鲁赫（Bruch）、奥思（Orth）、阿米纽斯（Arminius）[6]，以期解决那些以超越理论的形式存在的问题。中心城区加卫星城的模式渐渐地得到巩固，这种模式取自伦敦经验和花园城市概念，之后朝着有机的方向发展，保罗·沃尔夫（Paul Wolf）[7]的著名设计就是一个很好的案例。然而，德国"都市计划"作为市政厅的一种建筑规范模式，很快就被认定是一项技术而非理性设计，从此奠定了整个现代城市规划的思想基础。这项"城市规划技术"一开始在普鲁士1875年规划方案的保护下发展，其中包括一系列控制城市增长的细则。这些规定建立在人口增长、区域规划和人口密度研究的基础之上，同时尽量降低对可居住性和城市运行的经济形态要求，这也符合德意志政府第一代城市规划官员的实际水平。城市交通问题很快占据了规划的核心地位，"规划"与最早的市级城市规划项目接轨：街道分布、建筑分布、区域规划，这些新的规则体现出城市化进程和城市实际建设进程之间的决裂。事实也是如此，尽管巩固后的城市发生

阿维拉（Ávila），公园体系和主要步行街示意图

了各种转变，但"规划方案"主要强调的还是城市扩张原则和关注获得空前发展的新城市。这里试举两个突出的人物：赖因哈德·鲍迈斯特（Reinhard Baumeister，1833～1917年）和约瑟夫·施蒂本（Joseph Stübben，1845～1936年）。

鲍迈斯特抓住了一个尚在形成中的现象，在1876年发表的《从技术、规范和经济方面看城市扩建》中首次引入了区域划分原则这一概念。该原则首先在柏林得以应用，1891年又在法兰克福规划方案[8]中发挥了指导作用。根据鲍迈斯特提出的原则，不同城市功能是按照方案的规划分布在城中不同区域的。工程师鲍迈斯特起草了德国历史上第一个城市规划概要，尽管它的出现要晚于塞尔达，但它重点强调地带划分原则与合理结构的重要性，强调城市范围内住房和公共卫生问题的重要性，这一点奠定了该文献的影响力。他坚持方案的经济效应，认为方案可以稳定房地产价格。这进一步证明了规划方案从一开始就不是任何形式的城市乌托邦理念，并不是刻意追求地带划分中的平均分配主义[9]，而是建立在土地私有制基础之上、为城市建设服务的工具。

学识渊博的施蒂本则是在1890年出版了一本广为流传、影响深远的条约式专业书籍《都市计划》，尽管副标题为"建筑手册"，但核心内容还是围绕着"城市的建设"。他在书里针对城市建设提出了一系列跟规划方案[10]相关的技术和美学性规范原则，成为日后众多规划方案系统在区域划分方面的参考，如交通作为组织者与功能性构造城市的流动息息相关等，这些都对新的城市规划起到了决定性作用。施蒂本同时也关注能给城市景观带来美感的元素，但跟西特（Sitte）[11]的偏重点截然不同，他的焦点在于城市建筑。在1910年《都市计划》第二版中，他试图用图像阐述德国城市的发展历程，尤其是德国统一以后所经历的巨变，并以生物的生长方式作为类比。这在生物学家黑克尔（Haeckel）的实验图像刚刚开始传播的年代，无疑是一个居于时代前列的尝试。从显微镜下观察到的植物基质、分子结构为解读城市提供了一个有趣的形态学视点：城市犹如一棵草本植物的茎秆或是放射虫纲的单细胞结构组织。

然而"城市"这一毫无增长节制的机体正在逐渐变成一个复杂的地下矿区，其物理结构组成也越来越混杂。现在让我们把目光投向大不列颠，去看看20世纪初仍高居世界大都会榜首的伦敦、伯明翰、曼彻斯特、格拉斯哥以及利物浦经历了怎样的巨大转变。

"花园城市"的概念早在1898年已经由霍华德（Howard）提出，但是直到昂温（Unwin）《城市规划实践》的出版才出现了真正务实的尝试。他建立了扩展型城市规划，特点是在城市周边和铁路附近修建大量的街心公园。[12]英国设想的郊区模式跟德国的切入点非常不同，他们面对的是最早发起工业革命的城市。昂温著作的副标题就很有说服力："城市和街区设计艺术入门"，简单看看目录就会发现该书涵盖的多个主题至今仍然深具启发性：公共艺术是社区生活的表现，每个城市都有自身独特而不可复制的特点，城市规划需要协作，共同利益能够带动个人利益。他用这样的形式总结了大量实践经验，并指导城市规划向着创建温馨人居的目标前进，因为在他看来，住房的角色已从以往的困难重重转变成了现代社会的主要角色。[13]

英国关于"市镇计划"的第一项立法于1909年出台，晚于德国"市镇规划法案"。虽然当时英国城市规划的氛围已经比较浓厚，但跟德国的规划理念相比还是相去甚远。在英国，所谓规划只是一个简单的草案，他们的设计思路[14]更多是来自于"社区小镇"和"花园城市"运动的经验。规划内容本身是规范性质的，是对交通和公共卫生部门相关要求的说明。另一方面，岛国特性、乡村风光和居住地分散的趋势，都促使英国逐渐形成一种跟欧洲大陆截然不同的城市形态。因此在很大程度上，他们的规划与所谓的城市规划相去甚远。

纵览有关城市扩张的诸多理论和规范城市的新技术，我们已经能够预见到当今占有统治地位的两支流派，不少人试图合二为一，但无果而终。[15]

欧洲大陆主流理念的出发点在于，城市是一个持续无限增长的空间，只要有新的交通和基础设施建设，就有望在系统规划的基础上实现无限的扩张。这个系统包括笔直宽阔的街道，以及一系列可以保证居住地区医疗卫生条件的建筑布局。在这一模式中，有一种思想流派强调宏大的建筑，它的灵感来源于奥斯曼男爵（Baron Haussmann）的"伟大作品"，即坚持认为城市化要追求大都市的风格，要拥有众多林荫大道、机构办公建筑以及足以彪炳历史的出租式大宅，进而给予城市流传千古的延续性，让它们作为艺术品得以生根发芽、流芳百世。后文提到塞尔达和瓦格纳（Wagner）的时候会对这种城市化思路发展的两个重要节点作进一步剖析。另一种流派则不断对这种欧陆风格进行干预和挑剔，提倡花园城市的多中心化，要求持续限制城市规模。这种思路不仅影响着不列颠本岛，也波及荷兰和斯堪的纳维亚半岛的其他国家。作为一种对抗理念，它缓解了思路集中化，为城市规划发展提供了强大的活力。

事实上，"城市可持续发展"这一逻辑线路可以上溯至欧洲大陆几百年的历史传统。从亚当·斯密（Adam Smith）和科尔伯特（Colbert）的阐述中可以看出，作为自由经济兴盛的地方，城市已经开始在中央集权和自由放任之间游弋，并对两者同时产生了依赖——既仰仗市场的恩惠，又呼唤政府的调节，这是工业革命时期西方大都会形成的根基。从皮金（Pugin）开始，工业城市的丑陋外表遭到了强烈反对，他认为城市一方面要适应"现代生活"，另一方面又要具有美感，让"可持续发展的城市"同时也成为"美丽的城市"，提倡建筑师们在新的规划蓝图旁边增加一道景观，把花园、公园或温泉疗养等功能融入大自然中。

"不支持可持续发展的城市"则正好与之相反，自由资本主义模式下的经济和物质增长遭到了反对派的驳斥。后者是极端的保守主义者，以土地为依托，非常重视农业，对于人类及工业的破坏性高度警觉。

面对把国家分成各州各省的思潮，无政府主义者表示强烈反对。他们提倡公民社会，提倡融入大自然，认为人类有能力合理运用技术，这是典型乌托邦社会主义的产物。这种模式只能在"可持续发展城市"的前沿得以充分实现，就像后文中提

到的"广亩城市"一样,给每个家庭提供一小块土地,但风险在于人们很容易把它和平均主义、田园生活混为一谈。

不管在哪种模式下,郊区都是人们不愿提及但又不能回避、也不知如何回避的话题。城市的弊病给人留下的负面印象甚至超过了它的成就,并且很快在人群中形成一种文化诟病:城市是堕落的地方,道德败坏,处处充斥着新生资本主义的个人主义的贪婪和欲望,这种成见在北美尤其深重。古老的艺术之都与理想中的自然主义(在欧洲表现为田园派)之间将展开关于城市规划和新生城市建设技术的新争论。

伊尔德方索·塞尔达,一种先锋理论

在现代城市规划道路的起点上,有一个独特而光辉的形象,那就是伊尔德方索·塞尔达(Ildefonso Cerdá)。他的光辉一方面来自于他在《城市化总论》中提出的先锋理论,另一方面源于巴塞罗那旧城周边开发计划。后者既是前者的源泉,又是极好的实践案例,它在塞尔达的规划指导下诞生,经过时间的考验充分展示了功效。正如肖艾[16]指出的那样:回顾现代城市规划的源起,这本《城市化总论》作为新学科的奠基之作当之无愧。

该书几乎与其巴塞罗那旧城周边开发计划同时完成,但直到1867年才正式出版,稍晚于旧城开发计划。伊尔德方索·塞尔达和苏涅尔(Suñer,1815~1876年)在书中努力搭建一个"科学的"城市规划理论架构,他们的论证非常全面确凿。尽管塞尔达的立论相对有些孤立,但仍可视为对新学科的"开创"。在塞尔达的方案中,拓展计划这一概念在扩大城市规模的同时采用了新的外观形式,最终形成了一个复合概念——既有全面综合的规划,也有"构建"城市的方法。为此,塞尔达从现状入手了解现有条件,对具体指标如地形、道路网和人居分布等进行研究,同时兼顾人口特征统计等抽象因素。其中最有建树的一点在于分析工作和项目设计的结合,研究成果的可操作性也随之得以提高。巴塞罗那是一个严重拥堵的城市,住房建筑卫生条件差,因此塞尔达采用大量数据进行分析,并给出了开发计划的第一个优势:让城市变得更"开阔"。该计划同时也要求对土地有更准确的认识,这时塞尔达的地形学知识就派上了用场。他把巴塞罗那广大的农村地区搅得天翻地覆,也涵盖了已有城区、道路网络、山丘盆地和其他城市中心的设施,例如当时的核心区格拉西亚(Gracia)。塞尔达的卓越之处在于他理论探索的必要性,在1859年开发计划制定之初,他就意识到自己正在开启一个全新的视野。

塞尔达成功地代表了城市化的受益者,表达了他为未来城市献身的决心,这集

巴塞罗那扩展图——伊尔德方索·塞尔达设计方案表象严格的纬线与非凡的
城市多样化共存
巴塞罗那旧城周边开发计划,伊尔德方索·塞尔达设计。看似僵直的经纬线
其实可以跟城市的非凡多样性完美结合在一起

中体现在树立城市化的目标并探索实现该目标所需的手段上。他所追求的城市化是一个过程，在这个过程中，规划是对城市发展适度性、城市效益和质量的有力保障，这就与当时盛行的后巴洛克主义纪念性建筑风格（monumentalismo）呈现出了泾渭分明的差异。他的计划在1860年的争论中因国家政府部长施加压力而最终通过，当时市政府已经选择了当地建筑师罗维拉·特里亚斯（Rovira Trias）的方案，因为从当时的主流思想来看，从中心广场呈放射状扩张的设计更为流行，这明显是受到了学院派（beaux-arts）的影响。

的确，19世纪绝对君主制和贵族系统盘踞下的欧洲，正是工业革命竞争和新兴资产阶级渴望发展的舞台，他们的影响力越来越大，迫切需要一个服务型城市。奥斯曼就是在这一时期向巴黎引入了一种城市转型的新方式，他通过强行征用和行政赋税发展了一套地产交易法则，但他的建筑理念仍属于巴洛克式。

面对巴洛克透视法，塞尔达提出了理性的城市方格网络规范系统，然而大面积占用闲置空间、城市设计规模之大又使不少人认为这是逾常之举，也反映出人们对这种思路的抵触。在方格网络的基础上，他在格拉西亚对角线或格拉西亚广场等关键节点上进行了一些变通，将当下现状与未来发展联系起来。他认为，规划是一个支撑，能够维护"个人在家庭中的独立，家庭在城市中的独立，不同性质的动态物体在城市道路上的独立"。在他的方案中，没有关于具体建筑的设计，而是用地形学图标注明不同的街区应当怎样利用。塞尔达以他的实践和理论，建立了时至今日仍具有根本创新性的现代城市规划学。

巴塞罗那旧城周边开发计划：优秀设计的必备条件

塞尔达通过自身的知识构成、坚定的意志力和改革的动力为未来的巴塞罗那打造了一个稳固的结构。时至今日，这座城市仍在很大程度上验证了旧城扩展规划的成功，让人不得不承认该计划的确行之有效。在此，我们没必要深究当时的设计是有意为之还是无心插柳，他的规划预见性在于他关注新兴城市的重大问题，如被称为"动力系统"的交通和物流问题、适应新兴建造方式的需求、为城市及其周边空间提供配套服务并在规划中纳入旧城改造等。更令人惊讶的是，他根据已有的空间条件和结构形式创造了一个杰出的城市结构体系，诸如格拉西亚大道和铁路网，都得益于他对于土壤状况的准确了解，对地形地貌和小块土地的精确定位。由此诞生的规划设计才能在一个城市中切实有效地得以实施，当时的巴塞罗那更是严格将其贯彻到底。[17]

现在我们来重点关注这一开发计划最显著的优点：多样性和改造性。这是开发计划得以持续进行的有力保障，当然也和明确的图解系统有很大的直接关系。人们常常呼吁规划要具有灵活性，但一直没能明确怎样达成这种灵活。塞尔达设计的城市从外观上看严谨而规整，但如前所述，城市设计跟已有空间条件很好地衔接了起来：市中心和固有的居民点、巴塞罗那的平原条件、铁路轨道网等。

他设计的基本几何形状已经在大面积覆盖的基础上保证了灵活性：由133m×133m的房屋组成方形街区，其中建筑面积是111m×111m，街角处留有尖角，给每条街道留出至少22m的宽度。与此同时，方形街区还有其他的用途，比如在格拉西亚大道交叉口，方形街角可以收缩成不规则的形状，直到适应其所依赖的旧有元素的存在方式。实际上塞尔达的开发计划正是建立在道路系统上，重点关注人流和车流汇聚形成的交点，因此他把建筑物一端做成削角面。至今，那些路口还在发挥作用，承担着塞尔达从未预想过的交通压力。在他的《城市化总论》一书中提到，新文明的重要特点是"流动"和"沟通"，于是他进一步考量了其他因素，正如欧洲城市规划师联合会首任会长埃纳尔（Hénard）所说，如果把交通和通信放在首位就要寻求新的组织方式，就像交叉路口（Carrefour）或者拐角大道（boulevard a redans）。[18]

设计师们一致反对塞尔达的方格网络理念，认为这是"工程师的恶趣味"，这种批评一直延续到何塞善·普拉（Josep Plá）的文字中。然而这些经过反复推敲和论证的方格，最终展现出了方案的灵活变通和聪明睿智。它就像五线谱，让城市谱出各种音符，最终汇成一首堪称经典灵动的城市规划学交响曲。其实塞尔达在开发计划定稿时已经意识到会有更加多元化的建筑补充进来，因此删去了关于建筑的设计。他的功绩在于提倡土地的建筑类型多样化，随着城市的历史发展自然会不时加入新的建筑样式，如高迪（Gaudi）的采石场公寓就属于新风格。正是这种潜能和适应性使塞尔达的设计历经文化的变迁而永葆生机，这根本不是"恶性趣味"的问题。

让我们来回想一下近几十年巴塞罗那所发生的一切：拓展计划发挥了巨大的效用，渗透在城市发展的各个时期，如奥林匹克场馆建设和"新核心区域"计划，实际是在完成开发计划以后的外围建设；再如，塔拉戈纳（Tarragona）大道或"海岸沿线重新布局计划"[19]和2004年召开的"万国文化论坛"一样，都重新整合了斜街和"地中海"交汇处。这就好像在不断重塑和改良塞尔达的设计，其稳定的格局、旧城的利用和风格的演化以其无可辩驳的成果力量在今天的城市规划界得到了广泛的认同。巴塞罗那正在雄心勃勃地向地中海深入，这使他的设计锦上添花，让人不得不重新认识塞尔达。

就这样，巴塞罗那的城市结构、方形街区与瞬息万变的发展环境巧妙地结合在了一起。尤其在认识到它满足了今天可持续发展的诸多理想之后，生态学家萨尔瓦多·鲁埃达（Salvador Rueda）为这种混合型社区找到了最好的例证：可持续、密集、综合的城市，加之其多样性和时效性正是推动可持续发展模式所需要的条件。[20]如卡洛斯·费拉特尔（Carlos Ferrater）等建筑师在5个沿海街区的改造计划中依然遵循着塞尔达的原则，因为其中仍能展现出地形学的强大潜力。

最能展现巴塞罗那扩展开发计划连续性和实效性的新近案例当属市政府为重建

新市镇波布雷诺（Poblenou）而作的新规划，这一空间规划把工业纳入其中，是一种凭借异质形态进行的建设。其实从一开始，工业就是以不规范的形式跟现有住宅和商场混杂在一起，如今该市镇正在逐步建设"知识城市"，又名活力巴塞罗那22@BCN（Barcelona Activa）。

这是一个从形式到功能都相当复杂的重建计划，它力图广泛结合科研、教育和新信息技术等方面的活动。这个项目一方面再次验证了"巴塞罗那旧城拓展开发计划"的适应性，因为它能够逐步淘汰过时的活动而又不失去该城市的工业产业。另一方面是对建筑所有者的补偿：被纳入计划的人们按照确定的利益和原有的地形特点，提高了住房的可塑性，这也证明了拓展计划所提出的城市化方案的灵活性。所以我们相信，即使在一个"原初的"巴塞罗那的中心，在保持城市独特个性的前提下，我们依然可以发展实质的功能性生产，并以此来推动革新进程。

塞尔达深爱着他居住的城市巴塞罗那，他曾积极地参与政治活动，为保护他的设计在当时引起了激烈的争论，他的形象也曾饱受非议。[21]然而，今日的巴塞罗那被视为杰出城市规划的代表，再没有人敢于否定塞尔达伟大的规划设计。[22]

奥托·瓦格纳及维也纳的进化

19世纪后半叶，维也纳和巴黎一直是规划领域的灵感来源的两个城市。维也纳的城市发展从进化城市边缘的空旷空间到越过城市的边界。维也纳的发展模式向世界展现了未来城市规划发展的惯性。在这种惯性下，我们对城市形态的考虑胜过了对时间的考虑。这种城市进化和建筑的进程，第一次诞生了都市圈。1848年都市圈是旧贵族和新兴商业、工业资产阶级之间利益妥协的产物。这在其他现代化大都市中并不常见。[23]奥托·瓦格纳（Otto Wagner）以及后文中提及的卡米洛·西特（Camilo Sitte），正是融合在维也纳世纪之交的文化光环之中，展现出当时建筑师们遭遇的矛盾：面对发展中的大都会城市和城市规划的清规戒律，他们试图破解大都会出现的谜底。然而理想终究是文艺复兴的产物，总以为一种建筑风格就能解决整个城市"全局"问题。他们努力想要以"美学的"原则作为出路，然而其建筑理想却在打破城市化与独立建筑的古老联盟时遭受到了巨大的阻力。

奥托·瓦格纳（1841～1918年）作为建筑师是在维也纳环城大道的建设过程中逐渐成熟起来的。维也纳开发计划中的环形大道成就了处于上升期的自由资产阶级，他们在城市建设中调动私人产业，开发了许多出租房，奠定了城市建设的经济基础。瓦格纳是城市区域划分和整体规划的拥护者，曾在1893年维也纳的"城市管理计划"大赛中获奖。虽然体会了新型大都会的诸多要求，但他从未放弃把城市作为一个庞大的艺术品来对待。他小心翼翼地在这个集聚性的、混合了过去和现在

<< 万国文化论坛，2004年在巴塞罗那召开
塞尔达设计的最独到之处是斜街与海岸的交汇

的艺术品面前跳着足尖舞。受"艺术左右需求"的感召，瓦格纳投身"维也纳分离派"，积极推动了众多艺术运动。分离派宣扬追寻每一个时代的艺术、追寻每一种艺术的自由，但瓦格纳也是最早提出将"功能性"作为主要原则的建筑师之一，他强调"艺术"与"实用"相结合才是真正有利于人类和现代生活，即"实用本质"。大都会是现代社会的典型，充满着速度和不确定性。这里需要领导者和艺术家，因此应该提高建筑师的领导地位。这是一个特殊的任务，可以毫不掩饰地求助于那些资产阶级的建筑家，他们是金钱的信徒，把资本当作"获得理想生活"的必要经济保障。不同的是，瓦格纳把他的设计工作扩展到了工程领域，比如建造桥梁和铁路，因为他了解交通和基础设施在都市化进程和城市景观中的重要性。

1910年，年近70岁的瓦格纳受邀参加在纽约召开的"城市设计国际大会"（Congreso Internacional de Diseño Urbano）进行关于大都会的主题演讲，并于第二年发表了《城市·一份考察报告》（Die Groβ stadt. Eine Studie inter diese）。报告中提出未来的维也纳将成为一个无限扩张的城市，中心城区在空间上毫无连续性地推进，并从同类区域出发呈同心圆向外扩散。没有一个人像瓦格纳这样清晰地阐述过关于可持续的"巨型城市"概念：以一个巨大的、居中的花园为起点，伸出花园式的两翼，沿路安排出租房和基础设施，所有的建筑物都围绕一个雄伟的中心广场。他的设计使每一个街区和区域得以前后呼应，在这里我们再次看到瓦格纳有丰富的城市规划经验并忘我地为之工作，他清楚要解决的问题并充分考虑基础设施的发展。他的不足是把城市的未来想象成为一个同质的网络，仅仅是街道的延伸加以宏伟的元素作为有序衔接。

在《现代建筑》中，瓦格纳写道："毫无疑问，如果没有受到艺术的洗礼，不能也不应该做任何事。绝不要忘记，一个国家的艺术是衡量它的标尺，不光是福祉的，也是其人民智慧的标尺。"[24]可问题是，发展中的城市正以一种难以名状的机械逻辑在它周遭画出一些不规则的形状，最后的空间呈现中唯一推陈出新之处只有工人住房和工厂。这些东西显然不在瓦格纳的模式范畴内，因为他还在下意识地执着于环城大道的理念，认为城市应当是精华的城市而非人民大众所理解的城市。

马歇尔·贝尔曼（Marshall Berman）[25]清楚地阐释了城市的变化如何与现代化的概念密不可分。大街上，橱窗和咖啡馆注视着电车和来往的熙攘人群，这是现代城市最主要的特点，同时现代化的基础设施也在影响着空间。

然而，奥托·瓦格纳在维也纳的经验也表明了设计师的矛盾心理：面对新兴的城市规划，他无法避开对形式主义的怀旧心理。工业城市的生长需求使得规划和设计南辕北辙，规划的目的是为了实现空间的转变和排布，它更多的是和城市化要承担的结构有关，而不是之后要具体建设的房子。因此，当都市化逐渐演变成以城市扩张和转型为目的的基础设施建设过程的时候，城市规划和建筑设计之间就产生了裂痕。虽然维也纳的城市格局存在着新建筑和旧城共存的问题，但在卡米洛·西特、奥托·瓦格纳和阿道夫·路斯（A. Loos）的作品中这并不是主要矛盾。真正的问

题在于城市已经不能被建筑设计所掌控，设计师只能为城市的整体规划提供一个全面的图景，但必要的基础设施配备却是由工程师来完成。只有在极个别的情况下，如约瑟夫·普莱克尼克（Josef Plécnik）对卢布尔雅那（Ljbujana）的局部设计项目，桥梁、步道和公共建筑设计，或是贝尔拉赫（Berlage）对南阿姆斯特丹的扩展计划，我们才能看到设计如同其作者提出的那样被实施。但大部分城市设计方案，如奥托·瓦格纳对维也纳的畅想、埃利尔·沙里宁（Eliel Saarinen）对赫尔辛基的设计以及丹尼尔·伯纳姆（Daniel Burnham）对芝加哥的规划，最终都只是纸上谈兵。

旧政权随着第一次世界大战落幕而垮台，第二次世界大战期间，先锋派运动甚嚣尘上，他们为之摇旗呐喊的已经不是一个真实的城市，而是一个影影绰绰的"未来之城"。

城市规划的范围

20世纪80年代，许多人开始探讨城市规划设计的危机。传统设计师们坚称城市规划承担着最基本的功能[26]：一是建立城市内的基础设施和通信体系；二是规划土地的使用以及与之相关的交通、住房、公共配套设施和服务等一系列问题，当然也包括经济活动的定位。

西班牙的"城市整治总体部署"（Plan General de Ordenación Urbana）是一个优秀的城市规划方案，从1965年开始得到各项法规的支持，规划条款完善了土地使用权的建构，因此也被称为"土地法"。西班牙跟其他欧洲国家不同，土地和土地所有者的权利与义务都与特定规章紧密相连，因而最终获得了城市规划的主动权，这组规划得以成形的首要决定性因素是它根据与城市规划的相关程度把土地进行了划分。1979年西班牙进行了内战后第一次民主选举，各地政府欢欣鼓舞，欣然接受了"总体部署"，因为他们看到了推动城市发展的难得契机。[27]然而第一批民主城市规划出台之后的热情，土地法令强加的逻辑让西班牙的城市规划被所有权所左右，甚至各个自治大区所制定的种种新举措，在经过一场饱受争议的宪法法院裁定之后，也迎来了诸多挑战。后续的合法提案都遭到主导法律的约束，有时几乎陷入僵局，甚至把"总体部署"逐渐变成了房地产开发的工具。

20世纪80年代，一种新的城市规划在西班牙占据了统治地位，在我们看来它提供了一种非常有价值的新城市文化，这一文化明显优于此前各种急功近利的方案。重要的是它战胜了以道路和区域划分为主的观念，充分考虑了地理形态，为质量参照准备了一个广泛而有巨大价值的谱系。这一态度集中体现在一点上，那就是强调提前策划城市规划的最终效果，让主观意志超越城市规划和城市建设过程中的客观条件。恢复历史遗产，把"城市历史"作为城市分析和理解的要素，这代表了一种

上：卡尔斯广场（Karlsplatz）手绘图，维也纳，奥托·瓦格纳设计作品
下：从卡尔斯广场看卡尔斯教堂

全新的态度，激发了许多城市对改造的新灵感。

这是一个辉煌而短暂的时期，一个集体的理想，依托于有广泛社会基础的当地民主政府，愿意重新审视固有行业惯例以恢复城市的价值。我们看到许多的贡献丰富了我们的规划文化，并且史无前例的给予了社会价值和政治在城市规划发展中的特殊重要意义，我们应该在全球范围内对这一代的规划给予积极的肯定。

20世纪80年代后期，西班牙的经济发展迎来黄金五年，规划在实施方面遭遇了强大的阻力，城市规划和社会经济需求之间越来越脱节，投机经营空前高涨，政府保护型住房的市场被打乱，经济活动新领域不能保证连续的资金供给，城市基础设施的投资也入不敷出（塞维利亚的世界博览会和巴塞罗那的奥林匹克运动会除外）。

在西班牙，人们渐渐地确立起一种观念："城市整治总体部署"及其特定的附属条目是一个规范土地法的必要工具，它可以使各种牵涉土地使用的条款变得清晰有序，却无法引导城市走向理想的未来，因为在领导城市改造的政治立法层面设置了一定障碍。总体部署面临的危机在以下几个方面体现得尤其明显：

首先，"城市整治总体部署"的起草过程没有留出对话的余地，没能向市民和城市化主体公开并真诚征询关于城市未来的意见。尽管土地法令规定了市民参与的一些途径，但实际上参与这场事业的人非常有限，其证据就是很大一部分辩护词都是反驳性而不是陈述性的。而且总的说来，一个大的倾向是利益集团雇佣最好的律师对其利益进行维护，这无疑使总体部署跟普通市民之间产生了隔阂。图纸和文字中的专业术语只有技术人员才明白，在这种情形下，显然只有最有势力和影响的团体才能参与其中。参与的过程变得越来越遥远而官僚，规划案的制定也完全没有浅显到邀请公共机构、社会和人民来共同解读。

其次，总体部署在各个城市的表现形式越来越细化，这种"近视病"造成了人们对于城市空间的思考出现了断裂。技术发展和通信系统的改善已经使人类活动日益深入到了社会生活中，造成一种时而交错、时而分散的居住体系，这种体系在市级层面已经克服了政治和行政管理的障碍。未来城市的许多机会及其主要问题的解决途径，都必须在一个空间更广泛、时间更长久的层次去寻求，这就必须走进总体部署的细节。

第三，西班牙的总体部署到今天，已经不再是市长和市级领导政治化地开展城市转型的适宜工具。一届市政府几乎总是会从上届继承一个计划，如果新领导不认可并决定不予执行，重新审议的手续往往非常复杂，可能在执政的4年期间也无法完成。总之，总体部署计划尽管是一个非常有力的工具，却没有足够的灵活性来适应市政府的政策，也没能巩固其作为城市规划领头羊的地位。

最后，总体部署还有一个致命的缺点就是没有纳入未来城市设计的战略规划。时至今日，不仅国家处于竞争之中，城市之间亦是如此。在开放的新国际形势下，城市正在以更高的程度进行协作和竞争，因此在这个混乱、时刻变化的环境中给自身作一个清晰的定义是十分必要的，况且足以完成这项任务的工具也亟待出现。这一缺陷，加上城市在国际舞台上的主体地位日益上升，自然给狭隘意义上的城市规划提供了发展的机会，尽管后者并不是城市转型的主力，但至少是转型的必需品。

在最近20年中，跟经典的总体部署的形象一同出现的还有一些新鲜事物，比如战略计划、城市规划方案、第21计划、区域调整纲要、中级区域规划等等。它们都试图对上文指出的限制做出一定的补救，本书的其他章节也将陆续介绍这些方案。

规划的必要性：创造未来

我们生活在一个复杂而充满激情的时代，身后的国际环境正处在剧烈变化和深刻的政治经济转型中，其新奇所带来的机遇构成了前所未有的诱惑，人们愿意接受各种挑战以使我们的城市和空间重新变得实用。而当各个城区纷纷面向未来、吸引投资，在竞争和合作中培养、召集、吸引智力资源时，这个挑战会尤为刺激，因为这是创意型新经济的基础。

西班牙的城市规划概念应该正视这些史无前例的挑战，唯有如此，我们的社会才能以更加巧妙和充满想象力的方式满足新的需求，完成国际新形势所期待的转变。城市规划工具和操作机制必须调整，官僚主义的烦琐作风滋生出来的僵化必须克服，因为这常常限制我们社会的回报能力，虽然有人认为城市规划的主导力是房地产的买进卖出。值得欣喜的是，已经有很多城市求助于著名的建筑师，相信他们的才华能够提供新的创意和出色的解决办法。城市规划这一复杂领域正在商业投机和艺术创造力之间辗转腾跃。

我们的社会所面临的社会和经济变革的规模，往往受制于传统城市规划的脆弱性，确实那样的规划太注重地方因素，并且僵硬被动地迎合出现的变化。城市规划的不连续、不一致的特征，区域和地方计划的撞车，让人想到一个全局的考虑实际上是"不可能的"。但计划又必须面对充满活力的、时刻在变化的现实。

人们看待城市的价值不能仅仅局限在其变化上，市场也不能自行解决城市的重大问题，哪怕是有供给和需求的规律。[28]许多新自由主义者否认规划的提议，因为后者确实是反市场的。例如对1974年诺贝尔经济学奖获得者哈耶克（Hayek）[29]来说，唯一有效的理性方法取决于个体活动的平衡，没有任何理性能够超越个体意愿。但是，现实是顽固的，世界上不同城市一再证明，市场无法解决城市的冲突。

另一方面，我们同样承认一个具有整合性的规划绝不能脱离市场而作，因为它本身必须在市场的范围中进行。所以今天，我们仍旧需要规划，但那是一个创新的规划，不仅要发现未来，而且要创造未来。另一位诺贝尔经济学奖获得者约翰·梅纳德·凯恩斯（J. M. Keynes）也曾经说过，未来不是被预见的，是被创造的。城市和城市转型的未来无法用一种描述性的逻辑语言来表达，许多学科诸如地理、经济、社会学等都是建立在历史趋势的基础上，或通过总结城市在不同历史时期所经

历的变革到达一处展望未来的新视野。虽然以这些方式来接近未来的新型城市是必要的，但却是不够的。未来的城市不仅仅是对过去的一种推演，更应当是每一代人创造力的集合。[30]

这就需要把规划的过程变得更加开放，更加有活力，加强自上而下和自下而上的关系，不断地反馈信息，反思关于城市的整体观。同时了解那些处在潜伏期的问题，从而确定具体的城市模式的关键性或战略性设计，这一点我们在最后智慧的区域一章里还将详述。

如果没有创新的努力，不去想象未来，城市规划将会变成一种单纯的行政管理制度，而锐意进取的城市规划会为限制创造性的社会、经济、个人和环境问题寻找新的解决方案。我们的社会中有很多公共和私人的实体领导着改造社会的进程，但他们只是提出了一些笼统的、毫无承诺的原则和方案。与此相比，创新的城市规划更关心选择性地实施一些具有"示范效应"的、重点突出的行动，这些规划能够准确地指出哪些是法律态度、程序或工具问题上需要的转变，它们是一种更积极进取的计划，能够确立策略、手段并激励牵涉其中的人们完成目标。这种城市规划要求协调的能力，对公共事务的维护和达成一致的意愿；能够许下承诺，承担具体选择的风险；要更关注城市的整体运作、公私的搭配关系；更注意施政者的"城市契约"而不是官僚式的市政建设。最后，创新型的城市规划超越了传统"城市建设管理"的关注点，努力将纲领和设计方案作为充满活力的、积极转型的催化剂。

纬壹科技城。扎哈·哈迪德设计模型
新加坡政府正在这个200万m²的空间里施政重振经济

城市规划这一学科自开创以来，从最早关注城市结构、功能、增长控制的城市规划和城市规划蓝图发展至今，我们常常会遇到新焦点：批评现代城市缺乏美感，提出新的观念和原则，改善城市空间的质量、城市形象、公园系统及城市整体景观等。

　　卡米洛·西特于1889年在维也纳出版了《城市建设的艺术原则》（La Construcción de Ciudades Según Principios Artísticos）一书，它是构成上述新焦点的核心作品之一，该书从历史学的角度回顾了18世纪城市规划在现代化和传统之间遭遇的持续的压力。到了20世纪后半叶，戈登·卡伦（Gordon Cullen）和凯文·林奇（Kevin Lynch）分别出版了《城市景观》（Paisaje Urbano）和《城市形象》（La Imagen de la Ciudad），对城市构成和设计作出了突出的理论贡献。

　　在北美地区，一场美化城市的潮流应运而生，"城市美化运动"（City Beautiful Movement）融合了城市景观和自然风光。奥姆斯特德（Olmsted）设计的纽约市的中央公园和波士顿的"绿宝石项链"就是该运动的标志性设计作品。它们缔造了"城市公园"的新概念进而形成大都会公园体系，包括在当今社会十分流行的公园绿地（又称绿色长廊）以及地景艺术等。

　　本章的最后还将谈到"新城市规划"，这也是时至今日得以成功推广的一场运动，尤其是在美国，一些城市规划师借助一些著名的传统城市规划概念，试图从生态的角度应对美国城市中最显著的矛盾。

In 1889, in the city of Vienna, Camillo Sitte published his book, *City Planning According to Artistic Principles*. This is the key text of the new historicist approach that reflects the permanent tension between modernity and tradition in the urbanism of the previous century.

In North America, the important City Beautiful movement was developed, with the aim of beautifying the city by integrating nature and landscape. Olmsted designed Central Park in New York City and the *Emerald Necklace* of Boston, both of which are emblematic projects.

Finally, this chapter makes a reference to New Urbanism, a movement that is achieving some measure of success, especially in the United States. The movement is led by city planners that seek to recover familiar ideas of traditional urbanism as a response, from the ecological perspective, to the most glaring contradictions of the American City.

02 美丽的城市

City Beautiful Movement

建造城市的艺术

前文当中我们已经看到，在现代城市规划发展的最初阶段，"城市规划学"及其相关的书籍都把关注点放在其功能性和结构性上，努力推崇城市规划构图。然而有趣的是，这一原则的背后涌现出了许多反对建设"没有美感城市"的批判。都市美学质量的缺失是当代城市规划常常涉及的一个问题。实际上，支撑城市规划的技术建立在科学的基础之上，与此同时总是有另一股潮流在坚持着都市艺术的美学标准，通过寻求一种"科学的"城市规划、建立一个未来城市的模式来抵制历史循环论的片面观念。尽管它从不排斥新技术的使用，但传统与现代之间的较量依然存在。上述较量体现出原始城市规划发展的多样性，对所谓科学在城市规划中的主导地位提出了质疑。

从美学构成的角度看，最早建立新型城市艺术的创意来源于卡米洛·西特于1889年在维也纳出版的《城市规划的艺术原则》。该书对现代城市规划的艺术价值缺失表达了惋惜之情："令人诧异的是，在当今社会，艺术在城市规划领域的繁荣程度远不及建筑和雕塑领域。"[1]在他看来，同时代的许多设计师都忽略了这个问题，因此建议从美学的角度重新考量城市规划。西特论证了这一美学缺失并强调了城市化的"新问题"，比如城市交通状况。可以说，作为城市规划者，他和他的著作向这门新生学科中一些不完善的原则作出了挑战。

卡米洛·西特（1843～1903年）成长在一个艺术氛围浓厚的环境中，对欧洲的城市文化了如指掌。他投身艺术和建筑事业并终生从事相关教学工作，积极参与其所在城市的文化发展（但并不属于先锋一派），并于46岁时出版了《城市规划的艺术原则》一书。该书引起了巨大的反响，并且很快被译为多国文字。它的惊人之处在于作者在占据主导的专业人士面前提出了一个关于城市化的新视角。从那时起直到1903年去世，西特在欧洲的城市规划学界都享有至高无上的荣誉。他不断地巡回各地，受邀出席论坛，为专业杂志撰写了大量的评论文章。这无疑要归功于他对城市"外观"的关注，他在书中用引人入胜的文字解释了欧洲传统的城市空间。西特注重的地标性宏伟建筑、规划广场和周边设施在多个地点都有系统性的再现，而他密切关注的几处地标如南希的广场、威尼斯的圣马可广场、维也纳郊外霍夫堡皇宫区的环城大道等，都成了城市规划者教科书式的典范。

该书主要分析了一些从前工业时代保留至今的欧洲城市，其中大多数位于意大利和德国。这本书还研究了城市布局和规模——而这些通常被认为是随意之举，他还特别研究了广场和纪念碑建筑，并从中提取出行之有效的原则，为当代设计师所用。西特在前言中已经指出了这种分析方法和理论模式，并回答了一个基本问题：在规划设计时，既要向大自然请教，也要向古代的大师们学习。从这个新的观点来看，解决城市问题不仅仅是创造令人满意的卫生条件或井井有条的交通流线，而应

波士顿 公共绿色空间连续体系
奥姆斯特德：历史城市的接续设计

当对城市作一个全面的规划，以使其从精神上、心理上都满足人的需求。因此他为自己"大规模统一干预"的理念进行辩护，指出建筑应该在城市中心的扩张和转变中重新扮演起主要角色，同时也在另一方面与同时代其他设计师关于控制城市发展的理念相呼应。这样，在批评其他概念过于强硬的同时，他确实创造了一个相对新颖的城市建设解读方式，而且很快拥有了大批拥护者。尽管第二次世界大战和功能主义的流行使西特的形象遭到打压甚至一度沉寂，但不久之后，那些反对者对他的理论进行了"二次发掘"，因为他们自己也开始不满于按照功能模式来建设城市。

在那个时代，城市规划关注的中心议题是如何用理性和秩序来控制城市急速的增长，人们试图用区域分割和几何划分来结束纯理论下的混乱状况。西特当然很清楚这些顾虑，但他不愿把这些问题具象化。他的著作简明扼要，重点不在于批判进行中的规划实践，而是唤起人们的注意力，关注那些长期被忽略的问题："……没有人把城市化当作一个艺术问题看待，人们普遍关注技术层面。一旦艺术效果不能满足我们的设想，就会感到惊讶和迷惑"，因为"我们这个时代的特点就是用刻板的方式来考虑问题，绝不违背已有的规则，直到我们的灵魂趋于僵化，美好的情感日渐干涸"。西特对直线使用的要求，包括对方格网络的反复利用表示理解，这些的确可以缓解增长的压力。但是，他反对把致密的方形街区当作城市规划的基本要素，他极力呼唤对"空"的需求，强调以公共场所如广场、街道和私人院落作为基本空间单元，因为只有它们才能创造出一个比当时的高密度扩张更加温馨、舒展、丰富而人性化的空间。西特说："现代生活和现代建筑技术都无法让我们完全再现古老城市的安逸，这一点必须承认，否则就会陷入幼稚的幻想。"但他坚持认为艺术在城市规划中是不可或缺的，因为城市的外观会直接而持久地影响着人民大众和文化形式，如戏剧、音乐会等等，处理不慎就会把这些场所变成富裕阶层的专利。遵循亚里士多德（Aristóteles）的教益，西特相信城市应该为其居民提供更好的生活，提供一个追求幸福的机会。

城市空间的视觉效果是西特作品的核心，人们从中可以学会用自己的方式去理解和享受空间。相对于几何图形的僵硬、直角、对称、轴线和单调的重复，西特的设计核心来源于人的价值尺度、情感寄托、感知感受和令人称奇的创造。西特不仅是在批判，也是在为城市建设贡献一种新的选择，并在设计中获得了不一样的成功，例如1895年地震后重建的卢布尔雅那、马林贝格堡（Marienberg）的扩建、度假胜地马林塔尔（Marienthal）的设计以及在当时最具影响力的专业杂志《城市》上的多项合作。

卡米洛·西特的结构城市规划学

西特十分肯定工程专业在城市基础设施方面所取得的成绩，包括交通的保障和生活环境的改善。他曾坦言，城市规划最常面临的"现代生活"问题确实给这一学科带来了很多限制。然而他也相信设计师有必要了解历史性建筑，并在理解的基础上把城市规划学作为践行"艺术构成"的结果。西特根据美学原则建造城市的理论在具有悠久历史的城市中得到了体现，并为城市建设的现代体系摸索出了一种改良的方法。

西特眼中的城市被涂上了时代典型艺术的色彩，与他推崇的理查德·瓦格纳（Richard Wagner）的"总体艺术"概念十分相近。西方城市规划中最优秀的城市古典古迹、文艺复兴和中世纪风格的城市空间、以教堂或市政厅为主导的中心广场都在他的设计理念里得到承认和反映，同时也能和实现理想所需的物质条件相结合。当代城市规划汇入了一股无所不在的潮流，以西特为首的多位设计师所形成的流派被命名为"结构城市规划学"，因为他们都强调城市规划的艺术特质，主张集中解决城市空间的品质问题。这是一种非常贴近建筑作品的城市规划，认为城市是一个可以用三维空间形式反映出来的现实。但也有很多人认为西特对历史的指责是反现代的，例如吉迪翁（Giedion）在接受他良好意图的同时也很直接地表示："西特是一个游吟诗人，无望地吟唱着中世纪歌谣闯进现代工业的误区。"[2]与之相反，施蒂本等城市规划师则认为卡米洛·西特所宣扬的城市规划学是解决问题的核心，这是所有城市规划学者都必须面对的问题。在此基础上，他们还试图为城市规划提供严谨的科学性。[3]

西特对城市进行测量、比较并建立参照，目的是努力了解每个空间的价值来源并试图进行推广。《艺术原则》一书正是以老城建筑群、纪念碑、广场的构成规律为基础而展开的，他的灵感来源于对美学的重视，这也是他维护这份无价的历史遗产的主要原因。随后，他逐渐开始对城市"环境"进行考量，不仅是一个项目的外在物质环境，更是其整体环境，这也进一步导致了西特时代的老城区保护运动。这种保护既不是对西特时代政府所提出的针对大型纪念性建筑的保护，也不是鲍迈斯特在其城市规划著作中提到的"古老建筑应当被单独保护和重建，但是需要隔离开来进行修复"，更不是施蒂本在科洛尼亚（Colonia）规划中提出的"历史纪念区"隔离法。西特把这些观点诊断为时尚的病态、"不明智的隔离"。他坚持对历史遗产应得到的尊重进行论证，认为城市规划的实施可以与场地特征充分融合。在这一方面，他对"历史遗产"的尊重得到了具体表述，而这种尊重在现代城市规划中早已被忽视。

在城市规划设计中，西特尽量避免对称，他在努力寻求一种淡化的城市空间，使之更富有戏剧性却不落痕迹。他很清楚他要找的规则绝不是一成不变的，这要求建筑师对城市要有一种敏感和直觉。西特并没有采用对称、轴线、直角等手法，而是通过空间分级，选取合适的比例，推导出一系列清晰的规则。通过对空间的强烈对比和重复排布，西特以一种更加富有感情色彩的方式实现了城市功能的同质重复。这样，清晰规整的道路就被感性的追求带来的惊喜所取代。

他认为广场应当封闭并在中心留白，但"一块空地并不能称作广场，它还需要装饰，需要内含和个性"。因此广场的形状和规模还应与其周边主要建筑协调一致，有代表性的公共建筑可以作为链接道路和空间的参照物，并通过城市设计创造惊喜的感觉。

城市历史形态的分析引导着艺术原则的发展，西特以此开启了一种形态学的方法论，尽管当时还没有皮埃尔·拉夫当（Lavedan）或马赛尔·波艾特（Poète）的历史分类学，但这个分析归纳出的原则已经指向了"城市结构"的建立，这不是在模仿，而是建立在研究的基础上。西特对未来的展望是因为"大师们那些美丽的作品应当以另一种方式继续存在，应当抱有仰慕的心情而非全部照搬。只要我们去寻找这些作品的灵感来源并谨慎地在现代环境中运用，我们就会在这片富饶的土地找到新的种子"。他在"城市结构"上所做的理论开拓非常有力，尽管他毫不掩饰对研究工作的主观偏向，但仍然不失创见与活力，因为他把历史作为源泉并着力研究具体的城市案例。功能主义者否认老城，称其无法适应新的需求，但西特的思路是学以致用，这比简单破坏或拙劣模仿更加积极有效。

西特重新发现了公共空间在美学和功能上的价值，只有在周边建筑勾勒出的范围内对城市公共空间进行排布，实现空间合理共存，才能把建筑环绕下的公共空间从负空间转换成正空间。然而，这条道路的边界也逐渐走向模糊，因为功能主义者又提出了分散的城市模式。如今对西特的批评主要集中在他风景画式的浪漫主义和所谓反现代的建筑学意趣，但因其作品里一直呈现出的文化价值，这种批评已经得到了缓和。

布鲁塞尔大广场

后文中我们还将反复阐释西特、拉斯金（John Ruskin）和比达尔·德拉布拉切（Vidal de la Blache）这几位保护老城的先锋们对于老城的偏爱。一些关于城市的观念慢慢地渗透，并根植于文化最深处，它们可以独立成为具有主导意义的精神，巩固了人们看待世界的方法，而这些方法恰恰符合了价值的需求。西特在书中对这些价值进行了阐述，把我们带入了欧洲历史古城的殿堂，这种行之有效的引入方法激励我们开辟一条可持续发展的道路。虽然这本书在学术界和专业领域内得以迅速传播并广受好评，但是这并不能确保这条路可以畅通无阻。在他的众多追随者尤其是历史学家中，有些是始终友好的，如1904年《关于建筑》的作者古利特（C. Gurlitt）；有些则是持批判态度的，如布林克曼（A. E. Brinckmann）在1908年出版的《广场和纪念碑》一书中大放厥词，认为西特是个"中世纪遗老"、"古典趣味的自大狂"，但最终所有人都成了保护历史古城的战友。[4]正如后来埃尔伯特·皮茨（Elbert Peets）所说："我们可以质疑西特能否在城市规划问题上左右我们的手，但他肯定引导着我们的心。"这位维也纳建筑学家一直坚持自己是城市规划的卫士，并将城市规划自主定义为"城市艺术"。皮茨在1922年与人合著出版的《美国维特鲁威》一书中发展了西特的思想，以致该书后来成为建筑师们的城市艺术手册，其目的就是要建立"都市艺术的现代重述"的概念。[5]

西特的同辈和后继者都十分推崇对历史古城的恢复，这种力量在有些地方表现得异常强烈，甚至引发了旧城复建的潮流。有两个截然不同的案例，一是布斯（Buls）市长确立的植根于历史自豪感的城市规划政策，二是特奥多尔·菲舍尔（Theodor Fisher）出于建筑师的社会责任感将教学和实际结合在一起。

自学成才、声名远播的查尔斯·布斯（Charles Buls，1837～1914年）1881～1899年间任布鲁塞尔市市长，是比利时首都老城区进行第一次修复的主要推动者。1893年，也就是西特的著作出版4年以后，布斯在布鲁塞尔出版了一本40多页的小册子——《城市美学》，这本书迅速再版并被翻译成多国文字。布斯并非西特的模仿者，他几乎是完全自主地完成了此书，因为他身上积聚着布鲁塞尔自身进步的社会和文化气息，同时也表现出一种现实的紧张状态，这种状态来源于对保存历史城市本体性的热情和走向现代化的需求。因此，他认为既应当促进面对新形势的适应性，也要肯定那些宏大纪念性建筑和历史遗产的价值。[6]他对城市美学的关注点跟西特相同，既关注过去也关注未来。布斯紧紧跟随城市规划的改良潮流，作为市长他既要重视文化批评活动，同时也要重视改善社会条件的要求，例如解决住房问题。但是，布斯保持着清醒的头脑，他以一种超越时代的洞察力意识到：进行中的城市现代化会使它的居民丧失归属感；为了协调卫生、交通和美感的要求，光有理性的数据是不够的，还必须解决我们父辈在城市建设过程中因单纯追求美而造成的艺术上的无意识，这是布斯著作的宗旨。布斯跟西特的共同点在于高度重视历史教训，作为市长他在历史古城的修复过程中找到了重建和加强市民归属感的机制，在接受社会不一致的同时，城市中的艺术和现代化之间应该有一种默契。布斯自然无法回避那个时代突出的矛盾，因为那是一个文化过渡时期，艺术现代主义（或称新艺术）方兴未艾。尽管有难以突破的框架限制，但他在行动中仍然表现出了强硬严厉的城市政策。在代表了这个城市至高无上历史价值的"大皇宫"修复问题上，他找到了历史遗迹的特殊性，这种特殊性体现了城市的共有价值，是城市特征、价值和归属感的来源。因此，他像对待艺术品一样对待修复工程，以文献学发展规律做参考，对王宫这个雄伟空间实现了真正的"再造"，弥补了王宫（或称星星之家）的缺憾。在这个问题上，我们无需讨论历史建筑的再使用是否恰当，因为摆在我们面前的是第一例针对极具历史价值的城市空间进行系统性修复的工程。

城市规划和建筑领域的佼佼者，如赫尔曼·穆特修斯（Hermann Muthesius）、弗里茨·舒马赫（Fritz Schumacher）、埃利尔·沙里宁和雷蒙德·昂温（Raymond Unwin）[7]，都充分肯定卡米洛·西特的贡献并积极参加了保护历史城市的各项工作。其中我们尤其要提及特奥多尔·菲舍尔（Theodor Fischer，1862～1932年），因为他在两代建筑师中间起到了承前启后的桥梁作用。[8]这位集建筑师、教授学者和城市规划者于一身的代表人物最引人注目的成就在于1904年为慕尼黑城区划分区域时提出的灵活多变的方案。以网格化、单一化道路体系为特点的城市规划手段使得城市建筑形式日趋单一化，这让他感到十分忧虑。由此他提出在分析街道功能、层级和特征的基础上逐步组织建筑物的密度，目的是创造更加连贯清晰的城市形象，时至今日这条规律已经有效地实施了长达60年之久。学生们都称菲舍尔为"伟大而沉默寡言的人"和"学生的楷模"，"师傅领进门，修行在个人"的苏格拉底式的古典方法使他们受益匪浅，他的学生中间经常诞生新思想。他总是斩钉截铁地说："我没

有现成的漂亮意见，我总是先听听年轻人怎么说再作比较。"他的课堂总是传播一种实用美学的兴趣，认为当前已经没有任何建筑物能够回避城市规划学的考量。从课堂笔记可以看出菲舍尔与西特的城市规划观念有许多相近之处，他把西特的思想作为设计手段予以重新评价，但这并不代表他忽略了城市元素的复合。相反，他的城市规划理念可以归结为：任何一种形式的创造都要以经济、技术和景观环境作为首要因素，事实上，具备适应性的菲舍尔认为交通、人居和自然的迁移都是城市规划的基本要素。这位"建筑师中的大师"在当时已经预见到了，未来很多人的设计都会通过模仿机械模型系统来进行城市系统设计，而实际上，这种方法忽略了只有在延续下来的旧城才能得以实现的知识。今天，布斯和菲舍尔只能吸引那些学识渊博的人，因为他们的观念过于深奥，尤其是古旧的建筑趣味对很多人来说是难以接受的。但如果没有他们，20世纪城市规划的历史将另当别论。

功能主义城市规划学的诞生和巩固使结构城市规划学退出了舞台，直到1950年左右才因欧洲对于历史古城文化的关注而得以复兴。拉斯穆森（S. E. Rasmussen）在《城镇和建筑》里对建筑和城市关系进行了深入解读，包括西特流派的大量文献，如洛吉（G. Logie）的《城市景观》和被反复引用的楚克尔（P. Zucker）的《城镇和广场：从集市到绿色村庄》。[9]这些作品当中，都有一种视觉和感知上的先入为主的倾向，但问题在于，西特寻求的是一种建立在学习历史城市基础上的城市规划主要学术观点，而追随者却寥寥无几，最后只有他对城市空间感受价值的重视被普遍接受。

奥姆斯特德与"城市美化运动"

"城市美化运动"始于美国（并于1929年因大萧条而结束），是典型的欧洲大陆文化传统与美国城市规划嫁接的初期案例。它推崇自然风景，并将其融入城市景观之中。

这一运动不仅仅在于公园的设计（当然这也是欧洲城市规划的重要议题），还在于重新发现了公园在城市系统中的作用，即在当地地理环境和城市扩张基础上建立的一种结构关系。奥姆斯特德和沃克斯继纽约中央公园获得成功之后，于1868～1870年间构思设计了布法罗（Buffalo），并从中萌生了"公园系统"的概念。这一概念最终在波士顿得以实现，它发展了奥姆斯特德坚持的"大自然美化城市"的原则，进一步证明了大自然能为人口的分布提供宽阔的公共空间。[10]自然环境最初只是与人类健康息息相关，但很快就变成了一个大都市开展日常娱乐活动的场所。其实，自然的要义在卡米洛·西特著作的结尾处就得到了充分体现，作者在附录里提到有关在大城市使用绿色植物的问题时，对拥堵且不健康的城市予以义正词严的批判，同时提出了"居住在兵营式住房的城区居民"的愿望——市民应该接近大自然、绿色和新鲜的空气。也就是说，早在19世纪末期西特就为这一城市典型问

纽约中央公园：人和自然和谐的杰出案例

题提出了解决方案：创建城市花园，在大道两旁和广场周围栽种绿色植物。

毫无疑问，这是一个时代的问题。但公园系统最绝妙之处就在于，它在组织城市空间方面有着强大的潜力，这就使得它在结构城市的诸多元素中占据了首要位置。芝加哥规划是体现20世纪城市规划原则最具说服力的一个案例，它紧紧依靠道路系统的几何形状进行空间排布，巩固了公园系统的运作方式。实际上，欧洲城市在发展之初也有丰富的绿植空间，尤其是中世纪的私人花园和空地。通常这些空间是作为菜地、休息、游览、锻炼等活动的场所，或者只是作为高墙内的一片荒芜的自留地。然而到了现代社会，从19世纪前半叶开始，公园成为城市规划中的一个新鲜元素，因为城市已经跨入了一个密度剧烈增长的进程：可资利用的空地被迅速填满、城墙被拆毁、工业革命蒸蒸日上，城市成为一个持续开放的空间，一切元素都在走向趋同化，走向理论上的无限扩张。在这种功能混杂的城市中，大自然被关进新的开放式公共空间，例如公园、花园和林荫大道。

城市公园的先行者是贵族式的宫殿花园。当然，这些花园大多位于郊外，本身就处于旷野之中。在英国，城市的住房发展尤其是18世纪中期以来伦敦的发展，使得带花园的广场始终为私人所有，并被房屋重重包围。最早的公共花园出现在繁华的伦敦西区，由王室颁给选举出来的一位民众。然而正是公园，给这些工业化的、拥挤的、人工痕迹过重且问题成堆的城市带来了一丝自然的气息。巴黎发生的大改革也是如此，可以作为19世纪城市模式的重要参考。曾经流亡伦敦的国王受到岛国审美的熏陶，使他成为城市公共花园的卫士。根据奥斯曼的记载，拿破仑三世希望"为所有的家庭、所有的孩子、富人或穷人慷慨地提供休闲娱乐的场所"。[11]花园将不再是统治阶级的特权，法国皇帝甚至为城市让出了两座位于郊区的狩猎森林，同时加紧新公园的建设。工程师阿尔方（Alphand）在市政机关监督下，用绿树成荫的大道和看不见尽头的花园广场编织了植被网络（其中许多都是按照英国广场样式修建），为巴黎献上了一个庞大的城市绿化系统。[12]

弗雷德里克·劳·奥姆斯特德（Frederick Law Olmsted，1822～1903年）和英国建筑师卡尔弗特·沃克斯（Calvert Vaux，1824～1895年）共同获得了纽约中央公园设计比赛的大奖。根据1851年《第一公园法案》，纽约市希望提供更多的开放空间供市民休闲[13]，纽约中央公园的设计正是诞生于这种政治意愿。在这个方案中，奥姆斯特德充分展示了他丰富的自然知识和适应能力，创造性地解决了摆在他面前这一规模庞大、地形地貌复杂的工程。这个设计震惊了纽约的先锋艺术界，尤其是对大地艺术先驱罗伯特·史密森（Robert Smithson）而言。奥姆斯特德通过对现存景观的解读和高超的设计水平开辟出了一条新的道路——以景观本身的自然肌理为基础，重新改造并赋予景观新的价值。

奥姆斯特德的另一项杰出的贡献是为波士顿所做的"绿宝石项链"设计项目，这个名字是为了纪念第一个实现的公园系统，用精确的方式对当地原有自然环境进行解读。

在这个项目中，奥姆斯特德系统阐释了城市公园的概念：首先，公园是系统中承前启后的重要一环，是一个跟城市结构密切相关、充满绿色空间的系统。其次，公园系统应当建立在当地自然承载力之上。当然，理论的发展需要一个过程。他先是接手了两个公园的策划，1879年的海湾公园和1884年的富兰克林公园，前者关系到该城在河岸边的整个扩建计划。从1887年起，他开始深入发展"公园系统"的体系，形成一条由公园和花园林荫大道组成的绿色走廊（极富新意的绿化道），并与波士顿老"公共用地"串联起来。这其中起到穿针引线作用的是通过重建沼泽地带，在查尔斯河（Charles）支流两岸植树造林而形成的生态廊道系统。奥姆斯特德的学生艾略特（Eliot）在后来进一步发扬了"大都会公园系统"的理念。[14]今天在波士顿这座伟大城市的中心还可以看到这枚绿色的指环，显示着它作为系统组成部分独有的能力，一方面它承受着剧烈的城市化压力，另一方面还要起到衔接不同空间的作用。[15]

"城市美化运动"[16]产生于社会中上层对增加城市美感和功能性的需求，尽管主要关注点集中在外观形式和对美学、环境质量的改善，但它仍代表了美国城市规划的开端。

奥姆斯特德公园作为城市规划的手段之一，其系统性和有效性在1909年的芝加哥规划中得以验证，设计工作是由伯纳姆和本内特（Bennet）两位设计师承担的，他们赋予"城市美化运动"以新的生命。这个规划方案凭借对公共空间的系统性分析，引入了一种新的区域性视角。通过区域划分、交通设施和主要道路网络的设计，把城市规划导入新的轨道。河流和湖泊自然勾勒出一幅城市景观，中间穿插网格模式和巴洛克时代延续下来的中心放射模式。至今我们仍能在建筑师的城市中心设计图上，可以找到那时的形象。与此同时，伯纳姆也是纽约熨斗网络大厦（Flatiron Building）的作者，那是现代都市的完美序曲。像伯纳姆、曼宁（Manning）、麦金（McKim）、诺伦（Nolen）这样的规划者，都把富有视觉特色的都市设计作为他们关注的焦点，在功能主义盛行之前创造出一种影响深远的传统。这种传统至今仍是城市中的杰出元素，在美国的众多城市和郊区中熠熠生辉。

城市的意象

20世纪60年代以来社会科学飞速发展，城市生态学和认知心理学得以重新确立，人们因失望而对当代城市产生批评，这一切都激发了学者对城市结构研究的兴趣。希望能为居住者提供一个更理想的环境，保护历史古迹的声音和公共空间复苏的热情催生出了一个新的城市规划学流派，它鼓励人们在城市化的理解方面与功能主义公开展开较量。这一流派主要研究现存事物的形态及其成形规律，通过文化透视和个案分析等方法对传统城市的形态进行分析，这些方法都清晰地体现在戈登·卡伦、凯文·林奇的设计中，他们的著作至今仍闻名遐迩。

戈登·卡伦把原来分布在多篇文章中的零散想法收集在《城镇景观》一书中并于1961年出版[17]，这本书的精华浓缩在其中一幅插图的解说词上："一个广场就是一种风格，一种空间所包含的热情能够赢得所有人的喜爱；提高我们创造温馨空间的

能力，让我们相信这样才能改良城市生活的质量"。卡伦是一位优秀的绘图者，他的规划是我们学习城市空间的重要手段。他以城市中的漫步人群为视觉出发点，追求一种动态的、连续的视觉感受，因为城市的各个角落都可以作为连续的画面为漫步的人所感知。这让我们重新认识各个视觉片段之间的关系，进而重新认识城市空间。一个地方的归属感首先建立在人们对它的精神内涵和界限的认同感，以及对其主体组成部分的承认，采用城市漫步者的视角感知城市空间，有益于理解城市空间的形态、功能和空间的含义，继而也有益于设计工作的开展。城市规划学本身就是一项"关联的艺术"，因此卡伦充分运用经验范围内的相关元素：大广场、小广场、村镇、城区、围栏、铺装，以及富有层次感的围墙等这样或那样的方式，不一而足。很快人们就给他戴上了"风景主义者"的帽子。然而今天，人们早已为他正名，其中不乏现代建筑最正统的专家。

凯文·林奇的《城市意象》很快就成为城市形态结构学者分析和参考的对象。他通过几种不同的考量方式，把对空间的感知与人类学视角结合起来，对人脑中的意象地图进行分析。林奇筹划了一项研究，让波士顿市民对当地某些区域的形态进行解读，例如比肯（Beacen）山和斯科雷（Scollay）广场。他在保持自己对城市物理空间敏感度的同时，努力深入到一个更加抽象的领域。作为主要城市，波士顿的城市形态及其解读成为了当今社会的通用观点。最终，他通过调查得出了城市意象基本元素的经典定义：区域、道路、节点、标志和边界。通过详细分析这些基本元素，了解它们之间的相互作用和对规划的潜在影响，规划师能够从中找到合适的城市形象风格从而建立一个更加连贯、有吸引力且独具特色的城市图景。[18]

林奇的学说得到了广泛的接受，尽管有一些规划师使用了他的概念，但他的作用仅仅局限在理论层面上。他最关注的核心问题和卡伦等其他建筑师一样，他们不是通过遵循某种具体标准，靠完成评估来提高城市规划水平。受缓和设计逻辑的影响，他回避了评估手段，因此最终还是无法抵抗占有主导地位的传统观念而在实践中败下阵来。他的目标是要创建独立于环境之外的艺术，引导人们关注建筑和周边空间的表达，赋予公共空间（包括广场、公园、花园、街道、大道等）一种特殊的角色。只要把城市结构的形式和功能作为中间尺度，林奇方法无论是在理论上还是在实践上都是可行的，在表达实际形态效果方面也具有很大的应用潜力。在城市规划中起主导地位的惯常做法将被抛弃，城市会肆无忌惮地发展，以抽象、量化和控制为主的城市规划以及城市的物理形态建设将变得支离破碎，杂乱不堪。

由克里斯托弗·亚历山大（Christopher Alexander）[19]主导的理念和模式也得到了推广，他认同西特孜孜以求的理论概念及其背后的原则。行为模式14代表人们需要一个有归属感的空间单元，一个特定的居住地；或者是行为模式21。诸多事实证明，高层建筑会让人失去理智，因此最多不要超过4层（虽然值得再商榷，但基于大量的经

城市的形象：街区、过道、分界、界标、路口……这些是经过戈登·卡伦和
凯文·林奇有力说明的问题，今天已经得到充分有效的扩展

验和研究，这也普遍成为一个基本共识）。但实际上，它们不能跟其他保证质量的原则互换交替。所幸关于这样一种适合现代城市形式的可以推广的实用性论调仍然有其吸引力，尽管没有人能够承担实现这种理论所需的连贯性。

虽然有前人努力铺路，城市设计仍然处于设计师的独断专行之下，他们自诩只有自己才是真正的"手艺人"，并有能力应付一切评审专家的考核。在一个过分醉心于质量监管的社会里，几乎没有人再去思考城市规划的质量问题。这种思想来源于文脉主义的拥护者，他们别出心裁地想再回到无人问津的老传统上去进而抹杀设计师的创造性：历史古城重新成为书本的热门议题、设计的文脉成为论证的核心。罗布·克里尔（Rob Krier）就曾明确表示："没有任何一个现代的公共广场能够跟布鲁塞尔的大皇宫广场、意大利锡耶纳康波广场、巴黎的旺多姆广场、马德里的马约尔广场相媲美。"关于城市规划环境的细腻的分析作为一个基本话题，成为每项规划的焦点。文脉主义[20]作为一种城市建筑规划潮流，主要探索城市在干预自然和地方文化环境上的效用。从20世纪60年代中期开始，以著名当代建筑评论家科林·罗（Colin Rowe）为首的规划师[21]在康奈尔建筑学院展开了有关文脉主义的探讨。这种潮流代表着一种对近代城市历史的批判审视倾向，并在所谓的"拼贴城市"中反思对新城区的不确定性，既讽刺又独具影响力，具有很高的历史参考价值，同时也昭示着城市空间里象征主义的消亡。人们重新开始挖掘每个城市深藏的个性，也就是所谓的"天才基因"。18世纪英国风景主义者以亚历山大·蒲柏（Alexander Pope）和霍勒斯·沃波尔（Horace Walpole）的思路为指导，他们所推崇的天赋变成了城市规划的一个要素，这引起了"现代化"铁杆卫士们的极大不满。正如西特所说，一个地方的"天赋"及其本质背后的深刻含义，能够激发城市规划的灵感。这个概念后来从不同角度进行发展细化，又经历了20世纪70年代的改良，进而成为城市规划"现代运动"的宝贵遗产，这也证明了社会确实需要一种更加开放的、面向当代都市文化的感知能力。[22]

在人们重新审视西特关于向历史古城学习的原则的同时，罗布和莱昂·克里尔（Leon Krier）兄弟凭借他们最初的卢森堡设计方案声名鹊起。同样是从20世纪70年代初开始，在"重建古城"的口号下，克里尔兄弟为新都市勾勒了十分精细且极具吸引力的图景，即以一种怀旧的心态对过去的城市进行模仿。在经济危机影响的关键时刻，建筑业几近瘫痪，这份光彩夺目的作品的广泛传播，影响着日益流于外形的建筑文化。库洛特（M. Culot）、韦特（B. Huet）、福捷（B. Fortier）、克莱许斯（J. P. Kleihues）[23]等人都属于这个关心城市文化遗产的欧洲建筑师群体，莫里斯·库洛特（Maurice Culot）甚至认为"怀旧是革新的灵魂"，而贝尔纳·韦特（Bernard Huet）也辩解说"需要在建筑中集中都市中的所有复杂性和多样性"。这位大师后来对巴黎公共空间进行了修复，如勒杜海关和拉维莱特运河等，并重新设计了香榭丽舍大街。

悉尼歌剧院，足以制造一个城市独特形象的地标建筑

Fundación Metrópoli

对于古老城市的深切怀念和对功能主义城市规划的抵制是问题的关键。罗布·克里尔坚持认为："城市的整体性已经被20世纪的城市规划所忘记，我们的新城市只是个体建筑的集合。五千年的城市历史告诉我们，街道和广场的复杂结构和展示城市特征的中心地带一样重要。现代城市同样需要城市规划的传统概念……"他把自己的书献给卡米洛·西特，书里尽量用一种更"务实"的语汇来阐述传统概念。[24]一个城市建筑既服务于城市规划，同时服务于人口规模，既适用于整体秩序又适用于部分的个体。它的根基是历史，同时也是一个渗透着以往之经验并造福于未来规划的载体。

莱昂·克里尔对于造型的全神贯注的投入为他带来了成功，其代表作是威尔斯亲王大厦。这并非乌托邦式的亚特兰蒂斯形式，而是带有某种乡村主义背景和贵族气息的结合。他在1988～1991年间还设计了庞德伯里（Poundbury）位于多塞特郡的一个城市街区，这是一个建立在英国乡村基础上的带有古典田园风格的新式城镇。由于地理位置接近牛津这座大学城，庞德伯里为人们设计出步行街，并呈现出一种以人为本的规划。这个理想化的具有田园风格的设计，最终以有效和可行的方案得到了实现。[25]

然而矛盾在于，回归历史比实现情景主义更有益于建筑的自身发展。建筑从建筑自身得到灵感，无论是文化遗址还是新式建筑，维德勒（Vidler）在一篇题为《第三种类型学》的短文中已经预见到这一现象的发生。如果建筑的第一源头是自然，第二源头是机械发展，那么当今建筑的源泉就在于城市。城市作为一个整体，它的过去和现在的发展都体现在物质层面上。建筑希望从抽象的经验主义中脱离出来，避免用所谓的国际化风格破坏城市的功能主义。"只有城市和类型学相结合，建筑才能重拾其核心角色，否则，建筑将在生产和消费的不断循环中被扼杀"。[26]形态学、地形学、城市结构和具有重要意义的大自然公共空间，这些元素都有充分的潜力来理解和改善城市。

美国"新城市规划"

美国出现了一场思想聚变运动，既有传统概念的又有广为人知的经典思想，其目标是反对郊区化和城市设计的复古。它将美国风光派和民间艺术混合在一起，同时也结合了市郊中产阶级乌托邦的生态运转。

这场新的传统城市规划名为"新城市规划"，是由一群积极传播自己主张的建筑师发起的，《步行者口袋书》的出版标志着"新城市规划"运动正式拉开帷幕。这本小书从城市规划谈到当时还在论证阶段的"行人革命"[27]，它把新社区的创建作为对传统遗产的继承，同时又作为未来的理想进行发扬，并把它作为反对郊区模式的基本武器。这本小册子的作者之一彼得·考尔索普（Peter Calthorpe），同安德烈斯·杜安尼（Andres Duany）和伊丽莎白·普莱特-塞伯克（Elizabeth Plater-Zyberk）一起成了这场新城市主义运动最有影响力的核心成员。新城市规划在1993

新城市主义和景观城市主义。对一处废弃的采石场改造的研究已经推动了西班牙坎塔布里亚工业园的转型年得到巩固，并最终形成了一篇《城市规划宪章》，这无疑是这场运动最大的成就之一，它紧紧依托着美国反思城市扩张负面影响的潮流。[28]这部作品关系到我们此前提到的多位欧洲建筑师，尤其是莱昂·克里尔，因为他的主张同样也是以传统城市规划为灵感源泉，跟这场运动有着前后关系。克里尔受城市形态学和布鲁塞尔宣言中的新西特主义者影响，传播了一种结合了传统风格和风景主义的建筑理念，因为他认为这样才是在欧洲小镇中博采众长。等到庞德伯里重新回归以规划和建筑整改为主体的"纲领规划"的时候，他又回到了杜安尼的立论中寻求创意，这位古巴裔的美国建筑师可以算作新城市规划学的"先知"。[29]

杜安尼和普莱特·塞伯克一起于1981年完成了"海滨城"规划案以及1989年温莎的小型新镇。这两处都位于佛罗里达州，以形状为主导进行的空间规划很好地阐释了空间本身的内涵和目的，在当时被视为未来住宅的典范。"海滨城"的规划建设实际上是规划学上的一场小规模复兴[30]，那是在海滨和仙人掌绿带旁建设起来的一个新社区，整体呈新巴洛克风格。从中心"公共用地"或称花园广场延伸到林荫大道，城市化的中心地带占地不足$32km^2$，居民不超过2000人。为保证人们能够享受海滨和仙人掌的风光，保证对仙人掌生长的保护，规划调整了公共空间和使用习惯以加强社区的整体感，从中体现出的城市规划手段已经相当具体。此外，为了控制最终效果，保证公共空间稳定性和延续性，建筑主体形式引用了被当代美国城市规划所舍弃的理念，而这一理念与约翰·诺伦（John Nolen）1920年在佛罗里达所做的工作有着深刻密切的联系。[31]这些城市的新社区主动进行了规模限定，对公共空间做出了准确的设计，与周边城市相距不远但处于一个半自然的乡村环境中，成为更具人性化又兼有当地特色的作品。1998年"海滨城"被电影人彼得·韦尔（Peter Weir）选为《杜鲁门的世界》拍摄外景地，这是大众传媒模仿现实社会的一次演练，揭示了整体的虚伪性。

新城市规划从不同的理论源头汲取营养。首先是新巴洛克主义的规划形式，同时又有城市规划条理的独特定义和花园城市的解析，这些理念都和谐地通过控制增长、创造自然景观、适应环境、增加密度、功能混合等方式表达出来。正如考尔索普所说，新城市规划在解决城市问题方面与其他规划方式有着共同的目标——以区域城市为引导改造"边缘城市"、复兴城市中心、建立一个生态系统使郊区达到成熟。今天，已经不会有人对促进公共空间小规模、非机动车化和整体设计改善发出质疑了。的确，《新城市规划宪章》的综合性和实用性的原则非常有利于组织可持续发展城市和规模等级划分：

1. 地区级别：大都会、城市、乡镇；
2. 城区，街道和人行道；
3. 街区，大街和建筑。

等级划分中没有提到任何具体的建筑风格。温莎、杜安尼和普莱特·塞伯克选择了一种新殖民化的风格，一些内行可能更容易看出这种风格更加符合路易斯安那州而不是佛罗里达州，或者是格鲁吉亚风格的韦林（Welwyn）花园城。但方案中的建筑不是朝后看的历史主义追求，而是一种本地建筑元素与其他舶来元素的混合。当然我们不否认它所使用的那些建筑的风格和倒退风格会遭到一些建筑师的反对，但它的成功也是毋庸置疑的，因为它打造了一个极富吸引力的城市——符合人口规模，公共空间中充满了人气和生活气息。

在新城市规划后面我们既没有看到原始的行为也没有看见复古和珍贵的思维，我们也不关心它那些表面形式的建议，而是更注重它所包容一切的动态。理念已经存在，尤其是花园城市的传统和美国城市规划的经验，从奥姆斯特德、诺伦、到斯坦（C. Stein）和赖特（H. Wright）[32]，很多都影响了当代美国城市规划的形象，其中必须提及的是刘易斯·芒福德（Lewis Mumford）和简·雅各布斯（Jane Jacobs），还有其他辐射美国当代城市规划的作者。如果不承认对前辈经验的吸纳，就很难真正理解新城市规划运动的内涵，因为它深深植根在素有威望的大学教育中：麻省理工、加利福尼亚大学伯克利分校、宾夕法尼亚大学、哥伦比亚大学、康奈尔大学等等。还应特别重视美国的景观主义建筑，他们的形象融合在城市里，代表人物有加勒特·埃克博（Garret Eckbo，1910~2000年）和劳伦斯·哈尔普林（Lawrence Halprin）。[33]他们对生态质量的创造将景观主义建筑引向了用建筑的规划方案与景观主义视觉和城市设计结合成一个整体的方向。

新城市规划承载着可持续发展城市的大部分内涵，例如对区域的理解、对大自然的保护、公共交通的优先地位、社区理想、都市增长的理性控制和管理等等，尽管两者的成果不太容易与其他新的城区区分开来，尤其是在欧洲。我们似乎有机会向另一个更加宽阔和有创意的城市规划舞台眺望，那不是至高无上的，但至少是典范。它在美国城市漩涡的边缘渐渐展开，这个舞台也许能对我们设计城市的未来是有利用价值的。

从这个角度讲，现在新城市规划包含的两个课题——城市设计和景观建筑已经在城市发展和追求良好空间质量的过程中发挥了核心作用。许多优秀的分析师都在强调一份好的城市设计的重要性，然而这在西班牙并不是根深蒂固的传统课题。[34]城市设计的结果并不仅仅是为要进行的建设设计方案而已，同时也不能仅仅限于与建筑学无关的局部发展，更不能把基础设施只当作软性配套。我们必须发展起一种新的城市设计文化，要足以应对开放空间的特定问题——既能适合每种环境又能真正强调各种形式的公共空间，又能适应自由利用空间的需要。也有观点认为：景观设计要想成为成熟的学科必须要有政治体制的保证和职业化的推动，这不光涉及几个公园或是花园的规划，而是对于整体城市景观会产生一种新的感悟：规划出主体项目，在主体项目中从一个创造性视角观照城市景观。正如《大地艺术》中所说：要把关注点重新聚焦在我们的设计与环境关系的层面上。景观和城市规划学之间的创意互动已经越来越显著，我们能够自信地搬出宝贵的典型范例——圣塞瓦蒂安（San Sebstian）的"风之梳"，在那里奇利达（Chillida）的天才创意与培尼亚·甘切吉（Peña Ganchegui）的智慧建筑相得益彰。然而悬在我们头上的任务仍然是浩大而沉重的，因为景观设计包括了整个空间的效果。[35]

1909年著名的芝加哥规划的创始人丹尼尔·伯纳姆说过："不要制定朴素的规划，因为它们不能激发人的思维。"从历史的角度看，乌托邦是城市化的一个重要推动力。在整个20世纪，现代先锋派建筑师和城市规划师表现出强烈乌托邦内涵的非凡创造力和思想，它们能够激励我们这一代人更好地应对管理我们的城市和区域所面临的挑战。

埃比尼泽·霍华德（Ebenezer Howard）以其《田园城市》一书用某种方式解释了人性化生态社区的发展和大都市周边的多中心管理。西班牙工程师阿图罗·索里亚（Arturo Soria）预言了我们今天称之为依托公共交通系统的城市发展。勒·柯布西耶以其《光辉城市》（Ville Radieuse）一书举例说明《雅典宪章》的主体思想和功能主义城市规划。弗兰克·劳埃德·赖特的《广亩城市》（La Broadacre City），用专门建设在大片风景区的单一家庭细胞的城市，介绍了美国梦想的乌托邦。巨型城市结构同样构成20世纪孜孜以求的梦想——用技术和建筑的新资源建成的人工城市为我们服务。这些人工制成品以通信中心、仿生塔或居住山的形式，将使我们的城市变得更复杂，更紧迫，更充满矛盾。

最后，本章将概括地介绍迪士尼的乌托邦模式——即创建完美的体验。在迪士尼当中，一切都受消费的控制和引导，都为有消费能力的人创造完美的体验。迪士尼作为特权下的空间，它的存在就像真实城市中的孤岛。

At the beginnings of modern urbanism, we encounter an exceptional figure: Ildefonso Cerdá who wrote Teoría General de la Urbanización (General Theory of Urbanisation) and who designed the Barcelona Ensanche, one of the best examples of urbanism of all time. The apparently rigid geometry of the Ensanche and the inspired design of the urban block, have proved to be flexible and adaptable urban design.

The urban projects for the 1992 Barcelona Olympics, the 22@BCN initiative and the recent Barcelona Forum 2004 have shown the validity and historical permanence of the urban contributions of Cerdá.

Today, we are again immersed in a process of change of a magnitude perhaps greater than during the Industrial Revolution. This is the so-called Digital Revolution which is feeding the contradictory phenomena of globalization, and which is affecting the structure and functions of cities around the world. In this new context, obvious cracks are showing in the traditional urban plans, and it is necessary to define new planning instruments that answer the need to invent the future of our cities and regions.

03

二十世纪城市的乌托邦

Utopian Cities of the XX Century

为什么是乌托邦?

谈到乌托邦,刘易斯·芒福德曾引述过1909年著名的芝加哥规划的创始人丹尼尔·伯纳姆的话:"不要制定朴素的规划,因为它们不能激发人们的思维。"[1]人们经常把现代化城市妄称为未来之城,他们傲慢地认为未来城市可以发展成一个完美无缺的理想化规划目标—— 一个乌托邦式的城市。这并非源于我们的狂傲,而是因为在当今社会、在规划师的脑海中,乌托邦计划频繁出现。对此我们应当欢欣鼓舞,因为人们力求在深刻变化的社会中能领悟到批评与展望的真谛。[2]

乌托邦的想法逐渐渗透到现代欧洲的复杂城市文化,融入到了跌宕起伏的城市发展当中。即使现代乌托邦的内容繁杂、即使在实用主义面前乌托邦不断遭遇幻灭,现代社会中的乌托邦理想还是显而易见的[3],从勒杜(Ledoux)的皇家盐场到法伦斯泰尔(法国空想社会主义者傅立叶幻想建立的社会主义社会的基层组织)的"共同社会主义",从"阳光码头"和"博爱的城市规划"到年轻的建筑师托尼·加尼尔(Tony Garnier)梦想中近乎现代化的工业城市。工业城市的概念是在城市扩张的危机基础之上建立起来的,而人们早已预见到了这一危机。由此可以联想到向四周辐射的新型中心城市,无论霍华德的田园模式或者瓦格纳、贝尔拉赫和沙里宁的大都市建筑都是中心城市的典型案例。然而,真正巩固了现代城市朴素而严谨格局的是希尔波西默(Hilberseimer)的垂直城市概念。从阿图罗·索里亚到米柳京(Miljutin)时期,工业带状城市中发生的种种规律,如运动规律、城市生活、运行秩序、商业、住宅和交通等等,今天的我们已经无法探知,但城郊的乌托邦式建设还延续着勒·柯布西耶的光辉城市的理念。此外,我们也见证了几座优雅城市的兴起,例如20世纪初,在遥远的德里(Delhi de Luthiens)的城市建设以及在阿姆斯特丹的功能性扩建,这些城市的设计开创了现代性的方案,真实而具体。在它们身上,规划师的想法得到了表达和验证。从一开始,城市和设计就是一个时代意识形态的反映。

现代先锋派建筑师们所具有的强大方案能力与现实的全球化视角息息相关。设计的成功取决于社会意志是否愿意改变现有的存在,他们相信能够建立一种前所未有的新秩序,尽管这样会减少城市的美感。经历过战争的洗礼,乌托邦逐渐变成了一件不明智也不可能实现的事情,甚至变成了有害和滑稽的代名词。人们重建的幻想将历史本身变为一种装饰性的、急功近利的、与经济息息相关的存在,通过社会生活的不断发展逐渐渗透到城市当中,以致任何伟大的方案都可以变成昙花一现。现代的城市规划方案一直处在城市重建的阶段,而城郊改造则变得日益平庸化,城

特诺奇蒂特兰(Tenochtitlan),1524年刻,维也纳历史博物馆
在托马斯·莫罗(Tomas Moro)发表《乌托邦》仅仅数年后被描绘出的新大陆大城市

市规划依然处在乌托邦之中。尽管当代城市渐渐远离现代派的理想城市，但建筑师依旧在梦想着乌托邦，就像在纽约世界博览会——未来世界（纽约，1939年）上通用汽车展厅展出的可以参观的功能性乌托邦的巨大模型——贝尔·格迪斯（Bel Geddes）设计的汽车城市。其中包括了不同理念组成的现代城市乌托邦，是对秩序的幻想，但同时又扎根于时代的文化和社会之中。

在这样一个过渡性的时代，理想城市被诠释为古典文化或文艺复兴时期的城市模式：一个更好的社会民主理想城市，近似于对社会乌托邦的巩固和加强。但是在现实社会中，依旧有伟大的城市规划方案不断取得成功。这些方案的思路源于奥斯曼的"大奖赛"的传统，产生于快速发展的城市中并在演化过程中开始认识到自身问题的严重性。尽管在基础设施和服务性项目中投入了大量资金，但问题的根源却来自于社会结构扩张导致的新增空间、逐渐被遗弃或被"精简"的城市中心以及发展不平衡的郊区。环境问题很快削减了城市发展带来的自我陶醉，并把焦点引向了更有竞争性的理想化途径，人们幻想着通过恢复乌托邦的理念来改善城市规划学所处的环境。然而，城市乌托邦最大的困难始终是它的可行性，以及是否能够超越其他城市规划方案，这关系到建筑能否超越城市模式进行发展。乌托邦不仅改变了城市局部和功能，城市也和现有城市模式和社会现实形成了鲜明对照。[4]我们先不考虑乌托邦中的特例如富科（Foucault）风格的变体（这种变体后来把我们引入了迪士尼世界的误区），而是把目光投向一种全新的希望所在。规划对城市的干预重新引起了人们的广泛关注，由于拥有大量资源，这些干预实际上变成了政治宣传。但矛盾的地方在于，方案效益的充分发挥反而会使乌托邦元素本身黯然失色。只有错综复杂的社会环境才能暴露出乌托邦的荒谬之处，然而社会消费领域总能得到满意的回报，矛盾双方似乎不需要发生直接冲突。此外，我们了解越多，对乌托邦的认知就会越分散，对乌托邦未来的判断也就变得愈加困难。

决定城市形态的社会意识在古典文化中体现为理想城市的认同，而在现代化社会进程中则表现为社会乌托邦。因此，现代城市乌托邦的存在有着特殊意义，它能唤起我们的思考，进而对城市规划方案产生启发。彼得·霍尔（Peter Hall）一直坚持灵活的、彻底的无政府理念，这些理念是由城市规划先驱如霍华德、格迪斯和芒福德等人提出的，他们承认自己的理想主义动机是寻找一种不同的社会。[5]当一个社会失去自我修复的能力、只能随波逐流时，它对乌托邦理念的推崇就会受到质疑。尽管乌托邦不可能也不应该实现，但用罗（Rowe）的话说，它的外围元素在任何地方都适用。就像菲拉雷特（Filarete）的斯福尔津达城堡（Sforzinda），人们只不过是在系统地效仿它的城墙，这使得现实和幻想之间在现实层面和思想层面产生了互动。罗认为应当把乌托邦作为规划师想法的储藏库，他的想法更像是一种比喻、一种社会需求而不是一种义务："事物发展的可能性从小到大处于不断变化交织的过程中，那么在某一点上，虚幻与现实相互汲取相互促进；在这里，我们能够充分发挥想象力，无论是乌托邦还是自由。"[6]卡尔·曼海姆（Karl Mannheim）对乌托邦的经典定义至今仍有价值："超越现实的目标和方向……从形成的那一刻起，它就注定要从局部或整体上打破主宰事物的秩序。"还有一种不完整的乌托邦，其理念表面上不存在，但是在重温现有理论和探索未来发现的过程中可见一斑。就像大卫·哈维（David Harvey）在其最近的几次分析中所说的，历史的伟大开端是"光阴之箭"，是变化本身，而乌托邦则推崇一种停滞状态的延续。乌托邦扮演着重要的社会角色，这种幻想为公共空间规划提供了想象的图景，并形成了地理上的乌托邦，因为它代表的是一种精神上的图景。[7]

我们从当代乌托邦城市所依赖的简单几何学开始，从中心辐射状模型的圆圈、方格和直线入手，建筑和城市规划最终展示出的是人类在特定空间秩序中寻求一种集体理想的独特能力。

埃比尼泽·霍华德的田园城市

埃比尼泽·霍华德（Ebenezer Howard，1850～1928年）的作品代表了社会改良主义的巅峰时刻之一。他的《明日：一条通往真正改革的和平道路》在写作之初是希望能够提供一种改革方案，一条通向明天的和平之路。[8]经过在北美的经历之后，他更加确信工业社会需要一种不同的城市规划，英国工业资本主义的博爱仁慈论应当被社会无政府主义的合作理想所取代。作为一名职业记者，霍华德是典型的"初生牛犊"，一个爱冒险的中产阶级。经历了年轻时的挫败和加拿大西北部空旷地区淘金梦的失败后，他临时在芝加哥住了下来，每天挣扎在城市扩张的漩涡之中。在那里他见证了一个大城市在形成中所遇到的社会问题，他和城市里的首批女性主义团体结下了友谊并热衷于关心社会问题，还了解了城市边缘地区出现的首批居住社区——就像奥姆斯特德设计的滨河绿地和铁路城市。后来他回到英国，决定投身于改善城市生活条件的事业中。

田园城市为大型工业城市建设提出了另一种增长模式，这种模式并不是为了控制城市增长，而是采取了不同的土地利用体系[9]，进而形成一种不易被人理解的区域化体系，即土地、城市—乡村、居住、工作和交通。它认为社会城市才是通向明天的康庄大道[10]，并且给出了一种不同于现存理念的城市定位思路，即与乡村结合的城市系统。这一系统避免了大城市固有的管理问题，为城市发展提供了新契机。霍华德在把工业带到田园城市中所付出的努力和遇到的困难，表明了他极度渴望创造一个真正的城市。他从一开始就在火车站周围甚至更加复杂的空间里，坚持规划出一条包括集合式商业、住宅和办公楼的大道，以期能够实现真正的田园城市。另外，田园城市继承了来自工业城、学校、公园、教区以及博物馆的发展逻辑，而这些都是城市框架的组成元素。

在田园城市的框架中，除了乡村和城市，还存在第三条组织链即城市—乡村结

合体，这是围绕着转型后的中心城市，在农业地带上建设起来的花园城市。之后城市规划的许多元素都在这里得以体现：绿化带、卫星城、大都市铁路配套、农业空间的保护、工业落户郊区等等，甚至大型建筑集装箱的概念也在这里出现。霍华德还模仿了自己十分羡慕的帕克斯顿（Paxton）的水晶宫殿，并将其安排在他的城市中心里。

田园城市中传达最多的意象是城市模式以及行星模型。作为主体城市特征的同心辐射的城市模式，其正中心是一个具有纪念性的政府核心机构，被建在同心环路和向四周辐射的主干道上的巨大城市公园所保护，而城市公园则一路延伸到工业所在的最外围地区，并通过在外围地区建立日常消费食品生产农场来实现向农村的过渡。行星模式——后来被称为分子模式，在当时具有不容置疑的说服力。较小的城市在中心周围形成卫星体系，这是一种与乡村产品来源地紧密结合的城市体系，由大型农场、牧场和耕地组成，带有英国花园风格的特征。许多城市规划师为了重组可持续发展中心城市，会在自己的规划思路中加入以上两个模式。[11]

田园城市运动在欧洲和美洲的传播特别迅速，尽管如此，规划师几乎从一开始就放弃了该提案的区域适用特征。英国城市规划师雷蒙德·昂温，霍华德的亲密合作伙伴、实用主义者和技师，将"田园城市"重新定义为"田园郊区"。在霍华德看来，无论是小规模地深入城市进行外观上的重塑，还是围绕城市边缘模仿城市形状的带状花园，它的协调作用都是将乡村与城市结合起来。然而无论在哪种情况下，房地产市场向我们传达的田园城市的概念只是现代住宅区景观设计师进行的一种文化变体而已。

出于好奇心，人们一直想要见证现今霍华德的模式如何从城市新生态的逻辑中获得重生。霍华德模式将城市中心变为一颗星体，通过交通基础设施网络像伸出的手臂一样将整个城市联系在一起，其中蕴含着城市体系的主要元素。

阿图罗·索里亚的线性城市

西班牙工程师阿图罗·索里亚（Arturo Soria，1844～1920年）[12]穷其一生展开了一场狂热的运动，这一运动在文化上的决定性影响与它的商业特点和观点的推广密不可分。在19世纪末的西班牙，和阿图罗·索里亚想法相同的工程师们代表了社会中最进步最有文化的一部分，塞尔达也是他们中的一员，对于索里亚和萨加斯塔（Sagasta）以及受传统影响的国民来说他是关键性人物，与田园城市主题的推广紧密相连的"将城市乡村化和将乡村城市化"是它的口号之一。索里

花园城市的回声。圣弗朗西斯科的城市规划
旧金山的城市规划仍然具有花园城市的形象
阿图罗·索里亚的项目足迹今天仍可在马德里市区的城市形态中看到

亚设计的线性城市沿着公共铁路交通、城市中心轴线而行，并在几何准线上发展住宅区，属于地区景观的范畴。在这一方面，新观念的传播很重要，索里亚在其1897～1932年间主持的杂志《线性城市》（Linear City）中实现了这一宣传行动。这一刊物附属于他旗下的马德里城市规划公司，从1902年开始，被冠上"卫生、农业、工程与城市化杂志"的头衔，属于第一批完全专注于城市规划的杂志。这本杂志汇集了他所感兴趣的主题，并且推出了其他一些卓越的改革家如马里亚诺·贝尔马斯（Mariano Belmás）。这个人是索里亚的项目合作建筑师，也是第一次在西班牙掀起反思社会住房浪潮的重要人物。索里亚和其他改革家一样，表现出了非凡的行动能力，以便让他自己的资源、理论、宣传和企业——得到落实，从而实现自己的想法。

马德里城市生活中依稀可见阿图罗·索里亚计划留下的痕迹。如今在马德里，阿图罗·索里亚推行的城市结构仍然引人注目，这种结构主要体现在一条专门以他的名字命名的街道Arturo Soria。此外，索里亚曾提出远离大都市发展城市，试图结合城市与乡村的优势，将一条40m宽的林荫大道或者中心主干道作为基准线，在环线上实现马德里城市扩建项目。新型线性城市将有轨电车道作为轴线，同时设有一条与之平行的人行"散步走道"。线性城市的特点在于成排的花园"宾馆"组成的住宅楼群，精英阶层的住宅面朝干道，后面则是中产阶级和工人的居所。这种分阶层的社会结构是对社会经济根源区域化的否定，但是同时又呈现出按等级划分的特点，这是索里亚自由进步主张的矛盾特征之一。与霍华德一样，他将自己界定为花园主义者，他的改良主义揭露了财产所有者在"城市建设"中的寄生角色[13]，却并没有对现存的整体社会结构提出质疑。然而，索里亚的提案直接关系到郊区住宅的增长计划。在领导者非常活跃的时期，例如在伯努瓦-莱维（Benoît-Levi）带领下的法国，昂温也曾在英国为郊区住宅增长计划和花园城市进行辩护。虽然在索里亚所处的情况下，线性城市会对交通产生独特的影响，但是线形城市的概念与房屋住宅社区是紧密相关的。尽管住宅模式逐渐被赋予不同社会功能，但相比昂温在伦敦郊区所规划的住宅区，还是显得自主性更强。

线性模式集中分布在主干交通轴线上，不管是铁路还是公路甚至是与轴线平行的河流航道。就像勒·柯布西耶在他的住宅模式中所述的一样，这些都将成为城市工业模式的参考，这在俄国建筑师米柳京和列昂尼多夫（Leonidov）的著名项目中表现得相当突出。当时苏联工业的全面发展是和出色的设计紧密相连的，沿着河道建起来的线形工业谷，不管是在罗尔（Ruhr）还是在格耶里（Goierri），均是欧洲

上：勒·柯布西耶在阿尔及尔策划的炮弹项目（1933年），被一些作家认为是第一个现代巨型结构：顶盖建有一条高速公路并有巨型柱子支撑的大型楼房条带，以"拯救"现存城市

下：议会大厦（昌迪加尔）（1952~1961年）

工业城市发展中常见的景象。有些情况下，工业走廊的形成也体现着线性模式的主导地位，在像卡斯蒂利亚（Castilla）的土地上、在土地肥沃且具有独特历史价值的巴利亚多利德（Valladolid）和帕伦西亚（Palencia）之间、在卡斯蒂利亚运河两岸200m（不管期望无论是否实现）范围内，铁路和电车轨道都将继续成为这一区域发展的主要催化剂，此类例子不胜枚举。

索里亚的线性模式及其衍生模式的效应主要集中体现在中心城市的建设以及交通的持续运行上。当城市围绕这一条基准线进行集中发展时，它的效果就会非常明显。实际上在具体案例中，比如美国西雅图的海湾或者巴西的库里蒂巴（Curitiba），在它们的结构轴线上，支持城市发展的土地几何学为城市的运行提供了便利，其中公共交通运作效率极高。尽管我们的社会已经拥有了解决现今城市复杂性的组织与技术手段，但今天人们谈论的公共交通导向发展（TOD），正是与索里亚的想法直接相关的。当今大都市地区组织的基本标准之一，公共交通系统与土地使用的统一性在阿图罗·索里亚的线性城市中就可以找到科学参考。

勒·柯布西耶的城市乌托邦

尽管勒·柯布西耶（1887～1965年）是《雅典宪章》（Carta de Atenas）主要章节的执笔，但是在不考虑城市规划的情况下谈论现代城市乌托邦还是无法想象的，而且城市规划方案仅仅是他最近的作品，在他的指导下遥远的昌迪加尔也才刚刚竣工。这个城市是印度旁遮普省（Punjab）的首府，如今是一座与景观融为一体的网格城市，是对法国"光辉城市"中所体现出的建筑与艺术思路进行的一次改造。他凭直觉意识到这个城市的建设任务十分艰巨，而困难不仅在于蓝图设计阶段，因此这位大师立刻放弃了对这部作品的全权掌控，并专注于城市的管理和主体建筑设计。这个充满象征主义的特殊地方，今天仍然是一座令人叹为观止的城市。

然而，谈到勒·柯布西耶的乌托邦就要谈到他在理论和宣传方面的成就，如1922年出版的《300万居民的现代城》、1923年出版的《走向新建筑》以及此后的多个城市规划的多部作品。1925年他继续创作了《城市规划》和巴黎市中心瓦赞（Voisin）改建规划方案，在此方案中他没有舍弃任何元素，却为巴黎旧城中心脏乱不堪的街区平添了许多光彩。[14]1935年的"光辉城市"展现了他的城市理想，也塑造了一个现代运动的主要城市领导者的光辉形象。从1922年起他就已经预见到了现代城市发展的基础：多功能、正规、合理的以汽车为主导的交通设计，自由而机动的理想设计，能发挥旗舰作用并提供大型服务的商业中心，城市住宅区和花园城市风格的郊区条带住宅群，加之自身均衡配备以及通向绿色空间的屋顶。其中已经包括了一个为未来发展预留的土地保留区，甚至出现了新的建筑类型——办公用的平面为"十字形"的60层高楼和为城市住宅所用的"辐射"式集中楼群。

　　瓦赞计划引起了巨大轰动，也引来了无数的异议。在对瓦赞计划的答复中，勒·柯布西耶表示他并不是为了找出一个能彻底解决巴黎发展问题的方法，他想要的不外乎是对城市前途的探讨，但是他也没有放弃实现经济上的收益。勒·柯布西耶并非是全盘否定现存的城市，而是做好一切准备来传播他的理念。但这种理念不仅仅是以一种均衡化机制为导向的：为什么在从前，乃至现在，城市始终无法成为诗歌的源泉？"……建筑能让人在愉悦中感受到和谐之美，这使我深受感动。面对这样不受种种教条约束的现实，我才意识到了'城市规划'的本质元素，这对当时的我来说还是一种十分陌生的表达。"[15]生活、工作、娱乐、循环往复，光、绿意、供给呼吸的空气，所有这一切都在一种纯粹的美学语言中得到了表达。他的设计图也直观地表达了这些元素。

　　勒·柯布西耶的城市，实际上遵循了现存、可持续和无机城市的逻辑，然而在直觉的引导下他懂得了自然赋予新城市的挑战。他用自己的建筑作品，展现出了一种适应周边环境的敏感度，这种敏感表现在规划者对每块土地的节约和对城市视野的认识上。他在城市规划中力求建立一个花园城市，节约土地（大片开阔地的神圣）、保持景观意识，使得城市建筑轮廓线来源于景观且融于景观。

　　总体上，勒·柯布西耶对社会学甚至对所有物质文化都持有暧昧不清的观点。[16]有人认为"城市是建设的手段"，促进了各种思想的持续交融，也有人说"愚人像蠢驴一样已经不幸玷污了这片大陆上的所有城市，包括巴黎"。他的灵感应该适当控制以适应建立智能城市的需要，这种城市模式就像利西茨基（El Lissitski）所说的蜂窝一样，是一种现状城市的组织方式，或许它会被过剩的城市机器所迷惑，但最终它会在现状之上建立起一座未来的城市。[17]尽管如此，今天的昌迪加尔作为一座真正的亚洲城市，已向所有游客呈现出了一幅共生的景象，一种地域上的交融，而不是一座缺乏人性，充斥着钢筋、玻璃和混凝土的城市。很多人在作品中无意识地运用了这些手段，这些世俗弟子的作品实际上是受到了勒·柯布西耶思想的启发。如果没有天才，没有伟大的城市，也就不会有伟大的建筑。

弗兰克·劳埃德·赖特的美国梦

　　弗兰克·劳埃德·赖特（1869~1959年）在1932年发表的《消失的城市》中批判了郊区城市无限制的增长，它们之所以会变成看不见的城市是因为它们在整个国土范围内进行无限制的扩张。他提前预见了北美大城市的隐患，成为那个时期大城市危机的最早预言之一。一开始赖特的想法没有受到重视，然而从20世纪60年代起，他预见未来的能力开始得到普遍认同，这是他的另一种

能力。赖特深受北美文化传统的影响，大自然遭受人类活动破坏的认识在他脑海中根深蒂固。然而，在这种思路中他加入了对城市未来的看法，广亩城市（1931～1935年）就是为支持美国西部土地的城市化运动而打造出的方格结构。

赖特拥护开放且适用于大规模灵活性增长的规划："一个好的规划既决定开局，也决定结果，因为所有好的规划都是有机结合的，也就是说，它必定会在各个方向上都有所发展。"[18]在凤凰城郊区，在经济衰退的年代里被淹没的索诺拉（Sonora）沙漠的北部边缘，赖特在规划美国中西部时融入了先前模式，把交通和土地统一起来，他的目标是突出家庭在城市中心部分的地位。他在景观中将带状工业城市紧贴着方格结构，并且提出参照德国规划师的"和谐视角"，在方格结构的道路上实现区域划分。事实上，在众多构思分散城市即区域性现代建筑的方案中，广亩城市几乎是唯一付诸实现的方案。尽管其要义尽人皆知，而且也继承了赖特的独立构思，但广亩城市中并没有体现现代城市规划争论的焦点。这在概念上与现代化城市形成了本质上的区别，他重拾美国早期移民中里程碑式的人物如杰斐逊（Jefferson）、梭罗（Thoreau）等人的理想[19]对美国梦发起了根源性的思考。赖特对这种模式的构思是以私人交通方式为中心来发展扩散性城市，这种理念一开始遭到了同辈人的轻视，但后来它以其预言式的效应重新得到了人们的认可。

广亩城市是史无前例的作品，是带状工业城市和商业休闲城市的完美结合。它的核心是一个由独户家庭组成的复合体，每户家庭周围都有1英亩（约4000m²）的土地，这对于美国中西部边缘的新城市来说是非常理想的规划模式。与其他现代乌托邦理念[20]相比，广亩城市的乌托邦内核只占了很少的比重。赖特提出了如何将小镇建筑师的"独裁专制"与平等和个人自由相结合，以及城市规划如何超越其政治目的而成为人类精神理念的再生。他的理念中与乌托邦结合的成分源自于人们的一种心灵需求，即人们希望可以从中感受到精神的升华和心灵的和谐，这与科技城市中人类精神的支离破碎形成了鲜明对照——"工作使人失去理智，并且已背叛了美国民主的许诺"。赖特的理念以无可置疑的方式抨击了土地、金钱、理念等现代社会的固有概念，他揭露了城市人口拥挤造成的人类道德败坏。生产和消费不断加速、现代城市用虚假的快乐代替真正的满足、工业化在雇主利益成倍增加的同时使劳动者失去人性，这些对工业化的抨击不禁让人想起了那个时期揭露工业化风险的空想主义论调，但赖特把这种空泛的论调与20世纪20年代末经济衰退下工人和农民遭受的灾难联系在了一起。在《当民主建立时》一书中，赖特对尤索尼亚（usonian）即美国理想社会的概念进行了重新定义，他认为在这个社会里家庭才是一切的中心，农场主对土地的耕耘成了高贵的、有创造性的、能够结合自然与人

广亩城市和"生存的城市"的图像，弗兰克·劳埃德·赖特（1958）
他所采用的美国中西部景观的垂直结构是非常适宜的（凤凰城和拉斯维加斯）

工居住环境的代表。沃尔特·惠特曼（Walt Whitman）、拉尔夫·瓦尔多·爱默生（Ralf W. Emerson）和梭罗通过建立宽广和谐、有机统一的空间来寻求世间万物与灵魂的契合点，并且收效颇丰。赖特的和谐观念也进一步发扬了中国老子之言：凿户牖以为室，当其无，有室之用（即房屋的实质不是四壁和屋顶，而在其所围合的内部居住空间——译者注）。公共空间与土地紧密相连并遵循着这样一种信条——"主就在你们之中"。

在尤索尼亚里，所有的居民皆拥有创造力并且能灵活运用，而建筑师是懂得运作规律的合作者、艺术家和诗人。面对工业文明所固有的专业化、机能性和程序性的分化，市民们渴望在广亩城市里成为全才，既是农场主、工人、手工业者，又是艺术和教育的领导者。赖特勾画了社会中可能出现的主导者，毫无疑问这种人是理想化的，但是他有能力把握空间的变革。赖特认为应当通过教育来提高主导者的知识水平，包括自然、工作、工业技能与美学。建筑成就人类的世界，广亩城市也因此成了赖特的精神家园。

这个与乡村民主相联系的分权制城市在大草原上不断延伸，穿越城市与乡村空间、科技与复古、过去与未来。对赖特而言，职权下放是所有改革的基础，是创造一个由独立农场主和业主所组成的国家的物质条件。以乔治（George）的观点来看租金是剥削的代名词，并不应该存在，规划应该保证土地的公平分配。他概念中的民主个人主义认为城市与乡村生活之间不应该存在差异，家庭、工厂、学校等所有的一切均应展现在土地上。和霍华德一样，赖特也谈到了城乡结合体，但这也是以组成社会基本经济单位[21]的家庭为基础的。

1958年，弗兰克·劳埃德·赖特在逝世前不久出版了《生存的城市》，重新阐述了被建筑角色所掩盖的广亩城市的理念。[22]

以独户家庭为基础建立城市需要以汽车、飞机和高速路等交通模式为依托，这些事物因为景观的整体性和对每个元素的精准设计而变得愈发重要和特殊。赖特的思想里交织着智者对自由的理想、对科技的好奇心以及生活在星空下并且从不拜金的流浪者与生俱来的本能和对家庭温暖的怀念。这一切很难面面俱到。

巨型建筑结构

城市能像一个巨大的装置一样运行吗？在通天塔的神话中，人们总是能看到每个城市建造得如同一栋楼房。历史表明，一些城市规划者和建筑师并没有放弃这一不切实际的幻想，他们继续在许多案例中提出实现这一想法的可能性。从通天塔因

阿基格拉姆学派（Archigram）的创造性造成的影响毋庸置疑，它巩固了20世纪城市规划最有代表性的一些形象，如插入城市（Plug-In City）和瞬间城市（Instant City）

狂妄自大而毁灭的废墟、圣经中对语言混淆的惩戒到或多或少可能实现的机械空想主义之间，这种想法在不断变化。在亚利桑纳（Arizona）的沙漠中，保罗·索莱里（Paolo Soleri）提出的共生理念，用混凝土和黏土实际建造了出来，名为"阿科桑蒂"（Arcosanti）。电影捕捉到了这一切，在电影里我们不止一次地看到大城市之塔，即弗里茨·朗（Fritz Lang）于1926年提出的通天塔的另一种形式。罗伯特·文丘里（Robert Venturi）在1978年以其精湛的描述展现了一个特别的意象：大城市的形象随着公路电影中公路的无限延伸而逐渐解体，沿路的景色被拉斯维加斯脱衣舞招牌所占领。林奇和文德斯（Wenders）电影中的沙漠也有与之类似的形象，这和安东尼奥尼（Antonioni）或戈达德（Goddard）风格的混凝土堆积而成的冷冰冰的住宅形成了反差。然而这两种形象都在《银翼杀手》中走向高峰并且在不确定的未来里走向没落，这种另类的通天塔鼓励人们从城市中逃离，逃往"其他世界"。

雷纳·班纳姆（Reiner Banham）在1976年将巨型结构解释为"昨天城市的未来"，表明这一尝试不过是昙花一现。作为城市的替代品，巨型结构是一个巨大的、可改装的多功能装置，它的布景规则处于科幻和工程学建设如水电站、机场、石油平台等之间。以勒·柯布西耶为阿尔及尔设计的简要建筑为起点，其中在他的炮弹计划（Obus）中提出了将机场变为巨大楼房的想法。班纳姆则继续将巨型结构发展到了涉及环境工程的新陈代谢理念，这一理念在1960年由丹下健三（Kenzo Tange）主持、黑川纪章（Kisho Kurokawa）协助的东京湾计划中得到了体现。在1972年的螺旋城市计划中，班纳姆模仿当时刚刚发现的DNA分子结构，试图与生物学之间建立起类比关系，以缓和巨型建筑的冲击。在赖特主持的高于1000m的大型巨塔方案中，这一主题也反复出现过。有些西班牙建筑师提出想发明一种结构系统建设一个仿生塔，让黯淡的地方重获生机。之后不断有人继续提出通天塔的方案，城市不仅有科技性而且更有社会性这一事实也被淡忘了。然而在有些个别案例中，比如机场就是一个机械装置的复合体，在这里我们看到了惊人的结果。但是机场毕竟不同于真实城市，它是一个由无数"插座"和"维护设施"构成的装置复合体，它总是处于扩张和变化中，而且与真实城市相距甚远。因为真实的城市不仅仅受功能性的约束：正如埋在地下的地铁一样，我们看不到它的结构，但是对其复杂结构最好的解释方式往往来源于地上的显性部分。

很多人试图用巨型结构取代现存城市，并且在建筑所能涉及的范围内表现出极大的热情。在访问纽约后，勒·柯布西耶总是回想起那些白色的大教堂。当时的曼哈顿看起来就像那些不可复制的欧洲城市一样，总是与巨型结构相混淆，其

<< 中国三亚阳光海岸，2003年；协作建筑，卡洛斯·拉奥斯（Carlos
Lahoz）、曼努埃尔·莱拉（Manuel Leira）、弗朗切斯科·克莱门特
（Francisco Clemente）等13位顾问
与巨型结构相关的乌托邦依旧出现在当今社会中

中有一座大教堂刚建成不久，周围没有一座高楼能与之媲美。大教堂就像城中城，实现了通天塔无法实现的功能。年轻的建筑师雷姆·库哈斯（Rem Koolhaas）在描述与赞扬洛克菲勒中心时就提到了这一点——这座城堡的复杂程度无可比拟。

正如彼得·史密森（Peter Smithson）、艾利森·史密森（Alison Smithson）或者其他荷兰结构主义建筑大师所表现的那样，在功能主义的众多建筑风格中，巨型结构是一条有规可循的道路。然而巨型结构采用的是利用一种不同的规划模式来批判现存城市，例如今天被人们重温的情境主义、阿基格拉姆学派或者超级工作室等运动，它们都是以表现城市思路为起点来实现巨型结构的。战后的欧洲城市，所谓标准模式的飞速增长造成了年轻艺术家和建筑师群体的抗议，他们对城市新事物的专制表达了反对的态度。

居伊·德博尔（Guy Debord）于1956年提出的"漂移理论"是情境主义最著名的论断之一。德博尔证明漂移战略是一种在不同环境中不断传递的技术，情境主义者是城市情境的建设者——城市情境是一种临时的微观环境，是城市里转瞬即逝的景色。受到心理地理学的支持，他对地理环境如何影响个人行为的研究表现出了浓厚的兴趣。从纯社会和功能的角度出发，德博尔的关注点在于城市居民的实际生活。因此，他提出了单元式的城市——这种城市模式与周边环境相融合，与人们的行为体验紧密相关。"我们不应该把交通流线理解为一种额外的负担，而是应该把它当作一种令人愉悦的存在"——居伊·德博尔1959年如是说。就在这一年，康斯坦特·纽乌文霍伊（Constant Nieuwenhuys）提出了新巴比伦理念，并将其具体化为一座游牧城市、一座网络城市、迷宫式的城市、永恒的起点之城、在真实城市之上永不凋零的城市，就像一个拥有200%空地的巨大"黄色区域"。人们对情境主义的兴趣，与当代城市所包含的无法理解的巨型结构的外表面孔有着直接的关系。[23]

由赫伦（R. Herron）和普赖斯（C. Price）领导的阿基格拉姆学派是当时最具影响力的学派之一。他们在1964年提出了"插入式城市"模式，这种模式形状奇特，沿着纽约湾延伸，既能连接也可以移动。1969年他们又提出了"速建城市"，这一意象有助于理解变化中的公共空间，具有独特的价值。伯纳姆说，巨型建筑就像巨大的实体玩具，是城市日常活动的一部分，并且影响了一代又一代建筑师的潜意识。他们的绿洲与玩乐宫项目对现存的公共空间发起了质疑，也预言了1977年蓬皮杜中心的落成。蓬皮杜中心是他们两个最杰出的年轻学生伦佐·皮亚诺（Renzo Piano）和理查德·罗杰斯（Richard Rogers）的作品，二人是在一次竞赛中脱颖而出的。博堡酒店（Beaubourg，意为美丽之城，即乔治·蓬皮杜全国艺术文化中心——译者注）项目地处巴黎心脏地带，它用实例论证了巨型建筑的设计逻辑——独立地在城市中构建新景象。伴随着中心地带的繁荣，文化项目也逐步发展起来，并且成为展示城市新功能新活力的范例。将文化作为消遣是当今城市策划者所向往的，居伊·德博尔在1967年草拟的"景观社会"理论中指出了城市中产阶级醉心于休闲、旅游及文化，进而引起了一系列社会变化。城市在文化战略的舞台上也发生着巨变，在《蓬皮杜中心效应》一书中，让·鲍德里亚（Jean Baudrillard）描绘了这样一种新秩序："……一种虚拟的秩序之所以能够存在，是因为它与先前的秩序有着千丝万缕的联系。因此，一个由流动和表面联系构成的骨架下包容的是传统文化的深刻内涵。"它造就了一种全新的城市空间——鲍德里亚将其理解为说服性空间，以可见性、透明性、多功能、统一性和连续性的思想体系为主，笼罩在一种虚假的安全感之中，实质上是所有社会关系所构成的空间。[24]

当今建筑界对巨型结构的崇拜令人不安，包括约纳·弗里德曼（Yona Friedman）的空间城市、阿基格拉姆学派的插入式城市和情境主义的新巴比伦风格等等。生动且变化多端的巨型结构能够适应各种复杂的形势，巨型结构就像游戏一样，它的自由性、未知性、消遣性以及它对规则的重组等等，都是它组成的关键。然而，巨型结构不仅仅是草图，因为如果城市化发展方向越来越集中于建筑和基础设施，那么建筑就成了简单填补可用空间的工具。事实上巨型结构弥补的正是城市化和建筑过程中所缺失的整体性，建筑师虽然受制于城市装置化和大机器理念，但是他们可以为城市增添其他的价值。巨型结构可以作为一种机制，用来重新审视巨大的交通网络和巨型"集装箱"组成的广阔城市。无论是乌托邦还是通天塔，大都市在发展未来城市图景方面从未止步。

迪士尼世界中的乌托邦

1992年纽约建筑师和评论家迈克尔·索金（Michael Sorkin）完成了《相约迪士尼》[25]一书，他认为电视与迪士尼有着相似的运作方式，二者都是通过提炼、消减和重新混合来制造一个全新的反地理空间。迪士尼提供了一种有望实现永久性转变的遥远的幻境，它能够通过无限的电视空间开辟出一条独特的道路。迪士尼世界的大门就在我们家中，在电视荧幕上。

迪士尼世界一直吸引着城市规划者们的注意力。这一大型游乐公园根据人们的想象，以城堡为建筑外形，可以说是为电影电视及其衍生品而创造的。巨大的电影拍摄基地可以自由进出，人们身处快乐之中，并没有因为消费能力而变得有节制。回溯主题公园的起源，从洛杉矶迁移到佛罗里达的过程中，由于地理位置毗邻卡纳维拉尔角和美国航天局的下属机构，迪士尼世界适当加入了与未来和空间技术相关的元素，人流量也因此得以提高。像一座座封闭的城堡耸立在真实城市的周围，主题公园的概念从那时起就成了一个反复出现的话题。巨型结构中或多或少的智能成分都得到了谦和的回应——结合不同环境作为娱乐活动的场景、在城郊地带营造出一种完全独立的欢乐景象，这是为社会休闲服务而设的真正乌托邦。正如广告宣传所说："迪士尼，地球上最快乐的地方。"迪士尼已经成为一个在消费自身潜力的基础上收获社会记忆的元素，今天依然创造着吸引力，刺激着经济发展。毫无疑问，迪士尼的前身是城市流动游乐园，然而从哥本哈根的蒂沃利到纽约的科尼艾兰，游乐园已经变成了永久娱乐设施，它放弃了早期流动的特点，并与当地游乐园特点相结合。放弃这种流动特点并且变身永久的游乐空间，也预示了现如今社会旅游飞速发展的景象。

谈到乌托邦和迪士尼世界时不应带有任何讽刺意味，无论是对原型还是其替代品——普瓦捷未来世界公园。任何一个主题公园都是以经营性项目的形式存在的，工作和商业空间被吞噬，并在此周围形成了真正属于城市的规划项目。这些项目总是被酒店设施和美国人所发明的度假胜地所左右，围墙内的酒店空间变成了供休憩的公园，在其周围有属于自己的温泉和高尔夫球场等等。展现景观的舞台布景，证明社会有实力并且能够自我满足，而从广告和市场营销两方面对人们进行引导，则是渴望为人们创造"快乐"的瞬间。从中我们能看到西方发达社会的理想和缺失，比备受批评的商业购物中心更有感染力，而商业购物中心与附近的城市场景相比，几乎是对后者的一种亵渎。这里洋溢着成功的氛围，不可否认，它的影响已经远近闻名。拉斯维加斯已经成了一个主题城市，不仅是赌博游戏，而且也因为迪士尼的存在而成为景观主题城市，它能够接待整个家庭，其中的活动能够满足各年龄段的孩子。主题公园也扩展到了海滩，正如何塞·米格尔·伊里瓦斯（José Miguel Iribas）谈到西班牙贝尼多姆的成功时所说，每年当地人们都在街上举办圣费尔明节。的确，主题公园以侵略的方式威胁着历史古城的生存空间，无论在阿维尼翁还是在爱丁堡，主题公园都不是以表面上的文化亲和形式，而是在公共财政支持的城市管理过程中以更哗众取宠的方式，在不计后果的情况下提供持久的文化和娱乐。最近迪士尼公司出售的完美小镇是按照新城市规划打造的新型宜居小城市，但公司却声称这个项目不是他们日常经营的范畴。就像巴黎的欧洲迪士尼乐园一样，公司忍受损失维持着投资，因为对他们来说，生意来自于长期的经营。特别是在巴黎，应该用一种全新方式来看待文化，对他们的领导层来说，下这个赌注是不需要再三犹豫的。而且与以往相比，当今城市更不应该仅仅局限于一种理念上的引导。

迪士尼以其非虚幻城市的理念为大都市的再殖民化道路提供了便利，并且持续吸引着人们的注意力，因为迪士尼世界以某种方式实现了假想乌托邦，这对"日不落帝国"来说，也是无法想象的。科林·罗凭直觉认为，在这个没有流浪汉，一切都在操控下进行的欢乐外表背后，有很多工作需要成百上千人来完成，压力比一个排的士兵还要大，而且这种幻想和欢乐是在辛勤劳动下被提前制定好了的。大卫·哈维对迪士尼世界的乌托邦进行过实实在在的论证[26]：我们面对的是一种蜕变了的乌托邦，它不着眼于未来，而是缅怀某种神话般的往昔，只对文化舒适性进行盲目崇拜而不考虑文化批判，这是迪士尼乌托邦理念的核心部

Fundación Metrópoli

分。迪士尼世界把游乐园塑造成聚集不同空间秩序的纯粹的幻想之地，免去了人们到世界各地旅行的繁杂。艾波卡特（Epcot）从未来主义乌托邦中受到启发，提出了技术控制权力的比喻，但是却没有提及生态学。迪士尼世界不只是一个替代品，因为这并不是一个平庸的产品，它通过对所有事物进行严格地控制和监督，形成了和谐的氛围，表达了我们对社会的具体要求。这是一种奇特的转变，事实上这种控制和保障的逻辑已经在现代商业中心得到了运用。1927年尼克尔斯（J. C. Nichols）为堪萨斯城设计的西班牙新殖民风格的乡村俱乐部广场，就是人们认可的第一座商业中心。从那时起，商业中心或者商业园区在其最新颖的理念中引入了休闲的概念。从欧洲传统城市空间价值的复制，到后来命名的"商业村"，这种系统总是依靠街道广场系统的支持，就像迪士尼世界采用的美国的主体街理念。自从1977年多伦多的伊顿中心开业以来，类似的变革在商场领域得以继续发展。伊顿中心是第一个大型购物中心，内设宽大的街道，考虑到加拿大的天气，整个商场还设有顶棚。伊顿中心的前身应该是传播至整个欧洲的巴黎连拱和伦敦商业走廊，而米兰的艾曼纽走廊则标志着它的发展和传播达到了顶峰，其中的关键在于新的商业中心已非常普及，它们不再单独为某一类特殊的城市精英服务。迪士尼提供了一种与消费相结合的休闲，一种老少咸宜的幻想空间与理想城市。对于社会顺从理念和人们享受迪士尼世界的批判，表面上是推崇行进在平静社会下的"世界最好"，而实质上却进一步引发了尖锐的批评。在一次会议上，有人问曼努埃尔·卡斯特利斯（Manuel Castells）为什么知识分子们总是如此批判人潮拥挤的商业中心，却很少提及同样情况下的机场。毫无疑问，这是一种虚伪或者是没能看清流行文化的社会本质。流行文化毫无疑问是商业化的，但是其稳固性却很少有人能推翻。

洛杉矶是第一个迪士尼乐园诞生地，在这里迈克·戴维斯（Mike Davis）遇到了一个深层问题即社会建立起监督和自我保护的围墙之后所造成的问题应当何去何从。这正是双刃剑的另一面："为城市安全而开展的活动所带来的不可避免的普遍结果是对公共空间的破坏……以减少人们接触不能触及的事物……"[27]对空间的私有化让人想起英国人在金奈（原名马德拉斯，Madrás）或者地角之城建立的乡村俱乐部，这些地方现在依旧是私人空间，如今却影响到了整块区域，从阳光海岸（Costa de Sol）、阿马尔菲（Amalfi）或称蓝色海岸（Costa Azul），到当地那些具有格里莫港（port Grimaud）风格的精英居民。这些地方提供特殊的优惠待遇，只要人们有钱就能进去享受。这种趋势的极端案例就是迪拜王储在他的国家所推行的匪夷所思的计划，他建立了两块棕榈树叶形状的人造岛屿即棕榈岛（The Palm），岛上具有独特风格的酒店于2007年开业，里面提供豪华的复古式别墅、英式小屋或者

西班牙圣塞瓦斯蒂安经济转型前后鸟瞰，从一个以船运为基础的经济转型到知识创新经济（ASMOA）

比佛利（Beverty Hills）山风格的住宅……主题公园的理念以一种奢华的方式变为了现实城市。

　　在我们看来，唯一的问题出现在我们的观念里。当我们远离售票亭，回到日常后，乌托邦还剩下什么？真实答案其实在主题公园之外，应该由我们这个社会做出回答。

迪士尼：一起通往真实城市的独特乌托邦之岛。
没有任何一位游客能忽略这些空间所带来的激动人心的感觉

20世纪下半叶，城市规划在城市重建、扩张和转型中起到了明显的功能性主导作用。城市中的建筑理性主义和国际化风格无所不在。

1933年，在穿越大西洋、从马赛驶往雅典的帕特里斯号上举行了第四届国际现代建筑协会大会，主题为"功能城市"。该事件成了世界最有影响力的城市规划文献之一的《雅典宪章》的起源。

在这些理念的指引下，第二次世界大战后的欧洲重建起来，并且在发展最快的时期试图进行城市的增长和转型。巴西的首都巴西利亚就是功能主义理念得以应用的典型范例。

尽管功能主义规划对城市建设来说具有理论指导意义，但是第二次世界大战后及20世纪六七十年代的现实城市规划还是展现出日益加剧的矛盾，如城市空间的割裂、传统中心的毁坏和郊区的迅猛发展，改善没有灵魂的破碎的公共空间成了我们这个时代城市规划最重要的挑战之一。

In 1933, the IV International Congress of Modern Architecture (CIAM) took place aboard the SS Patris, en route from Marseille to Athens, under the theme The Functional City. This event is the origin of the Charter of Athens that is, without a doubt, one of most influential city-planning documents of all time.

These were the ideas by which Europe reconstructed itself after World War II, and by which it tried to organise the processes of growth and transformation of our cities during decades of very fast growth. Brasilia, the capital of Brazil, is the paradigmatic example of these functionalist ideas applied in the purest form.

Today, we see growing contradiction in the results of these functionalist ideas applied to the construction of the city such as the rupture of the urban space; the deterioration of the traditional centres; and the drastic appearance of peripheral areas - soul-less, fragmented and generic - that have become one of the most important urban challenges of our time.

04 功能性城市

The Functional City

居住的机器

20世纪以来，在城市扩张和转型的大背景下，功能主义在城市规划中明显居于主导地位，城市里建筑学的理性主义原则和国际化风格的原则无处不在。如今，人们普遍认为，这种城市规划方式强行地对城市进行机械论分析，这种以高效原则为导向的简化处理方式反而加重了原本的问题。

然而，如果我们仅仅看到功能主义的弊端，或者认为它只不过是如勒·柯布西耶一类精英建筑师和伟大人物所强加的观点，那都是不恰当的。功能主义并非如它的创造者所解释的那样，是一个处于政治和历史边缘的、由理想化规则组成的纯系统。尽管功能主义最终成为《雅典宪章》中的金科玉律，但它的产生是一个漫长而复杂的过程，比惯常认识的更加复杂和多元。

实际上，功能主义对城市规划主导原则的系统化建构是同类中绝无仅有的。它在全球得到了广泛传播，至今它的反对者仍然未能提出一个能与之并驾齐驱的理论。[1]在国际现代建筑协会（CIAM）的框架下，现代建筑运动的参与者对城市模式展开了系统化整理和定义，并由一个小组负责汇总和最终撰写。重读宪章对于任何对城市规划感兴趣的人而言都有异乎寻常的作用。尽管它的用语颇显高傲，但是我们不应忘记它是现代先锋宣言的集中体现，这些宣言极其简单明了，是纲领性、宣传性的，有时甚至是夸大的。[2]西格弗里德·吉迪翁（Sigfried Giedion）在1941年出版的《空间、时间和建筑·新传统的成长》一书中，对新建筑和新城市规划做出了历史性的解释："城市规划师应该知道致力于哪些功能的研究，他的任务是利用现存的潜力和条件创造出一套城市规划机制。"

现代建筑运动的参与者以"未来城市"为目标来体现他们的思想。在各种思想和艺术性提议层出不穷的背景下，城市规划通过建立一种新秩序，对城市蓬勃而混乱的发展以及欧洲工业社会带来的新问题做出了回应，而建筑在这种新秩序中应起着决定性作用。这一时期，城市规划作为一种规范，能为设计提供特定的手段，如规划管理、城区划分、街区、住房等等，这些都是19世纪末以来欧洲城市规划师发展起来的课题。功能主义的理念[3]是在古老欧洲的中心形成的，它以捍卫城市规划为依托，创造出了一套全新的、适用于各个领域的工具，为周边新城市的建设奠定了基础。

此前的建筑力求把工业逻辑纳入其设计过程，在平等的社会思想指导下，在居民家庭生活所需的住房和公共机构中，使意识形态得以具体化。[4]对于新社会来说，住房建设是首要任务，因为当时社会对体面住房有着迫切需求。在一个为新社会创造的新城市中，建筑应当扮演主导角色："当今社会不安定因素中，住房建设是其中的重要问题之一：不盖楼，就革命"。[5]1907年德意志制造联盟成立，该协会聚集了与工业生产相关的若干艺术家和企业家，意在推动生产大批量具有美学创新的产品，以此来促进德国的出口。

德意志制造联盟也孕育了"现代建筑运动"的主要思想。1907年，亨利·凡·德·威尔德（Henry van de Velde）在协会的宣言中指出：你只需要在逻辑和理性层面上，构想一切物品最为基本和精确的形式及制造。1919年，格罗皮乌斯（Gropius）在魏玛共和国兴建包豪斯建筑，同年勒·柯布西耶开始发行其杂志《新精神》。

科内利斯·范埃斯特伦[6]（Cornelis van Eesteren，1897～1988年）是国际现代建筑协会的杰出成员之一，他在1929～1959年间担任阿姆斯特丹城市规划负责人，也是1930～1947年间为数不多的足以作为一个大城市规划的直接负责人。这位年轻、出色和充满抱负的建筑师，在20年代以有趣的方式引入了当时历史背景下的新建筑：为罗肯（Ronkin）而举办的竞赛，即阿姆斯特尔河岸的阿姆斯特丹水坝的延长工程，以及柏林菩提树下大街历史悠久的林荫大道设计竞赛，这两个都是很鲜明突出的例子。他凭借高超的技巧提出了一种新建筑与旧城区共存的方式，并坚信现代美学简洁的几何形状能够实现旧城空间的增值。从1929年起，他与范洛赫伊曾（Van Lohuizen）一道，实现了阿姆斯特丹城扩建的总体规划，并以一贯的社会责任视角为出发点即"城市是一个社会事件"，体现了他对城市转型阶段的敏感性。范洛赫伊曾和他的同事一样，坚信新涌现的城市社会需要现代建筑行业以其卓越的能力，找出新的空间解决方案。同时，他也与其他学科的专家合作设计方案，并努力探求新需求所涉及的各方面内容。

功能性城市规划就是通过这样一些基本主题而得以延续下来，其中，我们将重点讨论遗产城市的评论、机械化理想、现代体面住房计划的全球化建设等问题，首先是意识到现行城市模式的失效。功能主义是对反功能城市的回应："城市将要解体，城市不能再延续下去，城市已失去功能，城市过于老化"。[7]所有杰出的建筑师一致认为欧洲大城市的拥塞、不卫生和混乱是惊人的、可怕的。然而，最好的模式是怎样的呢？工业是新秩序的强大力量，机器被文学和艺术所颂扬。尽管有些人认为新秩序隐藏着危险的"铁牢笼"，但也有人认为应当让机器实施专制，这是理性秩序的范例。工业提供了生产的标准化和组织化的概念，在社会分工中确立的被称为泰勒制和福特主义的秩序，是可利用的最稳定的参考模式。

然而，现代建筑运动的中心议题是新民居建筑的高效发展，它是以发展新类型并能满足住房需求量为基础的。住房问题是欧洲城市长期存在的问题，包括城市密集化、大部分住房卫生设施缺乏和空间不足、土地和不动产的巨大投机等，但新的城市策略并没有解决这些问题。第一次世界大战以后，问题开始加剧。年轻建筑师在这个问题上表现出明显的社会责任感，他们为此投入了所有的精力。所有建筑师坚信这一切都从属于一个更为宏大的计划，而住房是实现真正目标——新的城市秩序的第一步。

德国住宅区是现代建筑把类型学和城市形态学纳入工程的先例。1927年，柏林建筑师协会"环社"（the Ring）的秘书胡戈·哈林（Hugo Haring）指出："……所进行的住房方面的工作只是预备性质的，直至城市规划的问题得到与社会转型相符

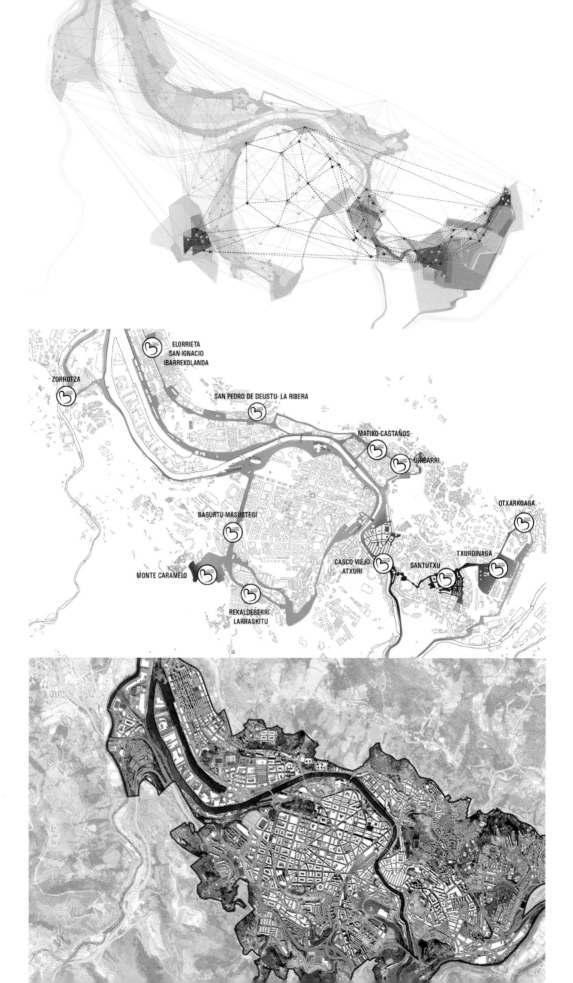

ELORRIETA
SAN IGNACIO
IBARREKOLANDA

ZORROTZA

SAN PEDRO DE DEUSTU- LA RIBERA

MATIKO-CASTAÑOS

URIBARRI

OTXARKOAGA

BASURTU-MASUSTEGI

TXURDINAGA

CASCO VIEJO
ATXURI

SANTUTXU

MONTE CARAMELO

REKALDEBERRI
LARRASKITU

的根本性的改善，问题才能得以解决。当今郊区的建设绝不是一剂良药，而是一种不充足的资源。"胡戈·哈林的这些反思后来得到了证明：工人住房和厂房不能占据城市里的空间，它们在战后转移到了所谓的"郊区"。[8]

在CIAM即国际现代建筑协会，这些共同的挑战和议题受到了重视。1928年，在勒·柯布西耶和吉迪翁的倡议下，首届国际现代建筑大会在萨拉斯（La Sarraz）城堡举行，建筑师在成立宣言上把城市规划定义为"城乡集体生活所需功能的排布"。在30年间，CIAM成为世界级的思想交流以及不断发掘城市规划任务的舞台。住房标准化和工业化的理念，认为住房是"居住的机器"，功能是形式的核心的想法以及城市与农村一体化等理念，在那时已经被充分呈现出来。以实用性为标准、以最大限度的简洁为规范，一切必须被缩减到它的基本组成元素，几乎被缩减到了提纲式的形式。国际现代建筑学会的议题向我们展示了当时令人忧虑的问题：1929年，第二届国际现代建筑协会在法兰克福举行，主题是"满足最低生存限度的住房"；1930年的第三届在布鲁塞尔举行，主题是"建设的理性方法"。

《雅典宪章》：功能主义城市规划的原则

1933年，第四届国际现代建筑协会在穿越大西洋从马赛驶往雅典的"帕特里斯"号上举行，大会的主题是"功能性城市"。专家们认为，城市规划已经不能再遵循纯美学规则，因为它的本质是功能性的。勒·柯布西耶把这些结论收录到1943年出版的《雅典宪章》一书中，尽管对于某些人而言，这样做没有完全尊重其他与会专家的各种意见。在这部关于城市规划的根本性文件中，关于现代城市规划的系统性原则第一次受到了重视。由勒·柯布西耶校订的《雅典宪章》中的城市规划思想，在以下的综合声明中得到了反映[9]：

"城市规划是在集体和个人的层面上，以满足其物质生活、情感生活和精神生活需要为目的，对不同地区和场所的安排。它不仅包括城市人群，还包括农村人群。城市规划已经不能再仅仅遵循一种纯美学规则。它在本质上是功能性的。城市规划必须满足的3个基本功能：一是人居，二是工作，三是娱乐。它的目标是：第一，土地使用；第二，组织交通；第三，立法。上述的3个基本功能对于人群目前的处境是有利的。应该重新估算用于这些功能的不同用地之间的关系，从而确定建筑面积和自由空间的恰当比例。交通和密度的问题也需要重新考虑。土地的分割、买卖和投机而导致的土地无序和零碎，必须用土地重组为主的基本经济政策取而代之。重组是一种城市规划理念足以满足现时需要的基础，它能够保证业主和社区平等分享公共利益项目所提供的增值服务。"

这种城市规划理念超越了城市的框架和建筑学学科本身来定义其目标。它的功

功能性城市边缘的再生是21世纪欧洲的优势城市策略之一。
"毕尔巴鄂社区核心"项目

能性基本性质的合理性在于：通过引入一种可以调整密度和城市设施两者之间关系的新秩序，来解决交通问题和调整土地使用结构，符合改造城市、继承城市传统的需要。

《雅典宪章》分为3个部分：城市概论；城市与所在地区的关系；城市现状研究。这为功能主义城市规划学说和理论的产生提供了依据。抛开功能主义城市规划理论所取得的进步不谈，尽管很多想法在当时没有得到充分的发展，但让人惊讶的是某些议题的发展现状以及在当时它们所代表的进步意义。城市发展过程中表现出的惰性表明，人们一直以来对宪章的应用过于片面、外观上的变化在规划中占有绝对领导权、掩盖了规划师对必要的秩序的解读。但是，宪章的内容却鼓励人们大胆地去设计一个比过去许多设想更加牢固且更加有远见的城市规划。

我们考察的重点是宪章关于地区的概念以及保护自然环境和历史遗迹的重要性。

城市从属于它所在的区域，因为城市是一个地理、经济、社会和政治整体（即地区）的一部分。管理和规划的界定应该建立在功能的基础之上，因此城市规划从属于区域规划，而问题的区域性处理，则需要通过功能主义途径来完成。面对区域的管理、地理或者历史的概念，专家们采用了与城市影响所涉及区域相关联的功能性区域的概念。在第83条中，城市研究应以其影响所及的整体区域为依托，以其经济活动所涉及的功能为范畴。在区域中寻求解决方案，无疑是工业发展所引起的区域性深刻不平衡，以及意识到不能单纯在城市层面进行自我修正的结果。

宪章阐明了自然环境对人类生活的影响。地理和地形条件，水、土地、土壤和气候之间的关系影响了人们的情感和意识形态。宪章还指出了城市人口大规模集中和大量土地废弃引起的地区性不平衡，文中写道："今后，居民区应该根据地形占据最佳的地点，将气候条件纳入考虑范围，拥有最好的日照和适宜的绿化空间。"（第23条）宪章坚持人与自然环境关系的价值："每周空闲的时间应该在规划适宜的地方度过……应该重视现存的元素：河流、森林、山丘、峡谷、湖泊、海洋等等。"（第38、40条）在大自然中休闲是对宪章所研究的城市混乱的健康和卫生条件的回应。在大自然中，自由的空间、纯净的空气和阳光是取之不尽、用之不竭的，城市的新模式力求让自然渗入人类的生活并笼罩着建筑。遗憾的是，过去这些设想在现实中几乎没能实现，或者单纯地认为留出闲置的开放空间就是与自然建立了联系。

宪章同时作了如下规定，城市的历史遗迹应该受到保护，这里既包括了单一文化的独栋建筑物，也包括城市的建筑群。"城市的精神是随着岁月的流逝而形成的，简单的楼房象征了集体的灵魂因而拥有了永恒的价值，这些因素构成的框架不会限制未来发展的广度，同时为个人的发展提供了条件，进而影响了气候、市区、人种或风俗习惯的传统等因素。城市作为一个小型国度，蕴含着一种举足轻重的、难以割舍的道德价值。"（第7条）这段文字与宪章中拒绝非纯功能性因素的说法相矛盾

功能主义城市规划的一些代表案例。勒·柯布西耶为巴黎提出的"关于巴黎不卫生的岛状住房群"的提案，柏林汉莎居住区

（第57条），忽视了上下文的一致性，并且对"老化"城市带有明显的歧视。现代建筑师反对对景观美的崇拜，并且由于历史原因反对在历史街区以美学为由运用旧时的风格，这些主题在任何时期都不应成为健康住房的首要考虑因素。他们计划在历史遗迹周围拆除旧房，绿化土地，尽管这种措施不可避免地会破坏历史气氛。历史遗迹应该沉浸在新的氛围当中。拟态的方法与历史的教训是背道而驰的，过去的建筑杰作向我们展示了每个时代都曾经有各自的思考方式和美学标准。这种把"伪"和"真"混在一起的做法远远不能营造一个具有整体性且风格纯正的意象，它只能创造一个虚构的合成物，根本无法撼动人们心目中渴望保存的可靠证据。

宪章是一种带有良好愿望的声明，这些主题体现了《雅典宪章》的功能主义的视野，代表了一种城市规划的学说，这个学说的价值相对独立于其引发的思考。宪章的结构本身是一种清晰的、由预设特定结论的分析方法得出的结果，它来自于此前研究的具体情况的推广。将继承城市发展设想为一个混乱的过程，这是贯穿《雅典宪章》的一个视角前提，它鼓励人们寻找一种根植于理性之中的全新城市规划秩序。国际现代建筑协会此前的研究分析了多达33个代表城市，在这些分析的基础上，形成了《雅典宪章》中有关退化城市的非理性的条款："机械化时代的来临带来了巨大的动荡……混乱入侵城市"（第8条），"研究中大部分城市体现出一幅混乱的景象……"（第71条）。《雅典宪章》提出了对当时城市破坏性的批评，并提供了解决措施，同时以原则阐述的形式展示了其关于新理性城市规划的研究结果。

城市的首要功能是居住，因此住房是核心问题。《雅典宪章》分析了城市居民区的情况，并指出在历史中心区以及19世纪起因工业扩张而发展起来的特定居住区域环境恶劣且密度过大。宪章批评了人口密度最高的居民区所在地条件最差，而人口密度低的豪华住宅区所处地段的条件却得天独厚，这一切都取决于官方制定的地区规划。宪章尖锐地驳斥了住房临街分布的传统和公共机构对住房肆无忌惮的占有，还提到了郊区的艰苦境地。为了解决以上问题，宪章提出居民区应当占有城市最好的位置，拥有合理的楼房密度，禁止成排建房，应形成街道，建设高楼并保持适当楼间距，这样就能腾出更多的空间来扩大绿地面积。

工作作为城市的第二功能，在城市的框架内并没有得到合理的分析。一般来说，住房距离工作地点太远，会导致上班路程过远以及高峰时段的交通堵塞。由于缺乏远见和规划而导致的工业区以及商业、写字楼中心定位产生了冲突，这个复杂的问题向未来提出了要求，这一点在《雅典宪章》中体现为缩短居住区和工作区之间的距离。工业和居住区应当处于不同的地段，两者之间由便利的交通相连接，有绿色区域分隔。商业中心应该位于交通道路的汇合点，并把城市中最重要的元素连接起来。

第三个功能也是新发展起来的功能，与休闲、生活质量和娱乐消遣有关，表现了一个休闲型社会。宪章指出过去两个世纪发生的破坏性城市密集化，导致城市空闲土地不足。此外大部分保留下来的空闲土地整体分布不佳，有些地处郊区，不能用于改善城市拥挤的居住状况。另一方面，潜在休闲用地与城市之间交通不便。宪章建议所有居住区应当配备供小孩、少年、成年人嬉戏和体育锻炼所需要的安排合理的绿化区，为此，必须出台有关法规以保证这些成果。已建成的花园城市划分了太多私人使用的绿化区，而这些绿化区应当用于特定用途，如儿童乐园、学校、青年中心、图书馆等。日常娱乐消遣应该以每周休作作为补充，公园、森林、海滩、山丘、峡谷、湖泊以及其他有自然风光的地方为每周的休闲提供了场所，因此这些场所与城市之间应当有一个良好的交通系统适当地把两者连接起来。

城市的第四个功能，即交通功能，是为其他功能服务的，因此它的属性是由城市的新结构决定的。通过对当时城市的细致观察，他们坚持认为交通通道是为行人和马车而设计的，不适用于汽车交通的需要。街道十字路口之间的距离很短，宽度不足。交通网络在整体上不合理、不灵活，也不适合于新的机械速度。除此以外，铁道网络通常孤立于整个居民区之外，失去了与城市其他地方的必要联系。面对这样混乱的局面，宪章提出了一个严格的道路系统等级分类，不同种类的交通工具各行其道，交通繁忙的路口通过立交桥来解决。在车辆与行人通道之间应当有明确的分区，交通干道之间应当由绿化带予以间隔。为了达到这些目的，宪章把功能性的地带确定为建设的主要任务，维护了城市规划的合理性。

这四个功能的每一项都应该在城市里以最佳的方式得以实现，并为每项活动提供最佳的活动地点。居民区应该处于空间广阔、空气清新、日照良好等基本自然条件齐备的地方。工作区应该处于适于开展此项活动，与居民区分离且交通便利的地方，以确保人们正常使用并享受休闲娱乐和公共设施。日常生活设施应靠近居住区并且保证良好的周边环境。另一方面，周末时间应该在城市周边的自然环境中度过。最后，这些不同的功能区之间应该以交通网络相连接，保证各地区之间交流的同时还要兼顾各自的权益。因此，"城市规划是一种思考方式的结果，通过技术活动被带到公共生活中"，它是一种能够组织社会的工具。

理性主义思路允许城市实现其功能性秩序，完整的地区规划是严谨理性的机械主义在城市中的有效体现，一切必须遵守分类和等级的原则。它根据生物学的类比，认为有生命的细胞作为原始的生物组成元素，是完美的机器。家庭是城市最初的核心，住房聚集在具有高效规模的"居住单元"中，"居住单元"以其集中的性质成为由最小元素组成的居住网络，周边再辅以城市设施。交通系统在城市中扮演着重要的动脉角色，节省时间成为城市规划的原则：城市不同地区间的高速、高效的连接，等级分明且适用于所有交通工具类型，这是交通系统的基础（七道路理论）。

以上这些形成了城市空间的一个新概念，后来因为"丧失传统城市空间"而被抛弃。楼房沿街排列阻挡了住房的日照，"去他的'走廊式道路'！"勒·柯布西耶感慨道。因此在新的城市模式中，高层建筑建在绿地之上，并且相互间留有一定的间距。

面对私人利益的侵犯，城市规划应该严格遵循节约时间的原则，在高效的交通系统和理性的地区规划基础上组织其功能。为此，必须制定城市规划，并整合到相应区域中：住宅区的细胞[住房]和住宅区的整体[有效的规模]是居住网络的基础，住房网络必须在一个理性计划的测算基础上恰当地与工作区和娱乐区相连接。这些规划是组织城市秩序的机制，有利于推动一个城市的和谐增长，保证在城市建设中，个人利益服从于集体利益。宪章把规划和计划看作指导城市转型和增长的城市战略："规划决定了用于4个关键功能的4种结构，并指出各自在整体中所处的位置"（第78条），"城市政府的简单规划将会被区域规划所取代"（第83条），"每个城市迫切需要建立起它的规划项目……"（第85条），"规划项目应该根据专家所做的严格分析而制定"（第86条）。为了这些规划和项目能够以令人满意的效果执行，个人利益必须从属于集体利益。

然而，新城市规划的主导角色是建筑学，它与城市福利和城市美化紧密相连："建筑学主宰城市的命运"……"建筑学对所有人而言是最基础的"（第92条）。不同于卡米洛·西特及其追随者所拥护的组合式城市规划及其认为城市设计最基本的是城市空间的布局，功能主义建筑师认为新建筑是城市设计的主角，建筑学生产城市的一个个"角色"，城市的空间是绿色的、单一化的、没有交通道路进行分割的背景。

欧洲重建中的功能主义

功能主义的城市规划对于继承城市而言过于彻底，甚至是粗暴的。它总是提出乌托邦式的计划，这无疑是主观主义的，对于其反对者来说更是教条主义的表现。实际上，它的学术思想只能部分应用。宪章中各个主题之间相互背离，这成为批评家的目标，甚至是城市混乱的罪魁祸首。宪章避开了经济、政治、管理和社会方面大部分的机械主义做法，它们以不同方式来组织城市，而这正是城市问题真正的元凶。它提纲式的原则激发人们为城市代表性的人群组织复杂的个人和社会生活，无论他们属于哪一阶层或文化背景。同时，功能性城市是在战后已有城市的内涵和外在的基础之上形成的，在城市中心的翻新和新建郊区住房的大街区当中，功能主义原则得到了系统性的贯彻，标志着在安置工业社会新居民、应对城市加速发展的需求下所做出的公共投资的第一步。然而，我们不应该忽略我们与这些计划的繁荣时期之间是有历史距离的。

战后的CIAM大会上，人们对宪章表现出的不满越来越明显，建筑师对完善行业准则的重视、对以社区生活为中心的主题的重视，使得创造更为人性化的居所条件即创造城市心脏，成为他们经常借助的手段。何塞·路易斯·塞特（José Luis Sert）提出的"被遗忘的第五功能"可让居住在一个城市的群体感受到自身参与到城市的转变过程之中。在不否定前4个功能的基础上，他提出了一个新的功能即环境调整，它将会开启一个更为丰富的城市形态学和一种更为复杂和令人满意[10]的社会生活。问题在于如何实现这一功能，否定了拟态和拼凑后，专家们并没有提供将新元素整合到继承环境之中的机械主义解决方案，毕竟这是建筑学的任务。那些原则使得人们在实践中对历史遗留元素心存轻视，这一行为足以使人们逐渐抹去城市不可复制的部分以及过去的景象。

最近几届国际现代建筑协会大会中，年轻一辈与老一辈成员的差异愈发显著[11]，虽然他们都关心城市化进程的正确路径，对已有成果感到不满足，并且意识到宪章并非最终的解决方法。事实上，《雅典宪章》（出版于1942年第二次世界大战白热化时期[12]，远晚于第一次大会召开的1933年）的部分作者已经在宪章中看到了重建欧洲城市的需求。宪章是在战后背景下才得以广泛传播的，它确保了现代建筑运动继续进行。除个别情况以外，功能性城市将不会在原有基础上以旧翻新，而是在现存的城市旁边粗暴地采取并行建设或在城市之外建立独立的部分，即郊区。

随着功能性城市规划的展开，西方城市模式变为"中心及郊区模式"，其特点是城市的非循序渐进和异化。从战后重建开始，城市的活力引发了历史城市的转变，或在废墟上，或在商业中心，这些转变与潜在的保存和重建问题之间产生了冲突。城市在以工业为基础的经济中发展，农村最终也发生了变化。在郊区中诞生城市，这种郊区化模式的传播日益广泛。城市摇摆于"市中心"和"郊区"之间，这种双重模式在唯一逻辑的指导下对大自然产生了深刻的漠视，这不仅仅体现在原生态方面，而且体现在人类劳动改造的土地上，口语中则称之为"农村"。

认为宪章是上述问题根源的这种想法是极其幼稚的，功能性城市的关键错误在于其自身的机械范式，不仅仅在形式上，而且在文化、功能和社会层面上将城市混淆成可以管理的工具。

重建的迫切和增长的城市规模，强化了运用宪章实现城市规划的需要。公共管理、国家和城市政府的角色是基础性的，它们通过法律工具指导基础设施的建设和城市化的进程，这决定了国家能够在重建中采取直接行动，比如建设大型居住区。宪章的理论在技术层面上得以展开，并且第一次提出了定量的"标准"，以保证公园和花园设施及其空间。然而，在社会迫切需求的背景下，这种城市规划的特点在于内容抽象，且具有结构性和功能性，但没有试图对导致这种模式失败的真正原因即房地产市场进行控制。

20世纪70年代初出现了经济系统的扩张性危机，对这种城市规划理念的批评也听到了回声。"中心—郊区"的模式引发了讨论，它的问题也引起了关注，彻底的区域规划和欠缺延续性的综合（居住和工业）城市增长受到质疑。城市建设工程的布局穿插在大型基础建设之中，这与郊区空间极不协调且产生了一个满是空置土地的半利用空间。除了不能被利用的空间，人们还发现了大量被荒废的空间：垃圾堆填区、荒地、废弃了的耕地和工业区、被遗弃的大量建筑工地等等。生产系统、空间利用的要求和生活方式等方面的变化，使人们产生了新的顾虑，其中包括对历史的新观点、正在形成的对文化和自然价值的保存主义思路，后者引导人们利用现存的条件来解决问题。

我们凭借经验，在迥异的文化和历史背景中对功能主义原则做出的肤浅批评是不公正的，城市的转变都是在理论的压力以及管理和政治方面的计划指导下进行

的。根据城市工程的指挥者对功能性、理性和技术精确性的强调，专家们提出了一个现存的城市规划方案。这个方案指向不同目标，并且提出了一个能够有效承载城市生活的结构。运用跨学科研究，利用预先存在的条件的正确性，制定细致的公共机构计划等都需要继续保持，正确处理计划和对区域背景内城市的看法两者之间的关系仍然十分必要。建筑学的价值体现了其主导地位，即对城市生活质量的重要性，以及对"拼凑"模式的明确否认。同时，该方案对于"城市规划原则"的形成无疑也是功不可没的。

然而，戏剧化的是功能主义产生的不良后果也十分显著：建筑学内涵的缺失，盲目追求空间质量，地区协调单位之间的关系复杂化和新生房地产业缺乏法律依据等。

我们不要忘记，曾几何时，建筑师的梦想和人民幻想的实现，并不是如此遥不可及。

巴西的新首都

1823年，被称为"长老"的何塞·博尼法西奥（José Bonifacio）提出把巴西首都迁至戈亚斯（Goias），并提议命名为巴西利亚。他的这个梦想使一个无人居住、交通闭塞的地方成为现在的巴西首都，这个功能型城市也成为一个风景如画的花园。这是一个复杂的被众多自发形成的人群聚居地包围的首都，有些聚居地就建在工人的宿营地上。这些工人花了不到5年的时间，就完成了工程原计划中最重要的部分。

卢西奥·科斯塔（Lucio Costa）在巴西新首都的设计竞赛中展示了他出色的构想，成为1957年居住着50万人口的巴西利亚城试验计划的核心。他先提出一个简单的想法，如果赢得竞赛，这个想法将有深入思考和发掘的余地。我们的关注点在于他在竞赛中提出的那个计划方案，卢西奥·科斯塔为巴西利亚设计的规划是对功能性城市规划理论的典型应用。然而正像《雅典宪章》的作者曾经指出的，以巴西利亚和昌迪加尔作类比，我们面对的发展趋势是机械的理性将逐步被辩证的理性所取代，而后者能够与文化和当地景观建立对话。[13]

卢西奥·科斯塔对城市规划和在原生态自然环境中建立城市这些词的本义进行了反思。这是一个以城市为出发点来组织整个地区的殖民式的举动，他不是在构思一个城邑，而是构思一座城邦，一个应该体现秩序、适应性和比例观念的规划，一个只能用象征性和标志性的提纲表达的东西。科斯塔的提纲讨论的是空间利用的问题：两条轴线交叉形成一个直角，一条轴线弯曲构成一个等边三角形。这个设计适应了当地的条件，即它的地形、排水系统和其他导向工程等等。这个城市不仅要成为新的国家行政中心，而且要成为一个引人注目的杰出的文化中心。曲线将成为现代交通大道的轴线，在这些自然干道中，城际道路与市内道路是分开的，道路两旁建设居住空间。行政中心、商业区和城市设施、一些为小型工业安排的空间、铁路

马赛城，勒·柯布西耶区住房单元形式

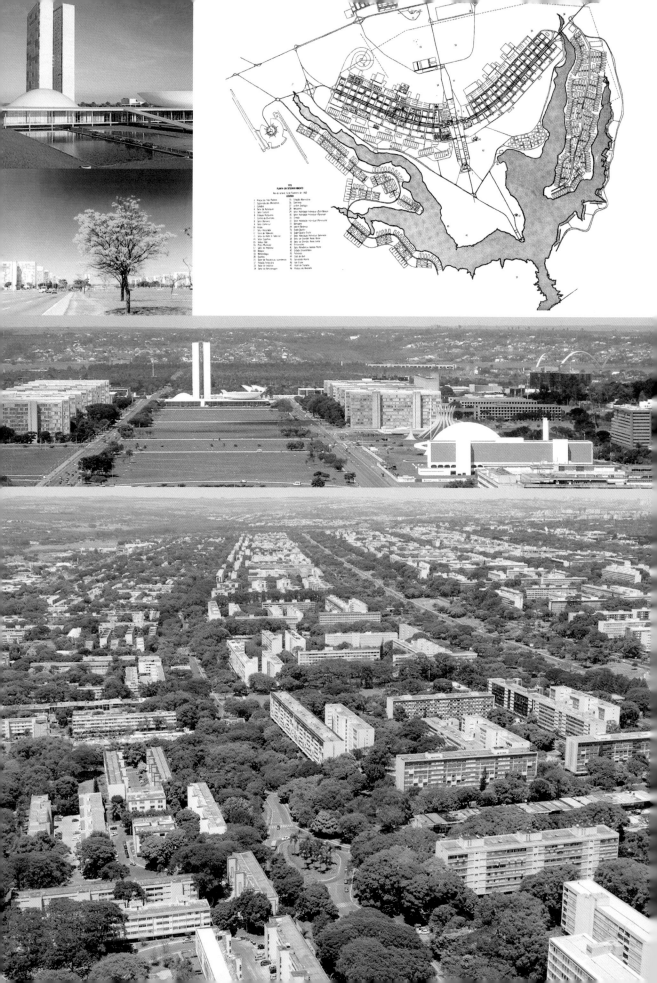

网和车站都排布在横向轴线周围，横向轴线成为一个标志性的系统。在十字路口宽裕的空间里安置金融机构和商业区。

在交通枢纽地带，他设立了一个没有任何交通工具通过的平台，在那里建立起休闲空间：电影院、剧院、餐厅等。在平台的地下设置通道通往停车场和城际巴士站，立交的设计为十字路口交通和车辆掉头提供便利。科斯塔设想让行人与机动车同行，他指出，机动车和行人并不是无法调和的——通过隔离最危险的交通方式，建立一个串联的人行道系统，让有序的交通经纬线把各个街区连接起来。

首先我们看到的是一个等边三角形，它象征着新城市与旧建筑的联系。周边的景观岩石平台上聚集了三方的权力，政府、最高法院和国会大厦分别处于广场的一个角上，与各部委大楼一起围合起整个广场空间。这是奥斯卡·尼迈耶（Oscar Niemeyer）的伟大建筑设计作品。

从三角形起，上端是一块广阔的空地，形成与地形相适应的第二层长方形平台。这是一项来自东方的建筑技术，经过重新解读赋予工程以整体性和标志性。这块空地对于行人来说是购物娱乐广场，空地四周是各部委和构成城市中心的其他城市设施。文化区设在一个公园里，为大学、综合医院和天文观测站提供了空间。此外还有大教堂，它独立于政治权力之外，拥有自己的教堂前广场。

科斯塔设计的休闲娱乐中心非常具有吸引力，它集皮卡迪利广场、时代广场和香榭丽舍大街于一身，位于平台的另一边，正对着行政区域，从歌剧院一直延伸到咖啡厅。歌剧院和电影院由大法官路风格的两旁种有威尼斯杨树且带骑楼的街道连接，酒吧和咖啡厅的院子以及公园里的长廊连接着街道，沿着大轴线走向的是酒店和电视塔等大型建筑。

两个商业区，外加两个金融、自由职业区、邮政总局、巴西银行和宽阔的停车场均设在休闲娱乐中心的边上，同时还有一个体育场、植物园和动物园。市政广场在政府广场的另一端，与大轴线上的市政府、警察局、消防局和公共卫生局连成一个整体。

居民区由连串的住宅楼组成，沿着交通轴线延伸，轴线被绿化带所包围。在原来的计划中，他还设计了一个包括仓库、车库和商场的服务区，还有广场、教堂、学校、商业所在的区域，社区的所有其他服务机构都设有舒适的人行道。根据类型学和居住区标准，等级化的社会秩序是可能实现的，但均被城市结构中性化了，当然使馆区等地方除外。此外他还提出在树林和开阔的空地之间建立一些独立的小的单元住宅小楼。巴西利亚的其他主要公园由大画家和风景园林师布雷·马克思（Burle Marx）设计。

公墓建立在居住区轴心的末端，据科斯塔说，这样做的目的是让公墓的工作人员不经过市中心。湖的对岸用于建造住宅，以保留其自然美丽的生态。在森林中，

1957年出自建筑师卢希奥·考斯塔之手的最初总体规划。
巴西利亚居住区景观。这一景观是现代主义功能性城市的典范之一，它的空
间布局在今天仍然显示出其组织城市空间的惊人潜力

LA CIUDAD DIFUSA, su proceso → LO URBANO "EN"
EL PAISAJE (situaciones diversas, combinaciones etc...)

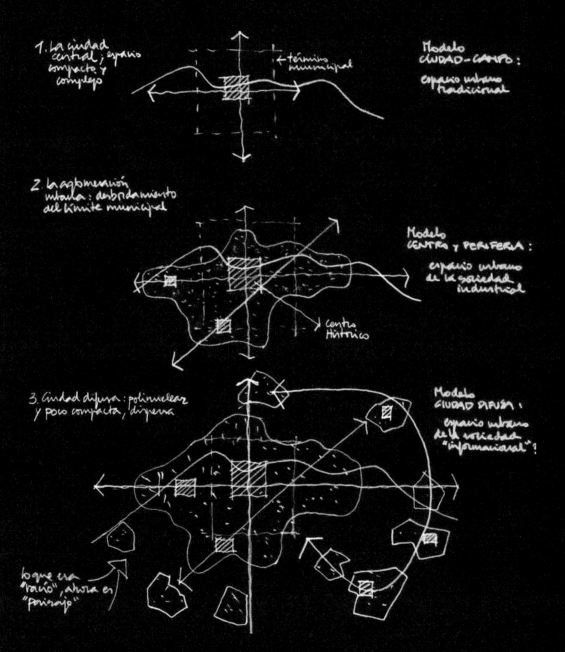

1. La ciudad
central; espacio
compacto y
complejo

← término
municipal

Modelo
CIUDAD-CAMPO:

espacio urbano
tradicional

2. La aglomeración
urbana: desbridamiento
del límite municipal

Modelo
CENTRO y PERIFERIA:

espacio urbano
de la sociedad
industrial

Centro
Histórico

3. Ciudad difusa: polinuclear
y poco compacta, dispersa

Modelo
CIUDAD DIFUSA:

espacio urbano
de la sociedad
"informacional"?

lo que era
"vacío", ahora es
"paisaje"

他设计了多个与景观欣赏相关的休闲和体育中心，如高尔夫球俱乐部、快艇俱乐部、总统住所等等。科斯塔考虑到了建设的过程及其他诸多方面，当然还考虑到了建筑师的不同风格。对于科斯塔，城市的整体结构简单明了不一定意味着城市舞台的图解化，它应当具有多元性和亲切和谐的兼容性，城市不同区域和谐的关键就在于不同层面的和谐连接状况。

如今的巴西利亚充满了矛盾，其中很多矛盾是拉丁美洲所有大城市共有的，这些矛盾或许在巴西利亚由于与里程碑式的建筑秩序共存而显得更为突出。伟大而现代的巴西利亚在短时间内拔地而起，但是在建造今天这座城市的工人们简易棚房的周围，非正式的街区里居住着的人口比城市里的还要多。然而，功能性城市的主要组成因素即结构、形式，以及城市系统中讲求的效率至今仍然存在。

巴西利亚是根据功能性城市规划的原则所建造的城市当中的典范。建筑师的梦想并没有落空，城市是人类建造的结果。

功能主义城市规划的利与弊·郊区

大众文化很快就在现代城市规划的理论中找到了瑕疵。意大利电影导演维斯孔蒂（Visconti）的《洛克兄弟》（Rocco y Sus Hermanos）（1960年）揭示了战后工业城市的悲哀，这种悲哀消融在了广阔的建筑空间中。这是变化的结果，尤其是像在安东尼奥尼（Antonioni）和法国新浪潮电影中深刻揭露的、在边界不完整的郊区发生的那些在城市及其预想的逻辑中未能发生的事情，维姆·文德斯（Wim Wenders）等电影工作者把这种叙事带到了我们当代的城市。功能主义观点的系统组合忽略了城市生活的复杂而敏感的、有多种解读方式的情感和深层矛盾，城市的构建不能以封闭的社区为基础，社区之间也不能只通过交通来沟通。事实上，文化元素和社会关系属于公共空间，它们的缺失在功能性城市中表现得最为明显。

功能主义城市规划虽然产生了人们非常感兴趣的城市群，但它也使得新城市与传统城市在空间上出现了脱节，这是一个不容忽视的现象。近几十年来，在郊区或原有城市的空地上将新的城市组成部分粗暴并列在一起，往往导致比例、类型失调，失去了城市的传统形象、风貌和其他重要的本体特征。结构性、无所不包的设计理想——这是功能主义的特点，最后都成了泡影。正如坎波斯·韦努蒂（Campos Venuti）曾简洁有力地指出：战后重建的城市规划成为扩张性城市规划，它带来的结果不久后被命名为"郊区"。

这些矛盾很快在何塞·路易斯·塞特的文章《我们的城市能存活吗？》中揭露出来，他对《雅典宪章》的结论整理汇编后对城市进行了反思，对美国城市日益显著、迫在眉睫且不同于欧洲的挑战进行了说明。这篇著作几乎与勒·柯布西耶的《雅典宪章》同时面世，但是却有着与之截然不同的反响。[14]

密集城市模式的解体将城市划分为中心和郊区，助长了部分城区的畸形发展并

M
O
T
E
L

Mc

CLUB

Peaceful Pad
BOUTIQUE

MonieMari

FAM
UN

TAHIT

POLO TOWER
&

PRAG

Smith's

T&

CIGA

FOOD COURT

FAT
THE LAST

BIG
MAMA

Travel

SOU

JOCKEY TRAVEL
CHECKS

X-PRESS INT'L
RENT-A-CAR
PHONE   POOL   COLOR T
TOURIST OUTLET

VACANCY

在20世纪下半叶为非延续性的、异质化的城市规划提供了便利。

郊区的发展得益于高速公路和道路的巨大投资以及汽车和个人交通工具的使用，房地产业和以商业布局形式出现的大型公司促进了定位的规范和对空间的利用。当拥挤的办公空间逐渐分散化，迁向郊区在技术上成为可能，由此办公方式、空间利用和生活方式发生了真正的变革。郊区里新形成的中心与城市中心共存，融文化与消费于一体的休闲和商业空间成为当代城市的新催化剂。郊区在城市上建立起来，城市只能被理解为一个区域发展的容器，一个汇集所有事件的档案柜。

功能性城市的危机导致了概念解读上的空白，很多人开始觉得我们居住的真实城市混乱不堪，甚至令人费解。功能主义是最后一个试图理解和对城市整体做出回应的城市规划流派，然而不断变迁着的城市却继续选择忽视该理论。今天的城市很难让人一眼就辨认出来，它是一个永恒变化的复杂的城市系统。科尔博兹（Corboz）把当代城市形容为超文本的文学性的类比，超级城市是一个尤为难以理解的秩序，好像没有语句能让我们描述或者理解这些城市现象。[15]我们凭经验发现城市中发生的事情，其发展时间越来越短暂，它们很具体且互为因果，然而掺杂在一起时就显得混乱，只有我们的双眼能够给予我们答案。

城市就像一个古本手稿，在那块古老的小木板上写字、擦掉，又重写，留下细微的痕迹。不是所有城市都能反映出同样的答案，然而令人们惊讶的是，欧洲城市发生的现象在北美也曾出现过，不仅在首都新的城市中心，而且在中产阶级的"资产阶级小乌托邦"的郊外居住区。那是一个极端脆弱而冷漠的城市。[16]

传统上用以定义带有历史形象的城市本体性的文化，似乎已无能力来定义一片被占用的，被经济活动、社交和生产入侵的广大区域。城市对于产出和效率的要求已经超越了自然环境与文化历史价值的悄声对话，正如文丘里在对拉斯维加斯的研究中所预言的那样，复杂性和矛盾性居于模棱两可之间。西方城市由异化的空间和由大型公路周边的通过广告来辨认的建筑物组成，即使相隔很远，但是面貌却非常相似。然而，在一个多种倾向的社会中谈论城市模式，用民主的方式谈论少数派并为此而争论不休，那是十分冒险的。可能唯一的出路在于城市规划，它能够使大家慷慨而谦逊地工作在一个"正常城市"里。在城市中，我们会发现有一些东西没有必要重新发明，因为它们已经存在，质量也已得到验证。[17]正是质量的不同导致我们怀疑智能区域的定义，然而生活在那里的群体却显得更有能力应对复杂变化的情况。智能属于人类，属于有创意的个人和群体。

今天我们需要一套关于转型的以生态为标准的城市规划理论。城市规划再次面临一个庞大的任务，对象是原来被一些人命名为"被遗弃的区域"和"无人问津的郊区"的城市。赋予新的城市以形式、结构和意义是21世纪城市规划面临的挑战之一。

罗伯特·文丘里从拉斯维加斯学习归来。少有设计师能够以雄辩的事实展示
由现代城市活力引起的矛盾

历史向我们昭示，建设新城市最重要的事件是与文明扩张的阶段相吻合的。在建设新城市的过程中，总会出现文化与城市规划的共生现象。

　　在20世纪下半叶，尤其是在欧洲，新城市建设是作为对大都市郊区增长特点的应对答案出现的。这些宏大的计划要求有区域的视角、集体理想、领导能力、基础设施建设的经济承诺，以及涉及大城市影响下有情趣的生活和工作框架的能力。

　　本章将介绍伦敦周边的新市镇、巴黎的新城市和塔皮奥拉（Tapiola），它们是20世纪城市规划的里程碑，提供了一个展示城市规划领域勇气和集体能力的罕见案例。

　　规模更小的新城市或者城市社区的建设今非昔比。现今，上海正在发展一个由新城建设支持，被命名为"一城九镇"的大都市计划。地球上的城市，特别是亚洲及第三世界国家的城市，从没有像在21世纪初这么迅速发展过。今天，在我们的城市里，我们必须承担挑战，并从中借鉴成功、吸取教训。本章将对这些项目进行具体介绍。

In second half of the 20th century, and especially in Europe, the construction of New Towns arose as an alternative to the suburban growth characteristic of the larger Metropolitan Areas.

The New Towns around London, the Villes Nouvelles of the Paris region, and Tapiola in Finland, one of the urban landmarks of the 20th century, are included in this chapter. They represent exceptional examples of boldness and the capacity for collective response in the field of urbanism.

The construction of new town or urban communities at a more reduced scale is not a thing of the past. Right now, Shanghai is developing a metropolitan project based on the construction of new cities, the so called 'One City, Nine Towns'.

Today in our cities, we must assume challenges in which we can learn from the successes and errors of the projects presented in this chapter.

05 新城市的应对之策

New Cities & New Towns

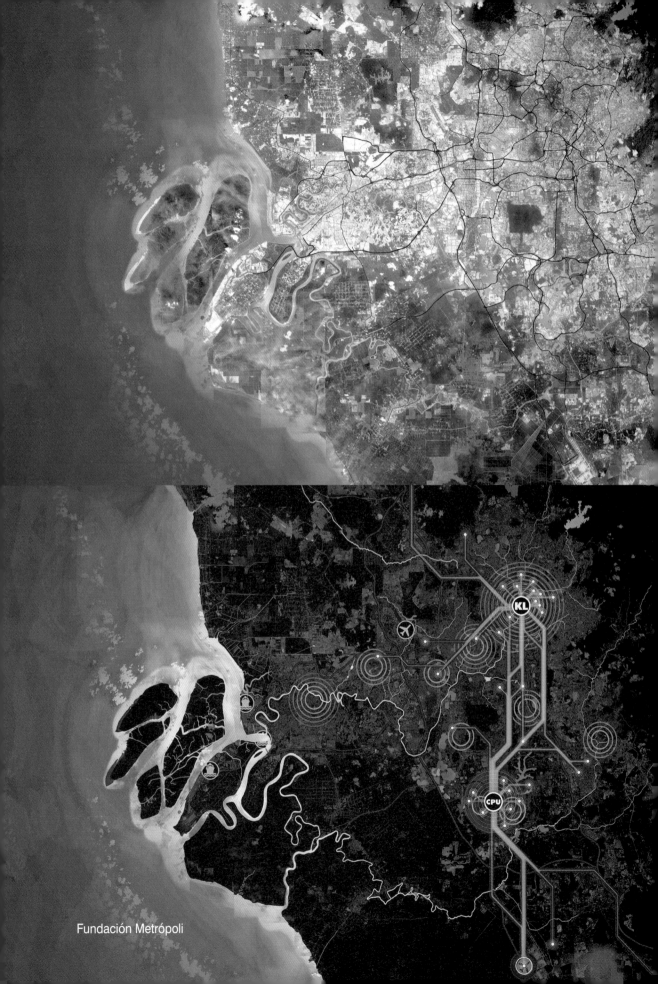

Fundación Metrópoli

新城之于大都市

高效率城市化的功能主义体系已经很难控制城市的发展，花园城市一类的运动曾尝试预先设定城区的规模，但在实践中都难以管理。新城理论的提出为扩张中的大都市提供了解决办法。

城市规划史学家一直以来都十分关注所有与新城有关的事件。事实上，他们在一定程度上趋向于在新城的建设过程中探究城市规划的源头，在一个新城的规划中突出体现文化和城市化的关联。于是，城市成为一种文明内涵的物质体现。城市建立的这一行为中集中了某一人群的一致性，以及他们的组织和信仰体系。因此每个城市都创造出了关于城市发源的神话，这些神话在某种程度上均得到了"验证"。像维克多·雨果（Victor Hugo）在《巴黎圣母院》"巴黎鸟瞰"一章中对当时城市的描述，就为我们提供了城市在过去某个时期最精彩的描绘。这一点在新城的建设中得到了强调，新城便是一个时代思想体系的熔炉。然而新城不同于理想之城，后者停留在意识形态和设想的层面，而前者把一切都反映在具体结构上，并将这一具体结构永远地安置在一片土地上。

如果我们认真审视城市发展的历史，就会发现新城创建中最重要的篇章是与文明的扩张动力和殖民行为相对应的，这些行为见证了城市化的辉煌和理性化精神的集中体现。因此，网格结构在殖民地城市建设中占据了主导地位，虽然具体含义不尽相同，但在对"新领土"实行文明化行动时是较为常见的。我们可以看看米莱托的希腊风格的建筑（Hipodamos de Mileto）和大希腊、罗马人以军营形式建立的一座座城市，或者中世纪的城堡和美国的印第安政策。

在本书中，我们可以把新城看作是在工业化得到确立时解决城市问题的规划和对策。然而与上述情况的不同之处在于，我们探讨的新城是内部垦殖移民的行为，通过在城市腹地的强制部署重新设置早已存在的区域，最大程度地展示城市规划的新面貌：新城需要实现规划，新城需要在极短的时间建成，新城在它的框架内采纳一种新的建筑。但最重要的是，新城是城市规划高端能量的爆发，只在特定的条件下才有可能变成现实。在20世纪的城市规划壮举中，新城建设是创新力和集体应对能力的突出表现。

20世纪以来，新城计划在不同的情况下得以实现。有些新城继续依照20世纪的标准，比如海滨或者山区的温泉新城。亨利·普罗斯特（Henri Prost）在非洲北部规划设计的那些城市表明，殖民现象也能交出高质量的答卷。20世纪上半叶还规划建造了最新的首都城市，像新德里、堪培拉和巴西利亚。1929年的经济危机和美国因此而实行的新政刺激了新城的产生，这些新城其实是大城市周边的小型新社区，借鉴的是英国花园城市的经验，该理论的引入者约翰·诺伦[1]等人做了大量的工作。在一些特殊情况下，新城镇会以内部再殖民的方式产生，如荷兰低洼开拓地的城市、意大利法西斯时期的开垦地如萨包迪亚，都与湿地的开垦有关，又如佛朗哥时

吉隆坡的大都市区及其环绕多媒体城市走廊的创新生态系统。
与大都会中心相连的新城市群

期西班牙的改造以及随之而来的长期的农业垦殖移民运动。然而，我们对20世纪新城感兴趣的原因，在于我们能够运用它来解决扩张中的大城市所面临的问题。

新城建设是一场优化城市规划的运动。[2]它是相关部门深入讨论的结果，他们辩论了公共部门在面对城市发展压力和现有城市生活条件遭到破坏时能够采取的行动和解决方法。

新城市中心的建立一方面是原有城市遭到严重破坏的应对之策，另一方面也是彻底解决城市各社会阶层之间冲突的方法。然而，正如阿什沃思（Ashworth）所说："卫星城的概念和方式只能以极慢的速度打开局面。"我们可以想象，这是一个高成本而且各部门很难协调的过程，是对城市连绵增长预期的深刻改革。大伦敦计划必须等到20世纪下半叶的战后时期才能找到一个适合的环境，战后欧洲重建的经济、政治和社会条件赋予了英国接受建设新市镇挑战的必要动力。

大伦敦的疏散计划

从罗伯特·欧文（Robert Owen）的新拉纳克（New Lanark）和其他的独创方案开始，英国一直以来都致力于开发彻底的城市疏散解决方案，比如1845年的莫法特（Moffat）方案计划在距离伦敦10英里处的花园城市安置35万居民。基督教式的社会理念就是社区居民居住在基本自给自足的村镇，即自给自足式乡村社会。然而，开发商和其他非营利组织的倡议，不论是私人还是市民社会的倡议都未能全面解决城市问题，这些主要因素赋予了当时的英国一个富有创造力、经验丰富和积极的时代环境。

正是一个参与花园城市运动[3]的城市学者队伍在1918年成立了"新市镇团"，意在促使新市镇建设成为国家政府和各省市的全国性政策。莱奇沃思（Letchworth）和韦林（Welwyn）两座花园城市虽然是依靠霍华德募集有限的私人资金，但也证明了花园城市可能是城市规划进一步发展的唯一行之有效的途径。1920年，卫生部委员会借鉴此项构思，提出在伦敦周边建设花园式卫星城，但直到1927年才在托马斯·亚当斯（Thomas Adams）规划纽约经验的鼓励下，成立了大伦敦区域规划委员会。工作的出发点将是强调交通系统对于城市发展的重要性，或如何消除住宅和工业建筑缺乏协调带来的负面影响。就像亚当斯希望的那样，城市规划应当建立更合理的土地使用布局。[4]然而，霍华德的助手奥斯本（Osborn）和其他英国城市规划师却指出，问题的核心在于全国领土范围内的人口布局不合理。奥斯本在1934年就提出，规划的关键应该在于产业布局。这就是花园城市运动的传统理念：不仅要分散居住区，也要分散工作区，这与仅仅建设卫星居住区（即睡城）的概念是不同的。《巴洛报告》[5]迈出了第一步，它在1929年经济危机和某些工业地区发展失败之后，对城市发展区域规划的必要性做出了最早的思考。

《巴洛报告》的出现正是为了应对英国工业衰退带来的问题，以及大型都市扩张所带来的区域经济问题。工业和人口在大城市中心过度集中会给经济和社会带来风险：经济增长集中在1930~1937年之间少数的人口密集地区，尤其在大伦敦地区，而贫困地区总是和规模较小的城市同日而语，那里产业发展的难度非常大。《报告》指出，大城市的住房和公共卫生状况比小城市的质量要差，小城市的生活条件相对较好，大城市尤其是伦敦的不足之处要求政府采取行动予以改进。霍华德和巴洛（Barlow）是战后英国城市规划界最具影响力的人物，因为委员会的工作促成了在英国开始建立新的规划机制，并使新市镇的出现成为可能。[6]不能否认大城市是经济的推动器，但也应该解决它们的缺陷，尤其是拥堵造成的一系列问题。《报告》提出把分散工业活动和工业相关人口作为规划的目标，对一个更有效率的城市体系的探寻可以通过在中心城周围建设新城来实现，以多核心的形式组织起来的生活和工作的新中心能保证城市地区的整体发展。因此，相关的疏散理论就显得尤为重要，因为不仅要发展其他相关地区，还要解决大都市的功能障碍。同时，新城的建设也能为劳动者创造良好的生活质量，这也是建立一个更加平衡和公正的城市社会的契机。新中心的建设自然和交通问题相关联，交通开发商们希望把它和都市轨道联系在一起。

还必须提到帕特里克·阿伯克隆比（Patrik Abercrombie）在1933年所著的《城乡规划》[7]的内容，即既保存乡村景观又保存英国农村田野风貌，它们应当跟城市景观一道，成为规划中不可或缺的目标。城市规划应当发挥城市的核心效应，在一个和谐的整体中妥善安置不同的元素，这就要求从区域发展的历史出发，对当地的各个制约因素进行仔细的研究。阿伯克隆比并非希望制定一个社会和经济的整体规划，而是在邻近的区域中确定城市发展的空间和限制条件。第二次世界大战期间的1941~1943年，阿伯克隆比与福肖（J.H. Forshaw）开始合作编写《大伦敦规划》，该规划集合了他的理念，以《巴洛报告》的结论和英国传统城市理论为指导，对城市规划的功能主义现代视角也未加回避。伦敦将随着新计划的实施而改变，这个新计划也将忠于英国城市规划学最原创的两大理念：郊区的景观效用和生产效用以及霍华德的花园城市理论。[8]

阿伯克隆比将其城市系统建立在三大概念的基础之上：城市作为"社区"，城市作为"区域性都市"以及城市作为"机器"。

阿伯克隆比非常了解纽约计划的实施情况，他接受了社会学家克拉伦斯·佩里[9]（Clarence Perry）创建的"社区"概念。佩里从"邻里单元"（由容纳5000~10000个居民的区域组成）的概念出发，继承了最早的花园城市的传统，提出在每个单元配备最基本的公共服务和空间，试图以此来突破单一功能的住宅区。之所以被叫作"社区"，是因为在这个空间里有人群居住，并且他们的需要必须得到满足；另一方面，社区计划将是疏散的重要手段，它能把住宅区变成一个连接多种功能的城市空间，即新城。

在中心区（内圈）控制工业，控制郊区即近郊圈内的人口密度，建立大面积的严格控制建设的绿带环；在外圈加强对农业环境的保护并建设新市镇，同时调整周边产业布局，改造近郊区并重视自然景观。阿伯克隆比并未否认中心大城在这台完美机器运转中的优势和重要性，也未忽视主导城市新规划的功能主义视角。对城市各制约因素的认识加强了他对"区域—城市"的集中关注，也就是将城市整体放在区域中考虑，

Milton Keines

Stevenage

Welwyn Garden City

Hemel
Hempstead

Harlow

Basildon

LONDRES

Bracknell

Crawley

Fundación Metrópoli

摒弃了主张封闭空间的机械主义主流理论。阿伯克隆比计划中的两大新创意正是由此而来，这两点创新一并给出了处理大都市区问题的城市规划学对策：第一点，环绕城市的大面积开放保护区——绿带环，形成城市扩张的主要调节手段和城市延长带的精准屏障；第二个创新是在绿带环外围建设新市镇系统的策划，通过一些新的城市中心的整体布局和规划来疏通住宅和工业。此后开始在全国推行新城和绿化带。

通过新城的建设人们逐渐积累了丰富的经验[10]：由霍华德提出的地域关联视角、各个系统的分级、公共交通和城市动态的组织者、生产空间的分区、新居住单元的建设、新商业中心和公共机构的建立……这些都促进了新型城市空间的形成，功能主义理念和花园城市文化在这些空间里得到了相互融合。

新城的建设还要归功于1946年《新市镇法》提供的法律框架，该法案明确公共活动是新城建设的主体，并赋予了新城建设必要的经济条件和独立的法人监管。法案采用了阿伯克隆比计划中的基础数字：在10座新城中安置50万居民，每座新城5万，在绿带环之外的伦敦周围40km左右范围内形成一个卫星体系；另外还计划疏散60万居民到距离更远一些的计划扩建的现有小城镇去。到1990年，英国建设的28个新城在70万个住宅中容纳了200万居民。

向英国新市镇学习

第一座计划建设的新城斯蒂夫尼奇（Stevenage）位于伦敦以北45km处，于1946年开始建设。根据邻里单元的原则，城市按照依地势而建的道路结构来进行功能分区，并配备了工业区和第一个城市步行区，城市步行区集中了商业和公共管理机构。因此，如今当我们看到一个按形式和功能分区的城市空间组织方式建成的完整范例时，我们仍能看到一系列城市规划学原则在第一代新城中得到了很好的运用，并且至今仍保持活力。然而我们不能把标准单一化，格拉斯哥（Glasgow）郊区的坎伯诺尔德（Cumbernauld）并不符合在第一代新城中应用的邻里单元和集中理论，而是采取了线形结构。

新城建设作为大型城区规划的解决方案在欧洲普及开来，而英国经验的成就在于新城计划本身以及在新城中衍生的文化：适用型的城市结构概念在本地域内合理设置；基于对公私关系的全新理解将不同住宅类型结合起来；交通结构和环境的设计；采用人行道跨越大型环路，引入步行区，强调公共交通和集中理论；混合不同的城市功能和高密度紧凑发展。相比之下，睡城和纯住宅的卫星街区是与我们的主张背道而驰的片面计划。

城市结构的概念是由美丽新城哈洛（Harlow）计划的规划建筑师费雷德里克·吉伯德爵士（Sir Frederick Gibberd）提出的。在他的著作《市镇设计》[11]中，吉伯德努力将城市规划和建筑联系起来，他认为美学和形体的概念首先应该被看作是城市

伦敦大都会区的新城市群。米尔顿凯恩斯是伦敦郊区新城的范例，城市规模恰好能建立居住、工作和娱乐的平衡

规划的手段，并将其视为总体环境、组织形式以及空间和功能链接结构的参考。以吉伯德为代表的建筑师和城市规划师们秉承了激进和跨学科的城市概念，他们甚至在自己规划的城市中居住，刘易斯·芒福德就曾居住在森尼赛德花园（Sunnyside Gardens）。吉伯德对建筑过于脱离城市规划表示不满，尤其是在城市规划最直观的物质层面，他认为城市规划已被道路工程占据。因此，吉伯德主张城市规划的关键应在于构成城市的不同物质的动态关联。"弹性计划"的现代功能，是在赋予个人"最大可能自由"的同时，在发展中保障群体的利益。弹性计划对应3个结构单元：整体建筑、景观和交通，景观设计应以当地的自然条件为基础，而建筑规划（功用、强度和形式）则对应实用逻辑。公共场所和商业的集中区域称之为市民中心，工业区和住宅区按类型区分，按区域规划。弹性计划必须将这些空间与城市景观协调起来，建立不同组成部分之间的排列原则。在新城中建立生活中心这一概念从第一代新城一直贯穿到最新建设的新城，如米尔顿凯恩和特尔福德（Telford）。

在现代建筑运动的影响下，新市镇的类型分区也成了关注的焦点，并且从住宅区对工作和休闲娱乐的需求出发进行了多元发展和创新。也有人主张混合各种功能不应局限在各个中心，同时也应当设计具备混合功能的底层或者连接多个小型商业建筑。这样一来，新市镇就具备了公共空间和私人空间的合理关系[12]，这种关系在住宅群的规划中尤为重要，因为这里对隐私有很高的要求。因此，有人围绕半公共区域提出了明智的住宅区解决方案，例如维也纳大院、德国舒马赫在汉堡设计的大型城市公园，以及由埃那尔构思、勒·柯布西耶修订的交叉环路设计方案等。如今这些模式都被大规模采用并且发展出了多种形式。

英国新市镇设计中的关键因素还有城市蜂窝结构和交通控制。交通规划的思路是以城市中的主要交通干道为边界来划定生活居住区的范围，人行道跨越交通干道，交通干道与交通流量较小的支干道有序排列。规划者应当建设步行区、周边地区出入境公路、跨境公路、为汽车而建的封闭式尽端路，以及住宅小区和由绿化带和社区花园界定而成的街区。[13]街区单元的理念得到了发展，呈蜂窝状结构并具备一切必需的服务。城市生活和公共空间的关系建立在城市交通和组织形式的联系之上，这在霍华德的花园城市理论中也有相似之处。

科林·布坎南（Colin Buchanan）在其专著《城市道路交通》[14]中将由主干道分割而成的区域命名为"环境区域"，迈出了城市规划理论的重要一步，此概念在之后的新市镇建设中被广泛采用。"环境区域"这一说法指的是那些以休憩性为主的城市空间：住宅、办公楼、商业和公共机构……这类地方在面对外来的交通流时会显得很脆弱，城市走廊也许能初步解决布局的问题。布坎南考察道路交通网主要参考以下3个元素：环境标准、无障碍度和改造成本。由这几个因素组成的三角图形显示出投入越少，无障碍程度越低。但如果增加环路的入口，环境质量便会随之下降。矛盾就在于一方面需要保证无障碍程度，同时还必须保护"城市环境遗产"。交通、停车场地和公共运输相互关联，任何规划提议都必须同时考虑这些因素。

建筑也在新市镇建设中起到了关键作用。在北欧和英国的环境中，现代建筑主张和城市空间居住的传统方式之间形成了恰当的平衡，而不像现如今对建筑过多的约束造成了形式上的扭曲和单调。

斯堪的纳维亚的新城——塔皮奥拉

第二次世界大战后开发的一系列都市规划证实了新城系统的有效性。新城是城市郊区化的解药，而新城的发展需要适合的动态环境：清晰的规划意向、城市的持续发展以及城市人口和活动的扩张。然而，城市规划习惯于在旧城周围或者边缘地带建设新的街区，很少把新城建设作为一个行之有效的方法。受到现有城市的限制，现代城市规划在实践中倾向于"蔓延式"发展，巩固"中心—边缘"的二元关系。因此我们可以区分两种不同类型的规划，一种是在一个大型中心的周边继续规划发展，另一种则是多中心城市体系。[15]城市规划在借鉴自然科学概念方面，机械主义多于有机理论，都市系统被设计成行星或者分子系统：中心城市是行星，新城则是中心城的卫星。

1950年，在伦敦规划出台后不久，斯德哥尔摩计划以地铁扩建为基础建设卫星城系统：瓦林比（Valling by）、法尔斯塔（Farsta）和凯尔岛（Skärholmen）。在斯又·马克柳斯（Sven Markelius）的带领下，斯德哥尔摩规划体现了城市理念和功能主义的建筑。虽然新城规划是围绕一个市民综合中心安置5万居民，但这些新城并不是完全独立的，而是与中心城在功能上有着紧密的联系。尤其在1971年大斯德哥尔摩建设开始之后，这一点表现得更为明显。因此也开始了市中心的改造和最早的步行区建造计划，比如20世纪50年代的下农弥姆（Nedrenonmalm）和60年代的霍托格特（Hötorget）广场。马克柳斯在执行斯德哥尔摩中心规划时充分考虑了城市交通和市中心的环境质量，但却没有给消防设施留下必要的空间。[16]在20世纪90年代对瑞典福利国家城市化的批评风潮中，瓦林比和其他新城也遭到了质疑。批评家认为他们忘记了卫星城计划的初衷是坚定的社会承诺、对当地民众的关心和对可能建立的集体合作建筑的信心，出租房的大量涌现带来了日益增多的移民，这些移民激化了社会矛盾。斯德哥尔摩的城市规划受到了不甚公正的批评，而如今在很多人看来，瓦林比是"卫星城"概念本身失败的标志。

另一个特别的例子是赫尔辛基的周边规划，分别是1962年的"七城镇计划"和1967年的"新地省2010"城区发展计划。具体来说，就是在埃斯波Espoo地区规划建设第一个新城塔皮奥拉[17]作为城区中心，使工作、公共设施和住宅的功能一体化。塔皮奥拉无疑是20世纪城市发展的里程碑之一，因为他们用极短的时间成功建造了一个真正的新城。最早的计划是在公园、森林和湖泊之间建造一个容纳1.7万居民的小型中心城。到了1990年，塔皮奥拉已拥有3.5万居民，以它为中心的辐射范围内人口容纳能力达到了8万。该方案的独到之处在于，在开发住宅之前建造了一些公共设施，以此体现计划的可行性并打动投资者，这一经济上的大胆举措在欧洲是

空前的。现代城市建筑及其与自然景观的完美融合形成了独特的整体感，当时有一大批有天分的建筑师如阿尔内·埃尔维（Aarne Ervi）是整个规划和市中心的设计者；奥利斯·布卢姆斯泰特（Aulis Blomstedt）和约尔马·耶尔维（Jorma Jarvi）设计了与森林景色融为一体的半独立洋房，风格干净简约并且价格颇低；皮耶蒂莱夫妇（Railiy and Reima Pietila）的苏维昆普（Suvikumpu）公寓区设计呈现了一个优秀的现代"城市—景观"结合体。因此，在2003年准备塔皮奥拉五十周年庆典时，大家一致认为该城市在现代建筑运动和花园城市两大理念之间找到了契合点。塔皮奥拉是可持续城市规划的真实例子，如今已成为芬兰第二大城市埃斯波的主要中心，而埃斯波也在逐渐吸收着赫尔辛基都市区快速增长的大部分地区。这个案例充分体现出了城市规划在一个成熟的社会和文化环境中所能创造的价值。

1954年的哥本哈根区域规划名为"掌状规划"，由彼得·布雷斯多夫（Peter Bredsdorff）带领的团队执行。该规划采用由市中心向外发散的线形结构，形成了著名的手掌形状。由于考虑到对历史建筑的保存和农业环境的保护，每个"手指"都由一系列的新城镇区排列而成。每个城区有自己的中心，由铁路和高速公路连接，因而铁路和高速公路是城市发展的基础设施支撑。各个"手指"之间的空间用来建造农场和保护风景区。这种区域规划结构的问题在于半径幅度交会区会出现拥堵，而且不同"手指"间的城区中心之间缺乏联系。

美国从1960年开始了新城计划，这些计划表明在缺少一个完美的区域发展纲要的情况下，新城理念会受到诸多局限。华盛顿郊区的雷斯登（Resten）和哥伦比亚区（Columbia），或者洛杉矶附近的欧文区（Irvine）都是被广泛研究的范例。它们都是私人开发的城市范例，围绕着某些具备引擎作用的产业比如工厂、大学、大型商业中心或者乡村俱乐部。从总体上说，这些计划的目标都是降低密度和汽车的系统使用，因此结果都未能区别于美国城镇景观中典型的郊区风貌。哥伦比亚区有名的开发商劳斯（J. Rouse）曾开发过巴尔的摩内港和波士顿昆西市场，他倡导科学规划，并且是在城市改造中引入公私合作的第一人，但最终却被房地产的混乱所吞噬。彼得·霍尔继承并发扬了"劳斯主义"，创造了直面真实、实际却和舞台布景般虚假的城市生活。[18]

巴黎郊区新城

巴黎地区的规划是一个具有行动连续性的明显例证，巴黎新城的建设也是一个不断调整变化但长期得以贯彻的都市规划战略。纵观巴黎城市规划先后制定的宏伟蓝图：从1960年的巴黎区域发展规划和1969年制定的面向2000年的发展纲要，到1994年巴黎盆地计划，最终与公共交通和巩固新聚集中心等课题联系起来，我们不难看出这一点。

第二次世界大战之后法国由于住宅的缺乏开始兴建大规模住宅区，并且出台了相关城市规划立法，也出现了城市优先发展区和融资协议等概念。有些地区最

Tres Cantos
特雷斯坎托斯

A-1
A-6
R-2
A-2
M-40
M-30
M-50
M-40
M-45
R-3
M-50
A-5
R-3
A-3
R-5
R-4
A-4
A-42
AP-41

0km   10km   20km

Cargy-Pontoise
塞日—蓬图瓦兹

A-86

A-86

Marne-la-Vallée
马恩拉瓦莱

St Quentin en Yvelines
伊夫林省圣康坦

Evry
埃夫里

Melun- Sénart
默伦-塞纳尔

后发展成了超大规模，但却只配备了基本的社区服务，比如图卢兹—勒米拉伊（Toulouse le Mirail）地区由康迪利斯（Candilis）和若斯克（Jossic）规划设计成能容纳10万居民的住宅区。随着一个大学城和其他城市活动进驻勒米拉伊，图卢兹城区形成了两个中心点，从而导致这一行动在一个中等规模的城市里形成了一个城中城。

1960年开始，巴黎启动了以新城开发为重心的疏散计划。由于法国素有国家干预的传统，因此一整套管理机构的设立为新城的建设提供了便利条件，也加强了巴黎及其辐射区城市规划的独特性和连贯性。对城市规划管理的加强体现在以下机构的设立上：1963年成立法国领土整治暨发展局（DATAR）[19]，并分地区管理；1965年成立城市地区规划研究中心（OREAM）[20]；1968年成立装备和规划部等。[21]

新城建设计划无疑是一个长期而艰巨的任务，必须要突出强调的是法国政府管理部门对新城计划的支持。[22]在1968年提出的所谓的七大平衡都市区当中，计划把新城建设在这些都市的周边地带，每个都市区都由一个或多个城市组成，它们构成了法国未来的城市格局，引领着整个国家的城市发展。[23]1963年，新城的概念框架在法国城市体系赋有潜力的背景下清晰地浮现了出来：

1. 一个强大的城市是主要的发展中心，应当对现有结构的空间扩张进行规划，或者是能够建造新城，以此来保障在最好条件下的人口增长；

2. 一个由不同的交通方式贯通而成的交通主轴，重型和中型工业区分布在两侧；

3. 由道路交通或者公路和铁路混合交通组成的分割轴线；

4. 快速公共交通连接各个城市单元，把工业区和第三产业中心、住宅区联系起来；

5. 一个国内和国际通信网络（机场、电话、电报、传真、视讯等）。[24]

这里展示了一系列当时的新功能主义概念：中心点、轴线、工业走廊、通信网络……现如今均已被纳入公共交通战略意义的考虑范围之内。

作为郊区的解决方案，作为中级城镇未来疏散需要的工具，巴黎地区的新城市需要一个空间整合。最初的发展纲领突出巴黎作为城市聚集中心的地位和重要性，在两条大面积的线形走廊地带规划新城体系：第一条在巴黎北部从马恩拉瓦莱到塞日—蓬图瓦兹，途经戴高乐机场；另一条在南部，从埃夫里和默伦—塞纳尔经过奥利机场一直延伸到特拉普（Trappes）。此举的目的在于应对预期的城市快速发展，避免"蔓延式"发展和大型枢纽边缘地区的饱和；通过农业区和中心城区的规划，保障各功能区域的协调和促进全新市镇中心的诞生。新城作为服务中心，交通从一开始便是最重要的战略课题。因此，发展纲领演变成所谓的两极模式，该模式定义了一系列催化城市发展的中心极点、内部极点（拉德芳斯区、里昂车站、贝尔西区、蒙帕尔那斯）和外部极点（塞日—蓬图瓦兹、特拉普、勒布尔歇、努瓦斯、埃夫里和默伦-塞纳尔）。公共交通体系和火车站点的发展成为新城体系发展节奏的调节器。然而，铁路系统从一开始便依据中心城区到周边地区的连接线设计，这种设计面临着拥堵的风险。

在国家的支持下，一些技术机构在20世纪60年代开始着手设计第一代巴黎新

马德里和巴黎大都市周边新城示意图

城：埃夫里、默伦—塞纳尔和塞日—蓬图瓦兹。塞日—蓬图瓦兹修建在瓦兹河（Oise）河谷，毗邻国家森林公园，体现了计划中最初对保留自然景观的承诺。马恩拉瓦莱新城的建设算得上最雄心壮志的计划之一，该城依农业区而建，由4个分布在巴黎区域快线沿线站点、中心点相距1.5km的区域组成，当初的设想是在2000年容纳50万居民。

1994年的总体规划扩大了区域参考框架，围绕3个主要目标展开工作：尊重自然和景观，建设自然风景绿色带和农业生产黄色带；依靠发展公共交通和促进就业，加强社会和自然的整体规划；加强本地城区发展和城区间的连接以促进交流。公共交通发展战略重新定位为加强呈环状分布的新城之间的联系，总体上降低进入巴黎市中心的需求。

20世纪60年代发生的事件已在前文描述过，特别是1968年发生的事件过后，新城建设因采用了"新关注焦点"中非集中化、生态和参与意识的观点而开始兴起。1971年，哥本哈根城中心的几个军营被撤销之后建立了所谓的"克里斯蒂安尼亚（Christiania）自由城"。该城由一群自由派青年以嬉皮士风格自发组建，而后成为备受欢迎的旅游景点，此次实验在现实中引起了反响。巴黎新城的建设和新街区的建筑风格广受争议，在法国这样一个国家，对大规模住宅区的批评曾伴随着对现代建筑的批评。然而从1968年开始形成的混合多种潮流和模糊的实验主义建筑风格，影响了整体规划的协调性。

在伊夫林的圣康坦[25]（在特拉普城中建设的新城以此来重新命名），新建筑在实际操作过程中缺乏明确的参考对象。拔地而起的高楼大厦和新本土式独栋家庭别墅群、工业区和办公楼区的主导风格是抽象主义和科技元素，但有时又流于欠协调和低品位，我们可以在一个高科技简约派建筑旁边看到后现代具象派元素。虽然圣康坦的总体规划沿袭了英国主流模式，即哈洛城模式中的功能主义对自然景观的重视，以及拥有自己核心的各个独立的城市单元围绕着城市中心，但英国模式在圣康坦取得的效果却截然不同，可以说这是时代和文化的问题。英国新市镇汲取了二战后初期建筑风格的成熟经验，城市规划和建筑的融合造就了像塔皮奥拉这样的某些风格独特的新城。然而，圣康坦的例子可以用来展示城市结构、城市设计和建筑之间的差异。可以肯定，圣康坦的规划工作是高效率的，并且取得了很好的社会效益，即到1991年拥有15万居民，形成了一个有强烈本体认同感的集体。开发商们一直致力于创建独特的建筑空间，最初是在社区中心的方案中，到20世纪80年代发展到市镇中心和城市心脏地带，甚至还创造出了独特的住宅建筑群，比如由里卡多·博菲利（Ricardo Bofill）从1974年开始策划的新巴洛克风格的高架桥和湖上拱形结构。这位设计师的最高目标是打造一座给老百姓的凡尔赛宫。

只有像巴黎这样为数不多的几个大城市才能称得上是城市文化的浓缩之地，在这里才有可能发现城市问题的本质所在。巴黎新城的经验如今溶解在一个复杂的大都市

体系之中，这个体系仍然存在着一系列的问题：基础设施尤其是交通设施的缺乏以及空间和社会阶层的隔离。目前，工作空间正在经历一场深刻的变革但矛盾却很难调和，巴黎周边很多市镇正在承受着很强的社会压力。最近在巴黎阿森纳尔大厅举行的一场有关巴黎大区城市规划的展览中，在"都市群岛"的主题下出现了"分享区域"的标语，翻译出来应该有两层含义：被划分的区域，同时也是被共享的区域。[26]

一城九镇：上海的未来

中国城市化进程正在以惊人的速度向前发展，经济结构的变化和全面工业化空前地促进了城市增长的进程。在相对集中的政治制度领导下向市场经济体制开放，规划性的结构重组带来了自成一体的资本主义和人口结构性的变化，农村人口涌入工业化发展中的城市，甚至在某些大城市出现了人口大量集中的现象。中国某些地方在15年间从一个小乡村变成了拥有300万居民的城市。[27]在从农村社会向城市社会过渡的过程中，大型公共工程和城市建设投资需要占据主体地位。在上海这个新中国最令人震惊的大都市，正在发生一场能体现城市发展特点的变革。

在快速发展的大背景之下，在一些城市化高度发展的地区也就是膨胀中的大城市，借鉴新城建设的经验，提出控制城市化的战略是非常有整合意义的。位于长江三角洲冲积平原的上海是中国最具活力的城市之一，上海新发展的标志是浦东新区，这里国际高科技建筑星罗棋布，与对岸19世纪的上海欧式景观隔河相呼应。

上海是省级直辖市，地理位置得天独厚，面积6340km^2，人口1300万，51%的土地已经实现城市化并且拥有较高的增长预期。上海地势平坦，水文形势复杂，拥有11个小型新城，22个乡镇和5万多个零散分布的自然村。这些自然村分属200多个集镇，但缺乏明确的结构规划，有些自然村只有几家农户。自发快速的发展导致了各个区域的无序增长和缺乏本体特性，城市经济的发展活力、居民生活质量的改善和未来进一步发展的需要为当地制定城市规划政策提供了有利条件。规划政策的目标是减少中心城区的拥堵状况，避免不合理的无序扩张。为此政府投入了大量资金来建设基础设施，比如新机场、新集装箱港口、铁路、城市轻轨和高速公路。

在此大环境下，上海市制定了《郊区城镇发展战略》，"一城九镇"便是其中的计划之一。"一城九镇"计划通过建设新城体系来规范市镇管理和提高服务水准，国际性城市规划团队也加入了该计划的实施。[28]该发展战略考虑到改造现有城镇中心缺乏可行性，于是计划到2015年在上海郊区建设9个新市镇，以营造更优良的市民生活质量和外国资本投资环境。这是城市规划总体政策的组成部分，计划通过在新市镇设置特殊功能来加强城镇集中发展，改善环境并提高土地利用效率。"一城九镇"借鉴了英国新市镇的思路，该模式的特点是多功能配备、限制规模、设施齐

上海是世界上最热闹最有活力的城市之一，无疑
也是中国经济通向全球化世界的窗口

CHONGMING

BAOSHAN

Luodian

Anting   JIADING

CENTRAL
SHANGHAI

PUDONG NEW AREA

QUINGPU

NANHUI

Zhujiajui

SONGJIANG

Pujiang

MINHANG

Songjiang City

FENGXIAN

Fengling

Fengcheng

JINSHAN

全、能整合不同的社会团体，并且与自然景观协调一致以保障绿色空间。新城规划设计寻求国际合作，采取可行的融资方案和严格的规划标准，以提高城市周边地区的发展水平，保障规划的高起点和高质量，因此城镇规划采用国际招投标的方式进行。

与不同国家的团队合作时，上海努力保持着国际化大都市的传统。应上海市规划局的邀请，西班牙都市基金会设计了"奉贤—奉城线性生态城"方案。该镇是九镇之一，位于中心城以南，能容纳10万居民。中国的组织者要求每个团队在第一阶段也就是规划阶段，对各自国家城市化的特色风貌进行再演绎，各自国家的企业将参与接下来的执行阶段。都市基金会的团队按照要求在规划中融入了西班牙城市化的某些特色理念，成了方案中的核心概念：线性城市、林荫大道、中心广场、城市主干道、火车站大道等。[29]正如招标评审团分析的那样，基金会在详细研究了上海都市区、奉城的功能条件和社会经济特点之后，提出了线性结构方案。评审团强调指出，方案按照交通网络和通信系统布局各类建筑，采用了单元模型设计城市形态。现有的奉城小镇和16km以外的奉贤县城之间正在开发的交通基础设施和规划中的城市轻轨站点，将连接两城并为新城的线性概念奠定了基础。奉城于明朝1386年建城，最初是作为保护海岸不受海盗袭击的堡垒，至今仍然保留着某些古城风貌的历史文化区也被列入了规划。而城镇发展的重点是上述走廊沿线地带，这样可以合理地管控土地的使用，同时设计奉贤新的城镇中心。

这个新的中心镇占地1543km^2，配置大约36000套住宅。规划用地的22%用于公园绿地，28%用于发展物流网络和工业。这个线性生态中心镇的主要组成要素是：奉城古镇特色风貌区和在其中建设的中心广场；向南北方向延伸各有一片发展区域，这两个区域的主干是两条花园式生态林荫大道；林荫大道与纵贯城区的河道平行，既是公共交通的通道，也是住宅体系规划的依托；古镇风貌区和火车站之间的区域是旅游观光区和工业区，观光区内有中央大道和中心花园。同周边地区的交通顺畅度得到加强；公共交通、步行区、完备的公共设施、绿化带和水网临近区域支撑了紧凑的城市结构和综合功能。绿化带和水网临近区域形成了完整的绿化区，体系的连贯性增强了当地居民的本体认同感。奉城努力完善城镇主要组成要素的设计，力争实现类型多样化，以完成多功能混合的目标。住宅风格的设计以利用能源为标准，同时借鉴生物气候学的有效发展成果。

奉城中心镇的规划正在执行的过程中，突出了新城理念对于快速扩张的城市地区所具有的意义。威廉·怀特（William Whyte）对城市郊区化持反感态度，并批评当今大城市面临的本体性流失的风险。即使从他的角度，新城概念仍然存在着积极的一面。

"如果能去除新城运动反城市的乌托邦理想，或许能消除新城的分权效应。然而，新城的许多目标和标准都具有十分重要的意义：住宅类型；工业、商业和住宅的组合；必要设施、休闲区和开放空间的配备。这些特点对密集区域是完全适用的，所以事实上就像某些人建议的那样，把新城规划在城市之中或者城市的邻近区域是有积极意义的"。[30]

城市社会运动的产生是为了应对工业革命城市的各种矛盾和面对城市里日益严重的破坏、隔离和社会对立。马克思主义社会学家们对剩余价值作了透彻的分析，这些剩余价值产生于城市化的过程，产生于利润私有化和义务社会化的机制。

　　列斐伏尔（Henri Lefebvre）综合各种学说提出"城市的权利"的概念，希望表达"为市民"和"由市民"建设城市的愿望。这些提案从一开始便被纳入各个城市的规划立法，并逐渐在城市规划方案中形成了公众参与模式。

　　尽管公众参与城市规划进程的理论一直存在，但事实上在我国通常只不过是流于形式和官僚主义，无法将市民社会和民间团体纳入城市发展模式的决策过程。在与欧洲截然不同的文化氛围中，一些城市规划学者探寻出公众参与的有效行动模式，其代表人物为克里斯托弗·亚历山大和他的著作《城市规划和公众参与》。

　　我们用"智慧社区"来定义那些积极参与城市设计和改造过程的团体。这需要领导力、有效参与和创新能力。对公众参与创新机制的要求，为设计城市未来过程中的地方民主赋予了全新的政治氛围。

In spite of the theoretical existence of community participation in urbanism, the reality is that in our country, it is frequently a bureaucratic and formal process incapable of incorporating the civil society and diverse institutions in the definition of the model of the city. In a distant cultural context from Europe, different city planners among them Christopher Alexander in his book, The Oregon Experiment, explored operative mechanisms for effective community participation.

Nowadays, we use the term 'Smart Communities' to refer to the communities capable of linking themselves actively in the processes of design and transformation of their city. Almost always, this requires leadership, effective participation and the capacity for innovation. The identification of imaginative mechanisms of community participation gives a new political dimension to local democracy in the process of designing the future of cities.

06 城市规划和公众参与

Comunity Participation in Urbanism

1 · 城市社会的复杂性
2 · 城市权利和空间的建构
3 · 市民之于城市建设
4 · 地方权力、民主和市民权利
5 · 智慧社区

城市社会的复杂性

现代社会变革的根源，在于由工业化带来的快速城市化进程。这一进程带来了一个比以往存在的社会复杂很多，且基本摆脱农村和中世纪面貌的社会。

"西欧在某个特定时期发生了一个重大'事件'，但这个事件是隐性的，因此可以说它的到来令人无法察觉。城市在社会整体中的分量变得如此之重，以至于这个整体都开始倾斜。在城市和乡村的关系中，乡村曾经占据主导：土地的价值、农产品、封建体系和贵族封号。城市则保持着它的异质性，城墙和社区的划分是它的特点……，"亨利·列斐伏尔[1]注意到了西方社会向城市模式转变的重要性。最终在战后爆发了一场革命，一个城市社会随之浮出水面，欧洲渐渐脱离了从前基本由农民构成的社会。列斐伏尔强调，与农村社会的同一性相比，城市社会的特征是它的兼容性和异质性。城市社会更为复杂，因为这里的社会现象容易孕育出更多样的境况，造成更细致的分类。城市的动力、事件发生的高频率以及内部冲突，方便了种种危机现象的解读。城市危机正在一个接一个地发生。

工业的发展让欧洲在20世纪尤其是第二次世界大战以后，具备了建设福利社会的条件。得益于社会斗争的开展，以及经济增长的逻辑带来的大量就业机会和社会保障公共体系的发展，各个国家开始采取相似的方式来捍卫社会权利。资本主义模式得以向前发展，社会保障公共体系如今也身处危机之中。工业革命之后，以城市社会团体和运动为考察对象的研究和著作不断出现，它们呼吁改善作为弱势群体的大多数人的生活条件。这个大多数就是劳动阶级，他们大部分刚进入城市，分布在不断扩张的郊区街道中。这种要求和主张逐渐以"城市权利"的形式提出来，由此开创一个以社会秩序和城市空间这两个经典概念为理想的文化传统。理想的城市是一个市民城市，市民权利的模式取代大众化和缺乏个性的社会模式，城市中的居民有能力为城市的将来负责。在群起抗争之后，市民们应当向国家或者地方官僚政府追讨参与决策的权利。

马克斯·韦伯（Max Weber）在一篇有关城市的著名文章中，通过比较西方城市和东方城市的差别，指出了欧洲城市的独特性。他并未追溯到更远的古代，而是分析了中世纪以来渐渐发展成熟的城市，尤其是中欧和意大利北部城市。西方城市不仅仅是市场，东方城市也是如此。城市具有政治和管理功能，即一个由自由的城市资产阶级理性建立的公共空间。就如汉萨同盟城市（Hanseática）的大门上出现的标语：要求自由的城市空气，即要求在城市中呼吸的是自由空气。这种合作自由和对自身命运的集体控制的理念，在探索更人性的城市规划过程中被多角度地反映了出来。汉娜·阿伦特（Hanna Arendt）完美阐释了该理念给社会学带来的革命。在锡耶纳的公共宫内保留着安布罗西奥·洛伦泽蒂（Ambrosio Lorenzetti）于1340年左右创作的著名壁画《善治》，其中表现了"在城市和乡村中好政府和坏政府的赞歌和报应"。有公众参与的良好政府理想总是夹杂着对古典古代或中世纪城市的怀念，我们可以在这位壁画大师和其他艺术史上的代表作中找到对一个可能的和谐城市生活的表述。然而，艺术作品的杰出表达不应该让我们忘记镇压和暴力的恐怖历史。都铎王朝统治下的文艺复兴时期的伦敦与托马斯·莫尔（Tomas Moro）的乌托邦岛屿相差无几。我们一直梦想着他笔下的虚幻之地，却忘记了这位司法长官的头颅赫然出现在宝塔的长矛之上。

诚然，现代大城市给人的第一感觉是不安和矛盾，因为它让人感觉是一个堕落之地，同时也是一个全新社会的运动舞台和阳光空间。像陀思妥耶夫斯基（Dostoyevski）和波德莱尔（Baudelaire）这样最早的一批现代思想家，有力地见证了一个社会建立在另一个社会衰亡基础上的过程，他们也表达了对变革的热情。这场变革的范式体现在热闹非凡的大道、咖啡厅和商业。一些作家如M. 贝尔曼也强调了这一观点，又如列斐伏尔的评论："新资本主义的消费形式在大街上显示了它的实力，这种实力不仅存在于（政治）权力或（确实或假装的）压制之中。街道上一排排的橱窗陈列着出售的物品，展示着商品的逻辑是如何伴随着一种（被动的）观赏而获得美学和伦理的特点和重要性"。[2]仅有一部分文学作品对大都市进行了全方位的审视：阿尔弗雷德·多布林（Alfred Doblin）的《柏林：亚历山大广场》，约翰·多斯·帕索斯（John Dos Passos）的《曼哈顿中转站》或者詹姆斯·乔伊斯（James Joyce）的《尤利西斯》。大都市居民和各项活动的嘈杂、时间在躁动不安的城市之旅中重叠，瓦尔特·本亚明（Walter Benjamin）强调的是现代城市因受到各种干扰而显示出的零碎性。不论在柏林、莫斯科还是巴黎，都存在着一座淹没的城市，人群的聚集也形成了威胁。多布林比他更早认识到这一点，他写道：两次世界大战之间的柏林在很大程度上是隐形的。[3]美国的怀特夫妇在他们的一篇题为《知识分子反对城市》[4]的著名文章中准确表述了对大都市的反面评价。对大城市的批评来源于他们认识到，在都市的混乱之中一些基本的人性和社会价值观已荡然无存：沟通、邻里关系、教育、自然和责任感……，这些至今仍是热点话题。乔治·西梅尔（George Simmel）则解释了城市生活方式如何非人格化的各种关系，强化了突出的个人主义，而个人主义的态度则来源于城市居民"区别于他人的强烈愿望"（《大都会和精神生活》，1911年）。维尔纳·松巴特（Werner Sombart）解释现代大城市的形成条件在于资本集中带来的消费能力的集中（《奢侈与资本主义》，1913年），甚至托斯丹·凡勃伦（Thorstein Veblen）在他的《有闲阶级论》（1899年）中也首次批评了城市富裕阶层的虚荣消费。

另一方面，一些城市社会学的先驱将关注的焦点集中在了民众生活条件的"科学"研究上。这里所说的"民众"大部分由外来移民和工人组成，他们是由农村社会向城市化社会过渡的主角。芝加哥社会学派的创始人无疑是探索人性化城市化的里程碑。1925年由帕克（R. E. Park）、伯吉斯（E. W. Burgess）和麦肯齐（R.D. McKenzie）[5]编写的《城市》一书的出版，巩固了他们的城市生态理论和与社会环境条件有关的社会行为研究。他们在芝加哥这个急速增长的城市的社会环境下进行

Fundación Metrópoli

研究，并为这座城市做出了注解。在芝加哥的贫民区，例如"小地狱"，当时聚集了成千上万的意大利移民。这就是学者们进行生态学解读的区域，即运用生态学进化和竞争的概念对不同的团体进行分析。物理空间以及在物理空间中发生的社会交往是在公共机构势力薄弱的框架中以达尔文式生存竞争的结果，马克斯·韦伯的"政治—管理功能"概念几乎完全不存在。但竞争不是唯一的规则，在一个以不稳定和冲突为特点的城市中，个人对集体的依赖性越来越大，生物关系也需要文化层面的组织方式。这样一来，帕克和他的同事们在对现实进行实证分析时，很快发现单一的研究方法是行不通的，理解城市社会需要多种焦点和角度。城市彰显了人类本性的善与恶，城市是一种精神状态，是在传统中得到传承的习惯、态度和情感模式的集合体。仍待思考的话题还有：城市扩张的社会分析、集体和居民在城市扩张中扮演的角色、权力统治更迭的逻辑、冲突分析、城市区域的"自然"特性以及城市规划将在社会结构中碰到的困难和阻力。

芝加哥学派的评论家路易斯·沃思（Louis Wirth）是《作为一种生活方式的城市规划》[6]的作者，同时也是城市少数民族居住区和社会隔离的研究者。他给城市下了最基本的定义："从社会学出发，一个城市应该定义为一个规模较大、密度较大和个人具有社会异质性的区域。"规模、密度和社会异质性是研究的3个方面，沃思证实了城市特性将最终定义社会模式的特点："被局限在一个隐性的无能为力的状态下，城市内的人将被迫努力以有组织的团队的形式，同其他有共同利益的人团结起来，从而达到他们的目的。"面对城市规划试图强加在已有城市中的改革，城市的这种复杂特性立刻成为了改革的阻力和抨击的论据，简·雅各布斯在其极负盛名的《美国大城市的死与生》[7]一书中也提出了类似意见。作者在这部讨论纽约城的作品中，从她作为记者和活动家的常识出发，捍卫现存城市和反对技术官僚破坏，一次性地说服我们认清由带有人行道的大街组成的社区所具有的价值，因为人们居住在这里，在这里进行活动，社区扮演着为城市生活服务的角色。城市、居民和这两者组成的企业不能用观察原生质的同一个显微镜来观察，惰性城市在自身内部包藏了自我破坏的种子。然而，对雅各布斯来说，多样化、充满活力和激情的城市则拥有自我再生的种子，以及解决自身问题所需要的内在能量。

城市权利和空间的建构

在研究城市现象本质和致力于改善城市生活质量的社会运动时，出现了控诉的声音，而后在列斐伏尔"城市权利"的正面口号中得到了全面阐释。在城市建设的全新过程中，是流动性决定了城市生活的结构，这一现象得益于科技的发展并最终对城市形态产生了冲击。这种思考让列斐伏尔专注于研究一个超越了极限的城市：

<< 诺曼·福斯特设计的大伦敦区市政府
这座大楼象征了大都市政府的新能力和亲近民众的努力

资产阶级社区、工人社区、专业人士或者公务员社区、商业区、工业区、休闲区、卫生区和大学区等，它们由各自主要的设备和基础设施界定。列斐伏尔认为，当建筑和城市规划出色地适应住宅和工业区的需求时，必然会忽略社会生活的要求并导致功能分离的模式。该模式是由房地产业的商业逻辑造成的，在现代城市中会产生自发、自觉和有计划的隔离。列斐伏尔会说，在这里国家和企业从上到下地一贯消耗着城市并试图统治城市的各项功能，城市的权利是参与和享用城市生活的权利，是把权利重新整合到建筑、居民参与和占有之中。[8]对空间的占有适用于个人范畴，也适用于文化和社会范畴。

马克思主义社会学家对城市收入作过深入分析，以用来解释城市化创造的剩余价值的本质。城市发展过程创造的利润私有化对应着义务的社会化，这种分化便是本质问题所在：随着运营商和产权所有人收入的增长，财富的全面积累引起了社会公正的缺失。财富积累的过程是城市变化的主导，应当由集体行为保障财富在城市基础设施和服务上的再投资。巴黎城市社会学派是波艾特和巴尔代（Gaston Bardet）研究的继承者，他们同列斐伏尔、洛伊坎（Lojkine）、托帕洛夫（Topalov）和普雷特塞耶（Préteceille）等规划师一道，系统解读了城市生产、国家在城市化中扮演的角色以及城市收入的形成和社会需求。哈维和卡斯特利斯等人提出了这项新主张的意识形态基础，分析了交换价值的霸权地位及其对土地利用和城市冲突起源造成的效应。城市社会运动的起因是资本主义城市规划引起的社会不公[9]，以及为了保障最基本的生活质量对公共参与的诉求。这种诉求从所需要的住宅、城市设施及服务开始，这是城市规划讨论中经常出现的话题。关于市场和公共部门的角色解读也出现了两个对立的立场，社会冲突的根源之一是城市化进程带来的负面效果，它剥夺大众享受自身在城市增长过程中创造成果的权利。在欧洲的各项立法过程中都试图调节所谓的土地交易，社会要求建设住宅、学校、公园、卫生服务中心……，也就是说要求一个建立在社会公正基础上的城市。

城市不能被狭义地理解为利益市场，也不能只屈服于积累和交换的制约因素，这样会最终导致社会整体分化和把弱势群体排除在生活质量最高的城市区域之外。一些社会学家提出了解释和建设城市的新理论：在城市文化中占有霸权地位的交换价值，应该被使用价值替代，城市应该为居民服务。这里应用的是生活质量的宽泛概念，如今可以归入生态逻辑的范畴。因多维纳（Indovina）和坎波斯·韦努蒂向人们展示了在城市建设过程中由城市租赁引发的机能障碍：不动产的过剩以及人们对于节俭的需求已成为当今社会城市可持续发展的原则。城市问题分析受意识形态的引导进而转移到政治领域；同时，技术层面的自主性也成为争论的对象，尤其是采用科学量化模式来解释城市现象这一问题。卡斯特利斯在分析了敦刻尔克和20世纪70年代其他地区的社会运动之后，建设性地提出城市规划学者应当变身为矛盾的揭露者和社会革新的媒介。在一个致力于城市化发展和与资本联盟的国家，城市规划需具备3个职能：理性化和行动合法化的工具；不同资本团队之间不同要求的协

139

商和协调工具；最后，是作为压力的调节器和对统治阶级的抗议。但城市危机同时也是农村的危机，人口向城市转移导致农村世界的消失和日常事务结构的调整。农村的概念被反面理解成："……非城市的地域就是农村"，起源于工业革命时代的"乡村—城市"的对立被加强。城市生活与农村比较而言，其优势首先体现在工作机会。城市优势导致农村处于附庸地位，它只能在城市系统定义的范畴之外生存发展。

正如亚历山大所说，"城市不是一棵树"，而是由相互联系和交织存在的事实组成的复杂结构，其中的枝干和枝干的相交不能用单一的公式来考量，因而城市是一个充满决裂和系统革新的空间。就如雷米（Rémy）[10]指出的那样，日常生活的困难、暴力和价值的丢失使我们对最近城市变革中的混乱因素变得异常敏感，但同时也达成了新的一致。城市中不同群体在保持自身独特性的同时能找到共存和交流的多种可能，比如合法地共享同一片领地。这不仅为有计划的接触提供了有利条件，也增加了随机交流的机会，整体团结被多层次的团结代替，并有利于相互激励。然而，这种曾经存在于农村模式的空间、形式和社会功能中的直接关系，在现代城市社会却成了亟待完成的任务。

市民之于城市建设

市民参与城市规划过程是在城市立法中被接受和确立的原则，但至今仍是最受争议的话题之一，甚至有人提出当代的城市危机就是公众参与的危机。人们越来越清晰地认识到，我们不想再纵容民主权力继续"为人民建设城市却不和人民一起建设城市"。当权者在为自己的计划作宣传时，在确保民众对其城市战略的热情和保证民众有效参与空间这两者之间，无疑是前一种意图占主导。

西班牙在1976年出台的《土地法》和该法律的实施条例确立了城市规划中的公众参与，但公共参与执行不到位却成了一个令人头疼的问题。公众参与的概念与计划审批的管理过程中民众获取信息的权利混为一谈，信息公开并不能保证公众参与决策过程，更不是公众监督城市规划的全部。公众参与不仅限于提出异议和指控，在实践中，异议和指控只不过是在计划即将成形时保护私人利益，异议需要具有驳斥性。公众意见不是公众参与，因为这些意见只不过是通过主管政客和技术人员的筛选后间接影响了决策。公众参与要启动一系列程序，使市民能在专家的指导之下，与专家合作参与涉及城市未来的决策。除此之外，还有一些规划和纲领也促使西班牙在公众参与方面做出了具体的努力。首先是战略计划，然后是《21世纪议程》，具体落实到公众参与论坛的开展，目的在于定义和选择广泛赞同的行动战略。这两个计划的目标虽然不尽相同，但它们的贯彻过程均体现出了公众参与文化的缺失和加强公众参与的难度。这种缺失和难度主要表现在城市总体政策方面，但在小规模、小范围中并非如此，或许是因为城市复兴战略出于根本需求获得了显著成效。没有当地民众的参与，一个社区就不可能重新注入活力。

然而，深层次问题在于我们很难让用户和市民参与到城市规划的概念和设计过程，甚至很多专业人士从一开始就否定这个做法。也有为数不多的情况达到了公众参与的目的，比如建筑师拉尔夫·厄斯金（Ralph Erskine）和英国纽卡斯尔（Byker）的拜克区之间的关系处理，已被奉为神话。复杂多样的科技社会偏向于信赖专家来解决社会问题，但结果是大部分的问题仍然存在，其他的新问题也不断出现。

所有尝试在城市设计过程中建立公众参与逻辑的著作中，克里斯托弗·亚历山大的三部曲（《建筑的永恒之道》、《建筑模式语言》和《城市规划和公众参与》）脱颖而出。他认为，如果存在一种对建筑和城市规划的新态度，能为大家建立一个富有活力、丰富多样、独具吸引力的物理框架，那么它就必须要强调居民在环境形成过程中的作用。亚历山大对传统的城市建设过程提出了自己的观点，几千年来，传统成就了世界上最美的建筑和城市："有一种建筑的永恒之道，它具有几千年的古老历史，至今依然如故。人们在伟大的传统建筑、村庄、帐篷及庙宇里感觉舒适自在，而这些建筑的建造者正是精于此道。如你所见，这种永恒之道将会引领它的追随者走向久远的建筑，如树木，如山峦，亦如我们的面庞。"建筑的秩序从人、动物、植物及物质的内在本质中成长起来，它收获了显著的成效，揭示了活生生的现实。而现实中隐藏的形成这些效果的元素，人们可以将它一一鉴别出来。我们并非一定要发掘新事物，而是要勇于把那些我们所熟知的传统法则作为行动的规范，然而如今我们却并没有利用法则，因为在我们看来这些法则过于天真、幼稚、原始。

如果组成社会的个体能使用同一种本身有生命力、有利于城市建设的语言，那么公众参与就是可行的。然而，由于我们使用的各类语言太过于暴力和零碎，导致社会本身已不再具备一种可以回应人类思想和自然现象的表述方式。亚历山大在《建筑模式语言》一书中着重阐释了这种共同语言：（首先通过）局部共享的语言框架促使一种"不知名的特性"以一种突兀的方式缓慢形成，进而借助一些能适应文化、科技和社会变化的鲜活的模式语言来建立基本秩序。这种语言包含一系列详尽而简洁的指导思想以及设计和建造方面的实践。这种模式语言体系按照顺序排列，每个人都可以运用它来设计周边的环境。每个模式描述一个重复出现的问题，并以假设的形式提出可行的核心解决方案，因此每个模式就是根据所提出的问题调整周边物理环境的完满答复。书中共列举了253个模式，展现出了作者们丰富的实践知识，也包含了他们对每个案例典型性的信任程度，这些模式至今仍具有突出的实用价值。[11]书中所述的并不是"既定"语言，而是通过"某种"语言对根源和意义上一致的各种个体语言进行提炼，形成一个丰富、多样和和谐的集体表达体系。

在《城市规划和公众参与》一书中，亚历山大描述了如何在一个社区中将上述理念付诸实践即俄勒冈大学计划。他认为，一个社区的建设和规划过程只有遵循六大原则，才能建立一个满足人类需求的物理框架。这六大原则是：有机秩序原则、公众参与原则、小剂量增长原则、模式原则、诊断原则和协调原则。有机秩序原则不是形式上的，而是以结构为中心的，它必须经历一个过程，通过当地行动逐渐表现出来。为了成功建立有机秩序，社区不应该采用任何形式的计划，而是在行动过程中选择在共同语言中发展自身的原则。关于建设什么和怎么建设的决定权应该在用户手中，将他们分成设计小组，每个小组负责计划的一部分。规划专家团队给各个设计小组成员提供模式和诊断方法，并为他们提供设计所需要的一切辅助。用户组进行设计所需的时间应该作为他们日常工作的一部分，我们必须要避免"一劳永逸"的想法，因为小范围调整和进步会一直持续。每个模式都需要研究和讨论，每年正式采用的模式名单应该得到公共部门的审核。与用户一起工作的专家团队每年为整个社区拟定一个通俗易懂的诊断图，让每一个参与新计划的人都能理解这张诊断图。为了使目标逐步实现，需要在用户设计计划中采用融资战略和公众参与的协调战略。

　　亚历山大的公众参与战略是一个连贯性很强的概念，它建立在参与过程形成的动力基础之上。但当代的复杂社会毕竟不像大学环境那样具体而容易控制，因此他的理念显得不是那么实用，一些难以解决的结构问题阻碍了市民连续、有效和直接地参与到城市规划中来。有一种公众参与概念的解读得到了广泛认可：在当地领导和不同利益集团的代表组织参与的基础上，协调各项规划给各个群体带来的利益冲突。

　　然而，并非所有社会团体和个人都有机会有效参与规划过程。因此，一些学者研究出实现公众有效参与的条件：

　　·道德凝聚力。参与某些具体目标执行的市民的道德凝聚力，这种小组凝聚力保障了组织框架的形成。

　　·组织行为力。一般来说，居民的收入、教育和政治修养水平越高，加入志愿团体的比例也越高。

　　·领导力。领导权限特点一方面表现为"表达功能"，即领袖象征和体现团体的价值；另一方面表现为"工具功能"，指领袖在需要具体知识和能力的领域应该具备的执行功能。

　　·知识。如果一个团队的大多数成员了解讨论的话题，并对为达成目标应该采取的正确方法有准确的认识，这个团队在参与过程中的效率就能得到保证。

　　·自觉意识。组成的团队应该清楚地意识到参与机制的效率与他们追求的目标存在对应关系，自觉意识在很大程度上取决于团队成员的教育水平和参与经验。

　　这些条件的界定十分清晰，但在复杂的社会环境中并不能总是具备这些条件。因此，要寻求有效的公众参与，就必须创造必要的人力和物质条件，主动推动参与进程。公众参与的成本颇高，同时要求负责引导的团队投入大量的时间。我们知道，小剂量增长原则让市民参与城市决策成为可能。我们也了解共同语言的必要性，在设计中碰到问题时，这种语言能帮助解析设计过程。我们找到一些标准，但标准并不是任何时候都能得到执行。造成这些现象的原因在于，政府希望公众不仅是用户和选民，而且能成为城市事务的主角和负责人，但这个希望并不总是那么真心实意。公众参与不能与政治宣传和煽动行为相混淆，在部分地区，吸引公众的规划机制已经遭到强烈批评，因为人们认为这种机制是对建筑师、城市规划者和当前城市形态的社会经济体制缺乏信心的表现。技术官僚们往往不是从使用价值的角度来理解和看待城市的需要，而是把专家们的工作放在首要位置。事实上，政府应该把自上而下的规划机制颠倒为自下而上，依靠全社会的力量来决定社会的未来，在民主和大众参与的背景之下解读城市建设是所有人都应秉承的观念。

地方权力、民主和市民权利

规划过程中的公众参与引发了对城市政府和市民权利建设的新一轮讨论，这种讨论包含在对我们社会最新发展的批判性思考这一范畴之内。公众参与意味着赋予人民更多的权力——授权予民、提高政治体制的能力以加强人们在公共事务中的责任感。城市社会中显然存在大量未解决的冲突，工业化引发的混乱加剧了城市化的恶化，加速分解了预先等级分化的社会模式中"所谓的和谐"。空间的逐步分权只不过造就了一个服务结构和流动空间，而非由地点组成的空间。分权弱化了空间的象征意义和内涵，增大了建立合作关系的难度。维瓦里奥（Virilio）认为本体认同感需要凝聚力："城市规划有两大定律：第一条是对地点的坚持，一个城市永远不可能在现有场地之外得到复制；第二条，随着居住地点的扩展范围越大，人口单位越分散。"[12]

一些人提议用"市民"替代"人民"这一术语，认为前者更符合地区、城市和城区的现实。谈论市民权就是转向大众范畴谈论政治体制和市民社会，根据约翰·弗里德曼（John Friedmann）的观点，市民在社会中主角地位的加强将带来规划的新气象：新型规划应该少一些企业性和繁复性，多一些责任感和大众参与；在计划和城市各种关系的整体体系这二者之间，应该与前者的关系更紧密；通过各方面的协商和协调，寻求有限共识的磨合；此外还应该为参与规划过程的所有人提供战略信息。[13]

正是在这样的环境下，人们提出了"良善治理"这一概念。国有经济和私有经济在城市发展中的合作，有助于建立有责任感的公民社会。要想营造良好的地方政府，不仅要提升城市在中央政府面前的自主权，还需要在城市的主角地位得到加强的基础上达到新的权力平衡。大卫·哈维在维护"城市的良好形式"时，谈到了辩证乌托邦。林奇或雅各布斯[14]认为，城市的良好形式与大众福利息息相关，良好城市是由居住在这里的居民自己决定的。那么哪些人应该参与其中？所有利益相关人

都应参与其中，而哈维认为应当以公民自我申报为基础，根据公民的参与意愿和归属感来决定。

在某些人看来，洛杉矶称得上是当代城市环境中具有代表性的空间，是一个巨大且混杂的城市化区域却没有城市的灾难。这个社会现实的显著特点是民族和种族冲突、社会边缘化、居住区的隔离和众多对立因素之间的社会鸿沟——网络社会的精英团队和为之服务的普通劳动者、有严格保安措施的富裕郊区和城区内充斥着犯罪的沉沦社区、市民和非市民、主流文化和边缘文化。[15]这是一种现实，是否算得上城市还要划上问号。多种族、多民族和多文化构成了一个多元社会，只谈社会的空间危机和现代化福特主义模式的衰落带来社会文化危机是不够充分的，它们之间确有连带关系，但是现代化的过程本身就存在一种危机。在这里出现的差异性文化理念，有些人将其称之为后殖民主义，即土著居民的出现。

瓦茨拉夫·哈韦尔（Vaclav Havel）的成就之一在于他证明了强健的市民社会是建设强健民主的关键条件，一个成熟的市民社会是保持城市平衡和社会团结的关键之一。然而，在以城市建设政治化和不断要求城市权利为特点的城市规划阶段，冲突是民主真正的基石，当然也是城市规划的基础，一个放之四海而皆准的城市规划模式是不存在的。专业规划师既是政府官员又是城市规划师，在实施法律的同时也要执行技术规范，而这样的模式还将继续。然而，在地方与整体的社会背景下，规划者应该重新定位，充当管理机构、市民社会和企业经济之间的连接纽带。专家的身份问题也有待解决，经过专家加工的学问和基于个人经验得出的知识之间存在着矛盾，甚至连司法管理模式（即"辩护规划"，通过对结果和过程的推动在向城市政治进化）也有演变成"社会化学习"的趋势并将推动集体学习。社会排斥问题和市民权利的相关研究突出了规划者在与市民社会各团队的合作中所应承担的协调作用，规划者则变成了"反规划"的捍卫者。在解放政策中，多元化是主要的行动原则。在此政策之下寻求新的行动道路时，应该倾听"来自边缘的声音"，倾听不同的声音。[16]

这些观点揭示出一个不同的工作背景：当权力不再专制地实施，当抗议被重新导向对自身观点的理性捍卫，才能真正出现对城市发展进程感兴趣的所有人之间的合作，以及城市规划者作为协调者所必须具备的责任感。

智慧社区

讨论智慧社区是为了突出当地社会的创造潜力。公众齐心协力推动社会发展的时候，日常生活也得到了重新发掘。正如许多学者指出的那样，这证明公众能够找

哥伦比亚市麦德林缆车和"西班牙图书馆"。缆车和公共设施是修复最不稳定定居区的整体战略，采用的主要干预方法是可进入性、新基础设施、公共设施、公共空间和社会住房

到新的表达方式。不论在未来城市的物理形式还是集体身份认同的重构，公共空间都将成为关键因素。但城市是一个多样性极其突出的社会综合体，因此我们可以看到城市内部群体非常团结，出于保护主义考虑接近部落的组织形式。这种模式与都市居民的个人主义模式相反，后者往往以一个核心家庭为中心，虽然拥有社会地位和财富但相对脆弱。因此在我们的城市居民中很难找到一种合作承诺，正如多尔弗莱斯（Dorfles）解释的那样："……生存环境和人类之间凝聚力的缺失由于远离故土和移民生活的影响愈演愈烈，从而导致了对景观和城市中心的情感依恋下降……"[17]这种情感不仅能解释身心上的灾难，也体现出主动参与过程可能会遇到的困难。同时，我们也能看到一些社会运动因为达到了它们的目标而得以幸存。而达成目标的前提是合作保障、经验和集体行动，以便共同生活和相处。

自古以来，欧洲的地方和区域性公共机构都在城市事务的管理中具有巨大的力量和责任。[18]为了建设福利社会（如今人们讨论更多的是它的成本而非必要性），城市面临的挑战在各个国家以不同的形式由公共机构承担。与之形成对照的是，近年来美国构建了一个多样化且稳固的市民运动结构，与市场的过度控制形成了抗衡力量。市民运动带来了最有价值的城市经验，引发了市民社会共同参与，努力把城市建设成为更具凝聚力的现实社会。

发掘共同利益是广大市民共同承担的重大任务，这一点只有在现代社会保障下的普遍性框架中才有可能实现，任何人都不能垄断共同利益。我们面对的风险在于，对共同性的探求可能会导致价值的简单抽象化或者对差异的宣扬。随着社区[19]和地方归属感等概念的提出，市民权益不断在日益多元化和异构化的社会中得以恢复。跨国移民造成了日益突出的散居政策，移民在目的地自发地形成组织，居住在德国的200万土耳其人和美国的拉丁美洲人等就是典型案例。[20]对社会和环境问题越来越清醒的认识或许能推动建设更民主的规划方式。一些人在个别案例中提出了自己的目标，例如美国的共利开发。该计划的成就在于以共同利益为目标建立了所谓"生活方式"的规则，这些规则的力度和广度如此之大，以至于把那些不符合要求的人都排除在他们的私营乌托邦之外。与此同时，另一些人学习接受当地社会的各种价值、潜力、群体、领导力和相处方式，这正是社区概念中我们想要着重强调的部分。

在这一背景下，艺术与人文村就是当时采取的创新行动之一，目的是在北费城最贫穷的城区之一加强社区建设。[21]在艺术家、女教师叶莉莉（Lily Yeh）的带领下，一个志愿者团队完成了这项工作。叶莉莉在一片荒地上设计完成了一个社区公园之后，发动了群众行动。长期遭到忽视的社区居民在城市的一片被遗忘之地团结协作，通过创作即兴的绘画和雕塑艺术作品来改善空间，力图重建集体身份认同和自信心。这个地区最终变成了小型花园，现有的房屋用壁画加以修饰。就在为数不多的几个街区中，人们成功地为一片废墟赋予了新的意义。他们没有夸张的行为，只是以艺术为手段来加强人与人之间的合作和重建集体意识。在这样一个地方，每天不仅要面对贫困，还要面对与贫困为伍的犯罪和污染，这里的居民发现美丽是希望的代名词，而集体努力可以获得美丽。通过"向艺术学习"计划，6～18岁的青少年可以参与课外或暑期活动，包括向来访艺术家学习舞台艺术，与他们一同开展短期旅行等其他活动，为给个人兴趣和才能的发挥提供了多种可能。华裔叶莉莉遇见了她的第一个合作者，社区中的一位非洲裔美国人约约·威廉斯（Jojo Williams）。根据叶莉莉的设计，他和好友"大人物"詹姆斯·马克斯顿（James Maxton）一同创作出了奇妙而精美的马赛克。不同种族的经典融合使得社区的很多居民都意识到，创造力可以换来一些用金钱换不来的东西。

创造性社区这一概念是智慧社区的关键[22]，可以理解为加快经济发展，增加就业和提高当地生活质量的经验集合体。这些是当地组织或大众倡议带来的结果，他们相信要达到他们的目标必须有集体力量的推动。这并不仅仅是某些美国人的想法，佩鲁利（Perulli）也明确地表示："重要的是当地的行动者是否有能力发展合作战略，调动当地隐性资源和吸引外部新资源，把自己的城市和其他城市连接起来，拟定发展规划并执行"。[23]社会本身的内在力量形成了社会潜力，在这个意义上，弗洛里达（Florida）等学者强调的创意阶层的概念认为，美国至少30%的活跃居民都有能力提出新创意、新科技或者新内容。这些人很少有人从事商业，更多的是从事工程和科技、建筑和设计、教育、艺术和娱乐产业的居民。[24]从1998年起，美国的版权出口超过总量的60%，这是经济异常活跃的证明。创意阶层的特点在于他们的独立性、面对差异的开放态度、不向个体利益妥协以及有能力对反映个人价值和重要事务的情况或地点做出超越经济考虑的评价。他们具备承担风险的能力，同时在各个方面都需要更大的灵活性。科技无疑给他们带来压力，却未能把他们从工作中解救出来，而是促使工作入侵他们的生活。虽然没有研究确实证明存在新的劳动力流动，也并不清楚要如何将广大劳动者融入创意阶层，但事实上这些现象都在发生。在西雅图，社区的价值体现在优质的公共交通和对旧社区的恢复，即所谓的复兴重建行动，这些行为成为在创新背景下极具吸引力的因素。对创造力的强调有效地促进了艺术和科学的联姻，两者的融合在教育上的表现也日益明显。如果这一观念能深入人心，它将取得普遍和广泛的效果。

这些因素促使我们联想到城市日常生活中的小规模空间、街道、社区以及具备大量有效自我调整策略的城市，而这些战略是建立在合作而不是排斥的基础之上的。理查德·塞内特（Richard Sennet）认为，在强制秩序主导战略发展的同时，与之相对的无序逻辑、机会模式和社会共存逻辑[25]得以发展，并形成常态。尽管存在一些社会问题和退步，这些自发的共存战略也创造出了许多魅力城市生活的案例。秩序的统治者们应该意识到，他们滥用职权会对城市生活带来严重的负面影响。列斐伏尔也曾坚持认为，人居构成城市空间，但要超越日常生活哲学的冲突理念。[26]如今的城市化社会与现实的关系已不同以前，两者之间的关系更为松散自由。列斐伏尔和丹尼尔·贝尔（Daniel Bell）也曾提出过同样的问题：享受是城市社会

的代名词吗？因为这既影响了城市结构，也影响了城市集中化等稳定因素。这个问题，就让我们来问一问那些为了私利而不顾城市功能需求的人吧。列斐伏尔试图重构集体构想，和德塞尔托（De Certeau）一起坚持城市应该是家居和必需品供应的空间。列斐伏尔打开了一条通向有关公共空间更自然的"远景"之路，该视角建立在日常生活和他提出的"第三空间"概念的基础之上。第三空间不是我们用感官感觉到的物质空间，也不是像建筑师和工程师的作品那样的物质空间的表现形式，更不是被规划和统治的空间，而是与前述空间相关联的表现空间，是个人和集体构想的交织。第三空间是在多种意义上的开放空间，是由社会行动和创意驱动的复杂空间，与日常生活空间以及生活愿景相互动的空间。只有在社会性与人性交织，态度与动力共存的第三空间当中，我们才能真正诠释城市的含义。

　　规划本身必须抛弃技术官僚的范式并对公众参与持开放态度，为理解将来及其背后隐藏的不确定性提供方式方法。公众参与和创新之间并不存在矛盾，城市社会也应该能突出合作力量的价值，重新创建城市政府。就像企业界讨论的管理的智力系数和集体智慧一样，该政府不仅为经济效益服务，还要服务于智慧社区的建设。人们在智慧社区这个有凝聚力的空间里谋划公共事务的未来。[27]

费城的艺术人文村。由叶莉莉发起的改造运动，将城市中某些最混乱的地区改造成共存和团结的空间历史中心的复兴在20世纪的后30多年中曾经是城市规划的中心议题之一。博洛尼亚的历史中心复兴计划是创新的先锋，启发了我们国家整整一代的城市计划。

在传统和现代的争论中，具体来说就是新建筑在历史区域的融合，仍然和结构的概念、干预的范围和形态及功能上的适应性联系在一起，这些因素比之过去模式的形象模仿更加重要。在奥地利的格拉茨城中由彼得·库克（Peter Cook）设计的生物形态的博物馆是一个兼容对话的极端例子。

城市生活、活力和城市中心象征性的恢复在今天是一个先锋议题，不论是在欧洲还是在美国，那里的郊区传统削弱了中心闹市区的作用。

在毕尔巴鄂发生的"古根海姆（Guggenheim）效应"是不能通过建造一座象征性的建筑被移植到其他城市的。"古根海姆效应"象征着一个社会改变的意愿、信心和决心，认为21世纪在一片废墟上，在已经枯竭的产业体系上重新创造和建设一个毕尔巴鄂是可能的。

费城是用像城市中心区这样的新型管理机构来进行中心复兴的美国代表性案例。在这座城市中以主题性为导向的空间的成形，犹如艺术大道和技术大道一样，都是第一流可供参考的典范。

The revival of liveliness, energy and symbolism of the city centre is a high-priority issue in Europe as well as in the United States, where the suburban tradition had debilitated the role of the downtown.

The Guggenheim effect, which occurred in Bilbao cannot be transferred to other cities simply by constructing an emblematic building. The Guggenheim effect symbolizes the capacity of a society for change. It is about the possibility of reinventing and reconstructing, through confidence and the determination, a Bilbao of the 21st century on the ruined landscape of an obsolete productive system.

Philadelphia is a clear American example of recovery of the city center with new management institutions such as the Center City District. In this city, the organisation of urban spaces based on themes such as the Avenue of the Arts or the Avenue of the Technology is an important reference.

07 城市中心的复兴

The Revival of Downtowns

赋予欧洲城市遗产的价值

对历史中心的保护在20世纪的后30多年间成为城市规划的中心问题，其重要性不仅仅在于旧城的恢复，还在于引发了人们对公共空间和所谓城市规划质量的深入思考。1965年查尔斯·穆尔（Charles Moore）提出"你们要为享受公共生活而付出代价"，该观点在当时并没有引起太多关注。同时他还强调了瓜纳华托的城市价值，这个美丽的墨西哥盆地城市具有矿业传统，现在被评为人类遗产。[1]如今，旧城依然保持其职能。

虽然自1960年起就有欧洲国家专门为保护历史中心而立法，但事实上历史中心保护并不是一个新课题。然而正是从那时候开始，人们才意识到历史遗存下来的城市[2]所遭受的严重破坏是一种损失。最初的保护行动是出于重建二战中被轰炸损坏的历史城市的需要，突出案例有英格兰的考文垂、法国的南特或者圣马洛、德国的雷根斯堡、德累斯顿或纽伦堡、波兰的华沙等等。这是一种特殊的行动，因为模仿旧貌重建的动机与重构受摧残的民族性息息相关，并与新规划下的重建相共存。由佩雷（Perret）规划建设的法国勒阿弗尔就是这样一个案例，更准确地说，现代建筑已进入到一种剧烈的内部更新进程中。

其实，城市遗产这一概念早已出现在建筑和城市规划[3]近代历史上重要人物的著述中。在《威尼斯的石头》一书中，约翰·拉斯金第一次把一座完整的城市演绎成了一件艺术品。1849年，《建筑的七盏灯》揭露了新的干涉手段是如何逐步毁坏老城结构的。拉斯金对修复旧城区十分敏感是尽人皆知的事实，他写到"从尼尼维的废墟中得到的收获比米兰的重建多得多"，因为他认为重建是一种无知和盲目的倒退。值得一提的还有他对民用建筑及其对城市组织结构的定型作用的痴迷，他曾预言：一个建筑的美在于其延续性。像威尼斯和牛津这样的城市不可能被压缩成巨大的民用建筑和宗教建筑，也就是说我们的眼光不能仅仅盯在保留那些所谓的纪念性建筑上。一直以来在关于城市中心改造的论战中存在两种极端的立场，一种认为城市功能要求对旧房子进行重建，一种认为要像保护艺术品一样坚决保护旧城，并且应该脱离生活范围来观察问题。[4]至今这两种观点仍然各不相让，也出现了不少南辕北辙的行动。

古斯塔沃·焦万诺尼（Gustavo Giovannoni，1873～1947年），修复理论家卡米洛·博伊托（Camillo Boito）的追随者，他在历史中心的保护中引入城市总体规划[5]的视角，将老师的理论向前推进了一步。出于对城市系统改造动力的担忧，焦万诺尼将城市遗产的观点系统化，同时也没有放弃现代城市的远景视角。老城中心、街区和城区应该发挥其突出的功能，应成为日常生活的空间、受到合理的对待、避开与其形态不相符的活动，并将这些活动安排到城市新区。除被当作纪念性建筑物加

在世贸中心倒塌后，纽约经历了史无前例的城市创新。世贸大厦遗址、肉类包装区和高线公园是曼哈顿新转型的明显例证

以保存之外，城市的古老建筑可以作为中心和作为城市新空间面貌的催化剂。保存和整合是焦万诺尼关于城市遗产具有动力性概念的理论关键。

然而，关于在历史中心进行保护干预的必要性和标准的思考已经相对成熟，且走向了一个更具有综合性的框架。其中，保护是首要工作，并且在文化因素的驱动下巩固了"修复"这一概念。然而，直到历史区域城市规划政策得到法律支持，并承担起解决错综复杂分区的产权矛盾时，保护计划才得以实现更广阔的社会目标。在历史中心保护问题上，法国1962年法是最早的案例之一，也就是知名的《马尔罗法》（Ley Malraux）。[6]不论是由梅里美（Mérimée）开启的法国经典纪念建筑理念还是"历史古建"（Ensemble Historique）理念，都不足以支撑新的目标。为了阻止具有历史和美学意义的受损街区的不断缩减，人们不惜损失其原有的功能，重新赋予它们某种功能并进行估价。针对贫民窟、危房居民段、卫生条件较差的地区，规划者主要采取的是一种打乱重建的措施。这种干预逻辑由奥斯曼男爵的思路发展而来，通过征用土地定向拓宽城市的街道，把全新的道路网引入今日的城市中心，同时也保留我们过去熟知的城市特征。然而安德烈·马尔罗（André Malraux）在为其法律辩护时说："巴黎圣母院旁的大多数码头上都没有任何著名的建筑，那些房子除了作为整体功能的一部分以外没有其他价值。它们是巴黎奉献给世界之梦的装饰品，我们要像保护我们的纪念建筑一样保护这些周边装饰。如果我们任由塞纳河边的这些浪漫派平版画一般的旧码头遭到破坏，就好比把杜米埃（Daumier）的天才和波德莱尔的忧郁扔出巴黎一般……"，该法律重点关注特别界定为保护级[7]的地区和区域。据最初的评论所述，在法律实施中期这些地区的保护成效就和未被保护地区所遭受的磨难形成了鲜明对比。然而，从发展趋势来看还是要维持保护区和非保护区的这种差别，也就是说保护从一开始就是以达到这种状态为预期的。

因此，文化逻辑导致了一种思想状态在欧洲的普及和历史中心保护组织的成立。成立于1957年的英国公民信托组织，被誉为"保护区"的推动者。[8]1963年，"我们的城市"（Citivas Nostra）在弗里堡（Friburgo）诞生。主流的文化氛围既不讨论城市中心修复性的保护也不提出方法论问题，但实际上面对拆毁和破坏还是耿耿于怀。在意大利，知识分子为纪念性建筑的概念在城市形态中的运用进行了辩护。1961年国家历史—艺术中心协会（ANCSA）在古比奥（Gubbio）成立，在城市规划学家阿斯滕戈（G. Astengo）的领导下，《威尼斯宪章》的颁布成了该协会影响官方修复观念的成果。[9]一些主要的推动者如阿斯滕戈，都是从一个更宽广的视角来参与城市中心保护的。在他为阿西斯（Asis）制定的治理计划中，保存的原则延伸到了自然和农村景观，并与雄心勃勃的城市总体规划视角共存。

从一开始，保护行动的风险就在于设计师把石头看得比对城市居民还重要。确实，不同的历史空间更新计划促进了中产阶层化的进程，仅供富裕阶层居住的住宅得到巩固，并与奢华的商业中心和写字楼一起成为修复后重新投入使用的三种空间主体。对卡米洛·博伊托来说，关于历史中心最新的课题是中心与普通民居的关系，这是一个我们需要反思的问题。在一个民主社会里，建筑世界中最基本的纪念性建筑应该是住宅。因此焦万诺尼澄清了特殊住宅的政策，并对历史中心转变为商业区和豪华住宅区表示了惋惜。

尽管如此，这已经成为一种趋势，且日益受到大力发展旅游业政策的影响。它主导的是一种基于怀旧和实用主义的环境保存，造成的是某种"城市幻境"，注重的是其装饰作用。在20世纪70年代城市处于完全的经济危机和增长停滞时，受《雅典宪章》启发的城市规划建设受到了批评，甚至声誉扫地到了谷底。城市规划日益和建筑脱钩，转而关注分区的管理和容积率的利用，造成了一种中心与外围分离的不突出的城市。过去的城市给功能主义视角下严格的用地细分带来了巨大的复杂性和多样性，对历史遗迹修复的同时能提高城市空间的质量。

城市建筑学

城市遗产概念的巩固要求人们以一种新的方式去理解历史城市，特别是在空间形态方面，第一步是在城市历史领域也就是重建城市形态[10]最初的尝试。为了回答城市是怎样的这一问题，人们开始重组城市地图档案，继而发现当代城市的平面图是内涵丰富而意味深长的，可以向我们展示过去的痕迹。通过研究城市地图及其变迁——它们通过自己的讲述来重铸它们的外形和记忆，这样可以更深刻地认识城市。我们要做的已经不仅仅是保护过去的遗迹，保存欧洲古老城市轮廓中所刻录的生活方式，还要理解城市。

1986年我们所讨论的形态学方式实质上是在追溯一种潮流[11]，它从20世纪60年代开始逐渐成形，并坚持物质形态是城市最稳定的元素。当管理、经济和社会环境不断变迁时，建筑物却趋向于保留状态。如果说每一种城市认知都遵循一套独特的组织形式，那么城市的物质形态及其"法则"就会成为最稳定的元素，而不同的解读方式也会因此成形。

这个焦点的主要背景可以从法国城市历史学派先驱马尔塞·波艾特（Marcel Poete，1866～1950年）的著作中得以体现，他的一些著作的题目就很明确：《一种城市生活——巴黎，从出生到现在》（1924～1931年）或者《城市规划到城市的演变——古代的教训》（1929年）。受生物相似性的影响，人们试图以城市的时间推移为出发点，从城市自身去解释城市形态，也就是说以历史为出发点。城市地图和历史在这一方法中占据中心位置：对城市地图的仔细阅读可以辨别其演变的阶段、道路纹理和不同房屋的意义，这些都表现着复杂的城市面貌。波艾特最初的工作是城市历史档案的管理员，从那里起步他把毕生精力都投入到了对巴黎的研究中。在巴黎城市规划学院，波艾特强化一种解释城市的不同方法，即植根于历史的方法和城市的社会实质。这也是加斯东·巴代尔和其他杰出门生[12]所继承的观点，他们都是立足于对城市研究和观察的城市艺术的捍卫者。这是一种从城市中找到其主要灵感源泉的艺术，并率先提出了我们今天称作城市分析的方法和目的。城市形态开始成为研究的中心，历史获得了特殊的价值，作为分析的资源或者再现和描述的元素，是论及城市的永久参照。

意大利因历史城市而闻名，在这里，概念与基础紧密联系起来以修复城市和建筑之间的密切关系。现代化运动以特有的方式在许多坚持传统的建筑师的质疑声中进入意大利，与法西斯推行的新式纪念性建筑相互对立，同时又相互联系。面对制度的操控，民间始终存在着一种"抵抗"的态度。在战前这种文化氛围中涌现出了朱赛普·帕加诺（Giuseppe Pagano）这样的人物，他的行动及发展与《美丽之家》这一当时领军的杂志紧密相连。他对朴实的赞美奠定了保卫国家文化面貌方法的敏锐度和意义，并突出展现了丰富的被历史批评并归类为"小建筑"[13]的作品。自重建运动初期开始，记忆、环境和历史就成为扎根于很多建筑作品并影响了一批意大利杰出建筑师思想的主题。

在继承传统遗产和新建筑并举的氛围中，建筑学教学工作与城市的定义是紧密相关的。埃内斯托·N.罗杰斯（Ernesto N. Rogers），杰出的米兰BBPR工作室的领导人，从尊重过去的角度出发发展了建筑功能主义。他认为传统是"某特定社会群体产生的想法、感情和事实的共同主体，其中存在个人植入的想法和行动"。[14]传统的概念和历史是平行的，也是建筑学吸取养分和定位的根基所在，是复杂多样的当代现实和保留经验的丰富遗产之间的必要整合。朱塞佩·萨莫纳（Giuseppe Samona）是1945～1971年间威尼斯建筑学院的灵魂人物，同样是面对时尚和不同流派的推动，他仍能以开放的精神主张立足于更加稳固的传统——城市的历史使建筑得以立足于过去和未来关系的中心。[15]萨莫纳致力于恢复"大范围"，坚持线条和尺度以及威尼斯风景中的基本建筑——那些清晰可辨的古罗马建筑具有的重要价值。但是，自萨韦里奥·穆拉托里（Saverio Muratori）于1959年发表《威尼斯城市经营历史研究》一书以后，"形态学—类型学"分析的方法才得以奠基。他主张通过城市形态、建筑类型及其变迁来考察城市及其形态，他把历史研究、建筑分析和城市风貌合为一体，并将其定义为建设历史。建筑类型显示了地块的形态和街道线形以及广场之间的密切关系："类型学的特点不在于具体运用或是建筑肌理上的体现，城市肌理的特点也不在于它的框架，而是在城市整体结构研究的范畴之中。城市结构的研究只有在历史范畴之中才能发挥效用，因为现实是在原有状态的基础上经过一系列反应和发展逐渐进化而来的。"[16]如果把房屋作为城市中孤立的个体来看待就会失去本来意义，因为历史变迁是在城市及其周边环境中发生的，而城市特征也是在房屋和城市肌理的关系之中得以展现的。类型学显示了一种分析的效力，这种分析是通过集体的历史在个体建筑和环境之间建立起精确联系，并提供一种分析的社会基础。城市形态在城市空间分析向我们揭示的生活结构中获得了生命。

这样，建筑学就有了自己的工具。建筑类型学及其与城市形态学关系的分析，用来从美学和动力学方面理解城市结构。这些工具在博洛尼亚历史中心的设计中首次得以运用，规划师通过并行项目在已有城市形式和社会空间中恢复历史遗存，而建筑学工具正是在这样的环境下发展开来的。形态学研究解释了城市的增长和变化，为当时的城市提供了全面视角。它突出了过去的"足迹"，并通过建筑来发现这些地方的记忆和经验，因此那些工具和方法才能广泛传播。对城市生活的形态及其变化的阐述激发了人们对经济发展史和社会结构演变的兴趣，从而使得住宅重新成为城市规划的核心角色。

在这样的背景下，一本在20世纪下半叶的建筑学界具有最广泛影响的书籍，在1966年的《城市建筑》初版本横空出世。在书中阿尔多·罗西（Aldo Rossi）[17]对不可重复的城市存在和城市建筑的关系表示了质疑，他认为人们有必要把建筑和城市规划作为同一科目的对象来重新理解。理解一个城市应该从其形态、建筑意义和内容开始，但这些并非与历史、社会和经济的其他资料毫不相关。

有的建筑可以作为基本元素，因为它们长期存在并且能起到城市组织者的作用；但也有的历经时间检验一直发挥某种特定的功能，后来其功能被重新阐释或者被赋予其他的意义，如保持了其公共特性的罗马的博阿里奥广场和帕多瓦拉（Padova-）吉尼宫。它们在保持包含绝对功能多样性的同时，其原有形态仍保持独立性。这种"功能—地点"和"功能—形态"关系的矛盾心理是我们理解如何开展城市历史方面工作的关键，也是对空间再利用这一传统逻辑的展现。在这里，罗西对于环境概念的评价就有其重要意义：环境只是建筑物营造出的结果，建筑不依赖于环境，也不是从环境中衍生出来的，其自身就形成某种环境。罗西继承了穆拉托里的分析基础，并在此基础上有所增益。城市好比巨大的手工制品或是艺术作品，但也好似一部文献，即每一个建筑中都能辨别出来的论据。风格存在于建筑的理念本身，"是一个持久和复杂的东西，一个放在形态面前并构成形态的逻辑命题"。但是，城市是一个空间、一个存放集体记忆的空间，展示着地方某种状态和当地的建筑之间存在的特殊而又普遍的关系。城市的历史在最开始是相互联系的，是从一个事件和一种形态发展而来的。罗西在众多问题之上提出了一个认识论问题：如何认识建筑，然后如何行动。他采用了类比城市的概念，援引了富商阿尔加罗蒂（Algarotti）委托卡纳莱托（Canaletto）于1744年所做的一幅油画《想象中的威尼斯》虚幻中的帕拉迪奥（Palladio）的城市、未完工的大桥、基耶里凯蒂宫（Chiericatti）以及坐落在里亚尔托（Rialto）河上维琴察（Viceza）的古罗马式巴西利卡教堂……这些元素描绘了一种自主想象中的虚拟场景。已有的素材与地点特征紧密切合，结果非常惊人……留下了永恒的印记。可是那真的是威尼斯吗？这种真实与虚幻之间的转换在人们头脑中形成了一种虚拟的建筑，它独立于任何地方的现状而存在。[18]罗西凭直觉知道在城市的知识信息中有一些自传性的东西，就好像在历史中，经验的构成是通过记忆游戏一样。这是一种聪明的游戏，与真实紧密相连，同时又充满主观性，依靠于可以获得的知识而非随心所欲。

从形态学发展而来的城市分析，已经成为城市规划前的必行步骤，它用建筑学的独特眼光来看待整个城市，并在城市历史研究中付出了前所未有的努力。这并不是意大利特有的主题，比如英国住房部为起草67号法案，为保护巴斯（Bath）、切斯特（Chester）、奇切斯特（Chichester）和约克（York）几座古城，曾于1966年委托给研究机构作为法案的前期准备。参与研究的有科林·布坎南，他为历史中心做出了系统性的城市形态分析，并分片对其用途、建筑的状态、历史、艺术价值、空地、城市场景和交通做出了详尽的研究。这些研究类似于博洛尼亚当时正在发展实施的制图学，但是没有其形态遗传学内容，因为它们都没有包括"类型—形态学"分析。

也就是说城市形态的概念是用叠置或者并列的方式将历史阶层或层次区分开来的，缺乏延续性、在时间与事件中跳跃进行，然后才被确定下来，这一点我们从一个城市的地名上就能感受到。城市都建立在自身历史之上：伦敦著名的萨伏依（Savoy）酒店就是在文艺复兴时期古老萨沃亚（Saboya）宫殿的地址上建立起来的。酒店遥望着泰晤士河，宫殿没有留下任何遗迹。但是酒店要继续向女王支付租金，连接酒店大门和主要街道的那一小片地盘是伦敦唯一的汽车靠右行驶的地方。在城市的形态之中交织着赋予其形态的人物、历史、社会和事件。

博洛尼亚历史中心规划

博洛尼亚作为一个具体案例，其理念、原则和先进的技术在这个历史中心规划中汇集和交织，成了总体城市规划文化显而易见的范例。在这一案例当中，城市分析与继承城市更为全面的评估相交会，它证明了"建筑的遗产"整体上不仅是文化财产，而且具有很高的社会和经济价值。因此建筑遗产本身就是财产，这一观点是建立在社会学和进步立场的城市历史的演变之上的。人们能够从拆毁已有建筑中获益，并从消费和商品的视角考虑城市的优势，因此在城市历史形态评估之上应该加上另一种根本性的评估。因多维纳提出反对挥霍行动，坎波斯·韦努蒂（Venuti）谈到了把简朴作为城市规划的原则。[19]拒绝挥霍、捍卫城市简朴的行为在类型学分析对历史中心区域的核心观点中得到了支持，即关于住宅。因此，对历史中心的思考最终转向了另一种更广泛的思考，因为精确的分析以及城市普遍要求的居住空间已经扩展到了外围郊区，甚至覆盖了整个城市。这里谈到的不仅是修缮的问题，还引入了恢复的概念，即直接把老城及其建筑变成整体城市规划[20]中可居住的实用空间，对建筑的再利用也变成了求助的主题。所有这些深刻评论的框架，都是指向主导城市发展理念、指向破坏性的城市更新和与之相连的单纯扩张型的城市规划，这种评论非常接近"城市权利"的概念。

一些人主张从民居和城市集体权利的角度来考虑历史中心并不是空穴来风，他们意识到突如其来的对于旧建筑修缮的需求会导致"国家法律、法规条例和章节，以及遗产主管机构狭隘思想之间发生激烈的文化争论"，这似乎加剧了对旧城的破坏。在大众民居的引导下，我们开始逐渐远离修复过程的科学理论基础，远离纪念性建筑，转而关注城市中更加宽广却没有实质内容的区域，这就使得整个基础更加不稳固。[21]让我们把目光转向博洛尼亚。

博洛尼亚市政府受到时任政府官员、城市规划学家朱塞佩·坎波斯·韦努蒂（Giuseppe Campos Venuti）的鼓动，于1965年委托佛罗伦萨大学在贝内沃洛（L. Benevolo）的领导下开展对城市中心的详细研究。后来这一研究成果成了一项保留计划，由切尔韦拉蒂（P. L. Cervellati）[22]组织协调。他了解城市分析的工作内容，由于在威尼斯的经历，他的思想也很接近穆拉托里——以形态学理念和阿斯滕戈发展的城市规划文化为主。博洛尼亚历史中心整修计划于1969年完成，一年后以展览的形式公开问世，展览的宣传册得到了广泛传播，这一工作充分体现了历史中心问题如何超越一个典型文化问题的界线。历史中心可以影响区域未来和城市存在本身，它的处理方式可以更复杂。对所有这些城市规划变量的详细研究，都以历史源头和社会基础为参照，并为600多公顷历史空间的集体生命力赋予价值。该计划的丰富文献资料是详细记录和归档所有信息所得到的结果，分片的地图是结构化这些信息的元素，一系列地图使得我们可以观察到根据逻辑所做的空间性质的分析。历史研究已经全面地载入了史料，这要感谢博洛尼亚基督教会和市政文档中丰富的土地测量资料，使得具有极高价值的初始信息得以保存。"类型—形态学"分析以历史资料作为支撑，同时为博洛尼亚独特的历史整体提供了一个有吸引力的全面视角。

博洛尼亚历史中心规划认为，纪念性建筑离不开它的周边环境，离不开表现在城市组织的空间外形的环境，以及对地方历史精神的领会。[23]

人们普遍认为应当废除这种"空腔"（"空腔"，原文为sventramento，是一种中世纪普遍使用的酷刑，受刑者五脏被掏空而死。——译者注）式的规划方式，它破坏性地挖空历史组织结构从而为类型学更新扫清道路。因此学者提出了"清理"这一概念，它可以剔除虚假的添加、退化和不适当的改变，目的是修补和健全历史老城区，恢复原有结构。这些结构密度更小，是与住宅的逻辑联系更紧密的、回归原来的秩序并协调新与老的共存。这就是格迪斯发明的保留手术，一种外科的但是不具有侵略性的城市干预模式。因此，面对在拆除技术指导下20世纪初期完成的一些革命性大型建筑时，现代建筑在这里找到了如何巧妙地融入老市区的解决方案。

地方城市社会运动对计划的支持激发了新的兴趣，因此懂得建筑的人能够为城市作出贡献，他们建立了城市文化和政治之间的联盟，其中的一些内容很快就得到了认可、传播和模仿。在涉及分析基础的时候，人们尽量避免保护区蒙受先前的干预造成的灾难。比如在法国，1973年的"住宅法"允许机构为建设商品房而设立基金来修缮遭损坏的地区。同年在博洛尼亚历史中心推行了建设经济适用民居的计划，并激活了该计划的战略研究，所用资金是原本用来建设郊区公共住宅的。用公共基金来投资建设经济适用住宅，用于恢复建筑和整个社区，在其中运用了类型学方法和修缮战略，可以很完美地通过轴测图来解释。一些人指出从某种程度上来说，上述方法是失败的，因为只有几项相关的干预最终完成。但是这种只重数量的视角在有效的方法运用和创新面前显得鼠目寸光。我们可以联想到罗马在历史中心设立的先锋办公室，在1978～1981年之间由维多利亚·卡尔索拉里（Vittoria Calzolari）领导的生机勃勃的参与工作，以及西班牙在20世纪80年代开设的恢复机构。

值得庆幸的是，1972年经修改过的《雅典宪章》汲取了博洛尼亚开始阶段的经验和方法。历史批评的解读本是历史中心保护城市规划的出发点，目的是发掘城市规划学、环境、类型学和建筑学等的价值，这种工作方法已经成为今天我们修缮历史中心时不可或缺的工作方法。

然而，从城市规划学的观点来看，博洛尼亚例子的特别之处在于对城市中心的再评定之后紧接着又对整个城市再评定，包括城市的外围地区。1970年在坎波斯的领导下，该地区通过一个新的整修方案，替代了1955年的方案。这一整体方案代表坎波斯作为改革派城市规划学家使用的理念，超越了仅仅以增长[24]为导向的时代。对城市中心的保护得到巩固还得益于遏制不动产交易的城市政策框架，在这一框架之内，保护的概念扩展到了整个区域，包括自然和农村的景观。有些内容在没有充分认识到功能主义的积极方面的情况下很难得以实现，这一点至少在该计划的3个战略中表现十分明显，而这些战略在历史中心修复中将发挥作用："城市绿地"公园计划落实了新城市发展的土地转让；通过环形交通线路的设计重新审查城市可变性；作为创新战略与城市用途的平衡，建设一个和外围展览集市联系在一起的新的指挥中心。它所涉及的不仅仅是一种保存的逻辑，而且展示了一个事实：保护历史中心的管理本身就能推动展览区域的国际竞争，并以其现代化建筑发展了城市扩展的正常职能，这与博洛尼亚的历史中心继续作为城市的心脏是可以并存的。这样就吸取了阿斯滕戈的传统——考察整个区域并预见了其景观和生态价值，这些因素在1985的规划方案中得到了充分考虑。

历史中心的主题不是一个封闭的主题，而是要求人们不断地反思和创造。坎波斯·韦努蒂在后来的思考中想到的不仅是所取得的成绩，还有后续有待完成的工作："然而，本可以避免却没有做到的是放弃了对历史中心功能的保护。在这种情况下，为建筑保护所执行的鼓励政策已经付出了过高的代价。大部分历史肌理结构的修复计划来自于银行和高校，如今他们占据一条条整齐的街道，这是对历史中心和整个城市的重大冲击。历史中心的很多区域逐渐失去了居住的特性，而这正是真正的保护历史中心不可或缺的真正元素。我们可以改变城市居民的社会条件，从深层次来说30年来所有国家的社会经济条件都发生了根本性的变化，但是正是定居的市民，不论属于哪一个社会阶层，都是延续历史中心活力的基本保障"。[25]坎波斯还承认他没有预见到私家汽车使用的迅速增长，也认同了城市的历史部分应该在未来的城市中发挥战略性功能。像坎波斯这样的城市规划学家的伟大精神将激励人们把历史中心作为一个永远紧迫的课题。

老城中的新建筑

如果我们靠近奥地利城市格拉茨，就会很惊讶地看到在城市的历史中心矗立着一个多孔气泡状蓝色金属建筑，那是新现代艺术博物馆。规划设计者是彼得·库克，他是一位手法成熟的建筑师，直到不久之前由于他的理论见解和在教学方面的大量工作而更为人们所熟知。托莱多市（Toledo）的新入口虽然没有那么光鲜亮丽但也很有说服力，适合当地的半遮盖机械楼梯是几年前由托雷斯（Torres）和马丁内斯·拉佩尼亚（Martínez Lapeña）设计制造的。即使在保护主义论调仍然占主流的时候，我们的城市中心还是发生了一些改变。

为欧洲的历史中心重新注入活力，如今已成为了现实。这里我们可以看到保存行动的延续和历史中心的创造性体现出的价值，并进而探讨城市规划的成绩。今天漫步在赫罗纳（Gerona）、圣地亚哥（Santiago）、萨拉曼卡（Salamanca）、格拉纳达（Granada）或者维多利亚（Vitoria）的街道上是一种令人愉快的经历。如果把现在和30年前的状态相比较，我们不难发现在其他国家也有类似情况出现。然而，类型形态学分析的发展所产生的结果出乎意料地偏向于一种表面上的干预，并为历史中心城市规划提供了一个简单化的视角，简单到只保留归类编制功能和以模仿为主的美学控制功能。仅有保存计划是不够的，"历史中心是否应该保持城市中心的功能"？这些有待解决和饱受争议的问题还会继续存在。

在城市中，历史上有价值的新老遗存和对未来有意义的事物相并存，历史并没有为未来提供答案。为老城建新楼是焦万诺尼提出的一种理论，但我们认为仍有两个问题总是不能得到解决：一是在历史中心应该建设什么类型的建筑；二是在城市的总体规划中历史中心应该承担怎样的功能。

从其发展伊始，现代建筑无需模仿过去的风格就能够解释"环境"或称"地方特征"等概念。奥托·瓦格纳在维也纳建设的邮政大楼、阿斯普隆德（E.G.Asplund）主持的新古典风格的哥德堡市政大楼的扩建、路斯设计建造的维也纳皇宫对面的米歇尔广场（Michaelerplazt）的底层为商店的居民楼，都是把"现代"建筑融入有诸多限制的历史城市环境中的经典案例。我们不要忘记，在他们那个时代，这些建筑也曾引起争论。以路斯为例，他要在大师们所做的优秀作品中为自己的灵感辩护，而他的灵感却遭到了大众的辱骂，连皇帝都决定从宫殿出来时走另外一条路，来回避那些灾难性的错误。新的建筑被强加到复杂的旧结构环境中，这一点是事实。但在现有城市的扩张中已经采用了最合适的方式，这也是事实，就像贝尔拉赫在阿姆斯特丹的设计建造、杜多克（Dudok）在荷兰希尔弗瑟姆（Hilversum）、沙里宁在赫尔辛基以及苏亚索（Zuazo）在马德里的案例所展示

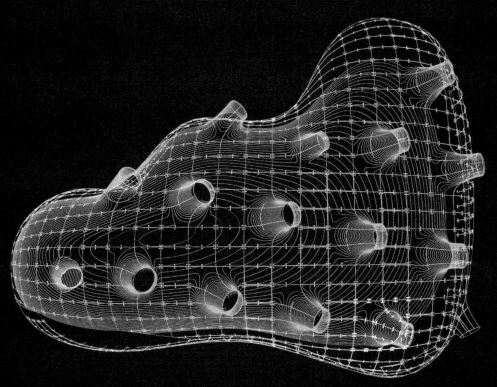

的那样，这些建筑都是在他们的城市提案被遗忘的时候建设的。我们可以特别回顾一下那些由于管理原因被否定的现代建筑，其中较为突出的是那些在极为特殊的威尼斯没有建成的楼房：赖特设计的大运河上的马谢里城（Masieri）、勒·柯布西耶设计的卡纳里埃格（Cannariego）地平线医院，遥望着拉古纳（Laguna）内地，以及路易斯·康（L. Kahn）在双年展空间设计的礼堂。加尔代拉（Gardella）设计的朱代尔（Giudecca）运河上的住宅却没有遭受同样的命运，它既是威尼斯的又是现代的。此外由凡·艾克（A. Van. Eyck）在阿姆斯特丹新古典的城市扩展部分设计的那座光彩亮丽的单身妈妈住宅也是如此。由此我们可以得出一个结论，在历史空间保存中最重要的不是那些造型因素，而是体积和结构因素，同时也是类型学的因素，特别是在面对仿古宫廷建筑的粉饰性保存的时候。新兴和已有建筑之间的对话仍然植根于结构、线条和类型的概念，植根于新建筑的范围和体积所做的调节中，在形态和功能的相互适应中，而不在于对过去模式的形象模仿上。甚至彼得·库克的生物形态博物馆也在范围和体积节制方面给我们上了一课，这一点只有在鸟瞰时才能显现出来。

但是这一主题仍然是开放的，"再利用战略"在当时的状态十分活跃。该战略力求系统地重新利用废弃的空间、保存过去的建筑、利用旧工厂和港口货棚，这些课题使得人们对城市规划的思考逐渐深入。这些行为来源于20世纪七八十年代与经济危机的斗争，到90年代转化成了重建的兴奋，这是远离经济上的贫困之后的反应。首次问世的伦敦多克兰兹（Docklands）区，1992年奥林匹克运动会时的巴塞罗那和德国恢复统一后的柏林，这些都是在一系列设计和规划、管理等不同立场之间的对话之后修正目标，找到共识之路的综合成果。在这些城市规划中，人们在谈论建筑时很少谈论这是某位设计师的作品，而是把更多关注点放在社会的期望、建筑的雄伟壮观，甚至是它的矛盾之上。显然，经济的繁荣推动了对生产体系所抛弃或者利用不充分的广大城市地区的修缮，但也涉及潜力已经耗尽的问题。我们可以想象各种滨水空间和城市中伴随着新的公园和花园体系的景观建筑不断涌现，干涉的规模促进了修缮和传统的城市扩张相结合，在对质量的严格要求之下，在城市内部历史城市的回声得到了保留。

在调整历史中心保存政策使之最大范围适合于城市战略问题方面，我们可以看到在保护性的整理和安排方面已经取得了很大的进展，制定了专业的目录并建立了大致可行的保护等级。然而与容易接近和融入城市的整体结构有关的最普遍的目标，例如保持和吸引民众的目标、改善基础设施的目标等都没能取得显著成绩。历史城市中心空间发展依旧举步维艰，城市中心化和遗产保护在很多情况下都是相互对立的，引入高效的城市管理需要一个在实践中参与和协调的广泛而真诚的过程。

奥地利城市格拉茨由彼得·库克和科林·福涅尔（Colin Fournier）设计的现代艺术馆。对范围的理解使得当代建筑和所继承城市空间的聪明对话成为可能

把战略视角加入到特别计划的制定和执行中，这是一条可以实现重大进展的道路。整体修缮正在顺利发展，并取得了较大成绩。从它的经验来看，这些规划都成立了专门的公共机构来管理，它们拥有重要的技术支持，具有较宽泛的执行能力，并由一个由各相关部门的代表组成的委员会领导。这些代表是临时委派的，特别负责他职责范围之内的管理，这样就方便了历史中心领域内不同级别的管理机构的参与和公共投资的协调。对所有历史中心来说，经过仔细考虑的改造比那些冗长且模棱两可的决定更容易得到很好的执行，这一点早已司空见惯。行动计划在空间和时间上都比较集中才能征服某些"爱评头论足的大众"，同时还要强调对私人修缮的重视、改善信贷和财政条件并给有需要的个人提供必要的技术支持。最后，在修缮创新的经验中精细的市场战略的设计越来越普遍。把代理人和市民都包括在一个计划之中，让他们觉得自己是计划的主人，最理想的状态是把民众和设计该计划本身的机构也包括进来。总之，态度的转变已经开始，新的干预方式正在出现，特别是在那些资源丰富的城市。

古根海姆效应

确实，在西班牙的一些例子中，比如巴塞罗那和赫罗纳、圣地亚哥—德孔波斯特拉（Santiago de Compostela）、维多利亚或者毕尔巴鄂，我们不难看出历史中心的问题已经超越了古迹保存或历史遗产方面的思考。[26]这些案例证明了博物馆式的观念是不完整的，在城市面向未来的思考中，历史中心是基础，它们在每一个例子中的城市整体中都扮演着不同的角色。每一个历史中心都是不一样的，不仅仅是形式和功能有所不同。也有一种倾向是把相对较近代的空间也解释为历史中心，继而在其保护逻辑中加入如城镇或者一些建筑群的扩展部分这样的城市区域，类似20世纪初期与花园城市运动相联系的一些范本、社会住宅以及特殊工业建筑群的一些初期例证。

毕尔巴鄂的例子可以让我们直观地看到集中在欧洲城市中心问题上的大多数的挑战和期望，包括关于目标的矛盾和规划改造的方式。毕尔巴鄂具有很特殊的城市历史，它是由具体的事件造就的：中世纪的飞速发展、港口的条件、文艺复兴时期的衰落、宫廷斗争的启蒙、随着工业革命绽放的现代化和同样以工业为基础的战后扩张，以及在20世纪末期由于对稳固和繁荣地位的追求而更迅猛的扩张等。今天毕尔巴鄂以历史空间为主导的城市中心催化和引导着都市区生活，在这一区域居住且来源复杂的100万人口都是在转型过程中逐渐汇集而来的。

老城区的位置正好和毕尔巴鄂小镇的空间重合，今天我们很容易就能辨认出来。[27]老城区在20世纪的时候是个大众化的空间，只是城市的一个区而已，虽然拥有历史

某些楼房天才地体现了一个城市改造的意愿并成为未来机会的象征

遗产，但是也随着城市中心功能向别的地方转移而逐渐破损。20世纪80年代起，修缮工作有效地开展起来，这座城市曾于1983年遭受洪水灾害，建筑和商店遭到损毁，由此引发了老城区的转型。人们通过制定特别修缮计划，划清整个修缮区域界线，并于1985年成立公共办公室来领导该项修缮行动。[28]毕尔巴鄂老城区是在公众的提议下开始修缮并得到了公共财政的支持，它保持了"大众化"的特点，延续商业的同时兼顾旅游业、酒店业和文化事业。为此，从主要的建筑到教堂、宫殿建筑、博物馆、市场都进行了整修，最后以阿瑞卡剧院的修缮结尾。同时还平行地开展了对公共空间的干预和补贴私人住宅楼房的修缮。市政府修缮办公室运转高效，因此今天几乎所有的建筑都曾经是某项改善行动的对象。毕尔巴鄂通过建设6条街道、新广场阿雷纳尔和沃兰廷，恢复了它往日的光彩。里亚河（Ria）的右岸，从大市场到德乌斯托（Deusto）大学，当时被打造为现代和高雅城市的门面。尽管如此，扩展区域依然是城市生活的中心空间。

河的左岸被工业、港口和铁路相关的活动所占据。扩展区域在都市的心脏地区，它向内部倾斜且面向大道街，那里集中了最豪华漂亮的大楼。在第一个河床台地上，由多座工厂组成的迷宫连接着内维翁（Nervion）河及其小支流。在里亚河的河床右岸穿插着一些工业建筑，河流从赫特克索（Getxo）入海，那里是当地商业贵族的传统居住地。左岸工厂的后侧属于工人的毕尔巴鄂，该区坐落在巴拉卡尔多（Baracaldo）、塞斯陶（Sestao）、波图加莱特（Portugalete）和桑图尔塞（Santurce）山坡上。我们可以把毕尔巴鄂形容为中世纪的毕尔巴鄂、商业的毕尔巴鄂、大众化的毕尔巴鄂、资产阶级的毕尔巴鄂和工人阶级的毕尔巴鄂。一个城市由各阶层和各种形式组成的形象，是在不同节奏的历史背景下形成的。工业危机及其造成的新变化会带来很大的不确定性，这一点不容忽视。

建筑在城市的复兴中发挥其功能并引领了城市复兴，从这层意义来讲，毕尔巴鄂则是一个例外。古根海姆博物馆的中心形象被盖里（F. Gehry）神奇地镶嵌在里亚心脏地区最艰难最破败的空间中。从20世纪70年代末起，二度工业化进程为城市发展提出了巨大的挑战，社会和经济问题需要在未来的战略中得到解决，这正是毕尔巴鄂当地的主要项目在规划后的城市空间所能发挥的作用。城市系统遭受着被里亚河限定的痛苦，因此老工业空间的心脏地区在地理上不可能扩展到外围地区。毕尔巴鄂的老城区正如前文所说，经历过最初的大规模城市行动，植根于修缮和恢复的概念。然而，毕尔巴鄂的扩展新区是一个定向非常明确的中心，并且正在经历深度的功能调整。调整中比较突出的是恢复了与新区相接的内维翁河沿岸和阿万多瓦拉（Abandoibarra）地区的空间，正是在那里人们建设了古根海姆博物馆和欧斯卡尔杜纳（Euskalduna）会议厅，这两个著名的建筑矗立之处正是以前用作铁路、仓

<< 古根海姆博物馆。毕尔巴鄂的"古根海姆效应"不能抛开当地政府和城市管理部门的持续规划努力来理解，它持续多年的不间断的设计过程曾是一个例外

库、海关和造船厂的地方。

有些人认为毕尔巴鄂和古根海姆的相遇实属偶然，但是这偶然的相遇也是因为毕尔巴鄂具有吸纳创新开放的态度。从城市规划的观点来看，毕尔巴鄂之所以成为典范是因为它调动了所有可用的城市规划工具，在市政府环环相扣的坚持努力下，在巴斯克（Vasco）政府比斯卡亚（Bizkaia）议员团和中央政府的支持下，借助了工业集团和土地所有机构如RENFE的努力以及社会本身的认可。它不仅有为历史空间和特殊空间设计的总体规划和特别规划，还有区域性的规划即土地整顿的准线，超市政的努力即都市地区部分的区域性规划，战略计划即具有执行力的公有制自主公司——毕尔巴鄂修缮公司·里亚2000（Bilbao Ria 2000）财团乃至毕尔巴鄂大都市30（Bilbao Metropoli 30）这样的论坛。理性的规划和面对未来所作出的种种努力都是不可否认的存在，奇怪的是，对公众和国际媒体来说建筑却成了主角，甚至以古根海姆为榜样。在毕尔巴鄂发生的"古根海姆效应"是不能通过建造一个象征性的建筑而移植到其他城市的，"古根海姆效应"象征着一个社会改变的意愿、信心和决心，它使得人们在21世纪的废墟上，在已经枯竭的生产体系上重新创造和建设一个毕尔巴鄂成为可能。

从20世纪80年代中期开始，人们对毕尔巴鄂城市中心改造提出了重要的计划。[29]第一个计划恰恰是以毕尔巴鄂伟大文化遗产为意图而得出的结果，目标地区在阿隆迪加（Alhóndiga）地区和整个扩展新区。赛恩斯·德奥伊萨（Sainz de Oiza）和奥泰萨（Oteiza）联手在老旧的楼房上为文化创建了一个立方体，但是建筑物保护的条件曾引发当地和机构的争论，从而使这个项目发生了转向。另外一个仍然在等待中的大型基础设施项目是阿万多（Abando）车站的全新大型交通枢纽，由斯特林（Stirling）和威尔福德（Wilford）设计，从那里已经可以看出毕尔巴鄂地铁的重要战略地位。但是直到20世纪80年代末期，特别是90年代，才提出了取得成功的新地铁计划。该项目如今已经开始运营并提供服务，是由诺曼·福斯特（Norman Foster）在竞标成功后设计的。港口的扩建释放了里亚河的内地空间，加上圣地亚哥·卡拉特拉瓦（Santiago Calatrava）设计的机场，以及对里亚河至关重要的清理计划和阿万多瓦拉地区的发展，形成了一个新的中心区域。这一区域由西萨·佩里（Cesar Pelli）设计，几年前那里的古根海姆博物馆和欧斯卡尔杜纳会议厅已经开始投入使用。很快，该地区即将实现包括住宅、酒店、商业中心和大学教学用地以及一座高层写字楼的完整发展。下一个即将面世的计划是索罗萨奥雷（Zorrozaurre）的发展，那是里亚河上一个50多公顷的半岛，可能会在毕尔巴鄂第二次城市革命中起到决定性的作用，那将是一个推动创新经济的革命。

为了毕尔巴鄂改造的主要城市规划设计得以实现，当地创建了公共资本公司，名为毕尔巴鄂·里亚2000。国家与里亚计划相关的巴斯克公共机构巴斯克政府、福拉尔·德比斯卡亚（Foral de Bizkaia）议员团、毕尔巴鄂市政府和巴拉卡尔多政府参股50%。里亚2000为公对公的合作伙伴，来领导堪称毕尔巴鄂奇迹的战略行动。

Fundación Metrópoli

这一公司利用很小的社会资本，但是在管理委员会中有相关机构的最高级别代表，这对公司的信誉和效率是最根本的保障。它能够为企业提供进入毕尔巴鄂核心地带的机会，并且能够与合作方达成一致，使核心项目得以运营，从而为未来项目发展获取资金支持，这一点是私有企业无法做到的。

毕尔巴鄂的新地铁是诺曼·福斯特设计的公共工程的典范，在大都市的环境下为靠近扩展新区和老城区的中心区域提供了一个特别便捷的入口和通道，尤其应该指出的是它巩固了现代的城市形象。新地铁在呈长条状的大都市环境中十分高效，刚刚引入的电车、扩展新区的重新修整和步行区建设、巴拉卡尔多新展览区BCE和毕尔巴鄂展览中心成为完成毕尔巴鄂大都市转型的基本项目。今天我们看到里亚河边的毕尔巴鄂正处于一个大型改造的开始阶段，动力来自于对港口、铁路和工业废弃的大面积土地的再利用，执行的是有结构性的关键计划和各相关市政府提议的计划。这一重建计划开始于老城区和扩展新区边缘的内维翁河堤岸的示范性重建，它作为显赫一时的城市规划探索激起了人们浓厚的兴趣。今天，几乎欧洲所有的中型和大型城市都沉浸在改造过程中，在这一背景下，毕尔巴鄂的经验和"古根海姆效应"可以成为极具价值的借鉴。

美国城市中心的复兴

我们的历史中心是公共网络的一部分，连接着城市主要的交流空间、中心空间和市民空间的是一种代表性空间。从宽泛的意义来说也是一种混合的空间，是各种活动的集中地和各种交流的发生地，是我们称之为城市的各种趣味的主要引力来源。我们正在筹划的是美国人怀念并长时间以来重新计划的东西，一种希望的城市和城市中心模式，一种对真正的城市复兴的追寻。

任何地方都有传统城市的捍卫者，比如简·雅各布斯和刘易斯·芒福德。不论是从视觉的丰富性、活力，还是从社区的意义以及经济健康的角度，他们都更倾向于旧建筑和高密度居民区的优势。凯文·林奇最初所做的关于城市意象的研究是把"传统空间"作为研究对象，一种可以解释怀念欧洲历史城市特质的城市规划分析方法也逐渐发展起来。简·雅各布斯曾表示[30]："城市需要老建筑，因为没有它们，可能永远也发展不了生机勃勃的街道和街区。就这些老建筑而言，我不懂的是那些博物馆和建筑物的房子都处于良好的、花费不菲的修缮状态，虽然它们也是城市精致和脆弱的组成部分。但是主要的、大部分平常的、简单的以及价值不高的房子以及某些类似的房子，却几乎处在破败的边缘。"

然而，很长时间内在美国占主导地位的城市政策是把城市中心变成充满写字楼和办公室的闹市区，执行的是城市更新的强硬逻辑，不用爆破就可以摧毁之前存在

毕尔巴鄂的社区核心项目，Sabino Arana 大街和Rekalde社区

的大部分的城市中心。资本主义城市重商主义和改造逻辑是具有根本性彻底性的，甚至在政府机构的大楼上都有所体现。在一些更加具有欧洲风格城市中心的城市可以得到证实，比如波士顿，在那里20世纪70年代建起来的城市中心完全是从拆毁逻辑出发的。一些保护的先驱性行动，比如波士顿的昆西（Quincy）市场或者旧金山的吉拉尔戈代（Ghirardelli）工厂，开启的不仅仅是保护某些建筑的计划，而是将多功能引入闹市区，进而推动商业、餐饮的发展等等。那时候所产生的争论，在文学作品中也得到了集中反应，十分有趣。人们开始要求对人行道进行改革[31]，批评郊区的发展模式，继而转向对汽车和高速公路对城市无理入侵的批判。之后还出现了对无法认知公共空间的社会利己主义的批评，以及对一个经济逻辑主导下的城市对社区和市民关系的破坏的批评。

但是真正先驱性的行动是对巴尔的摩内河港口的恢复，这是一个由几任市长领导并提出的动议，其中比较突出的是能力非凡的谢弗（Schaefer），他促成了这一动议。同时，这一行动也仰仗于在重要公共援助庇护下投资的企业家。城市学家华莱士（David Wallace）和麦克哈格（Ian McHarg）于1964年提出了第一个整顿计划框架，这一工作一直延续到20世纪80年代。该计划是要把一个退化的空间、旧的内河港口和废弃的码头这些城市的起源地转变成一个充满活力的城市中心。这个更新计划首先以酒店、饭店和文化空间诸如水族馆、会展中心、科技博物馆以及修补好的古旧船只为基础，把这些元素安排在写字楼和商业中心的一边，即在公园和公共空间以外的空间。这个计划是根据战略视角来组织并有选择地从某些项目开始的，很快就让海边变成了可供人们进入的地区，其行动既恢复了历史面貌又巩固了地方特色。从规划的观点来看，该计划所涉及的是一个很特殊的情况。麦克哈格关于恢复城市中心的环境理论与郊区的增长相冲突，这无疑影响了戴维·华莱士及其工作室WMRT（即现在的WRT）的能力和韧性。工作持续进行，在一片旷日持久的讨论声中前进。[32]WMRT还在20世纪60年代末期在河岸的恢复过程中为下曼哈顿地区做过最初的规划提案，并于1979年催生了著名的炮台公园计划。纽约南街港口富顿市场的恢复保存了建筑和船上饭店，也将会成为一个典范。就这样美国开始了今天最引人注目的滨水区恢复，这也是城市复兴近期历史的中心主题。不论是在阿姆斯特丹还是布宜诺斯艾利斯，不论在巴塞罗那还是热那亚，因为有许许多多城市都进行过或者正在进行其港口空间的转化，都对长时间以来被港口货棚掩藏的滨水区进行恢复。出于同样的原因，以前的工业区也逐渐转化为服务于社会的休闲空间，还在巴尔的摩创造了如今众所周知的咖啡店。但是在这一过程中矛盾的出现也是不可避免的，巴尔的摩今天仍然是一个双重性的城市，成千上万的房屋被空置废弃的同时大街上游荡着无家可归的人，他们漫无目的地流浪着。按照戴维·哈维的说法，他们是城市的旁观者。每当提到雅皮士乌托邦并对公私伙伴关系提出质疑的时候，他

多伦多是正在发生在全欧洲和美洲的城市创新过程的范例

总是认为公共部门是风险的承担者，而利益却归私人所有。[33]但是如果说起项目对巴尔的摩的长期影响，"内港"的翻新是一个成绩斐然的项目，对于整个城市的发展是大有裨益的。尽管如此，这一特殊设计项目的成绩也不意味着人们可以忽视在不平等的现代大都市中大量悬而未决的任务。在美国城市中心的复兴中，环境因素也同样扮演着一个根本性的重要角色。曾经有分析家很尖锐地批评了城市广而阔的模式，主要根据是来源于汽车和城市中心区域之间不平衡，以及边缘环城道路和富裕郊区之间日益显著的差别。而今天我们可以看出，在现有空间中增加居住人口密度比继续扩大郊区范围更加具有可持续性。

很奇怪的是城市中心的论据在形式上也向郊区发生了转移，首先是因为北美城市规划中典型环境空间再创造的趋势。这样一来，商业中心用最新颖的概念开拓了传统城市空间和公共空间价值的再生，即运用商业村（Commer cial Village）、街道和广场的开放体系，特别是在气候允许的地方替代封闭的购物商场，就像迪士尼乐园中的主干道一样。根据新的形势状况，传统居住人口密度较低的城市郊区也将变成就业人口的主要居住地，正如后文中所交代的那样。

生态学家地位的上升成为控制影响城市中心地区范围的因素，这在波特兰和西雅图的案例中比较明显。为了进一步探讨城市中心的复兴[34]，我们必须以纽约、波士顿或者旧金山等特殊大城市以外的案例为主。在这些大城市恢复中心地区的动议往往和新生中产阶级的生活习惯联系在一起，有人称之为"SoHo综合征"，指的是纽约充满活力的街区及其对周边街区的辐射力。这一点是很难复制的，正常情况下都是用住宅或者服务区来填充城市的空地，还从属于城市密集化可持续发展战略，同时也是为了适应移动不多的精英阶层的工作特性和服务于具有较高购买力的社会人群——年轻的或者并不年轻的，他们喜欢更加充实的城市生活：咖啡馆、商店、饭店、博物馆……。向城市中心的回归要从边缘城市开始，而且随着公共领域的重建和对其他商业以及混合用途的推动、随着对人力资本的投资而不断发展，因为人们注意到了社区单位规划的不同之处，同时对公共建筑在城市融合方面重新进行评估，以及城市交通的重新规划。[35]1989年地震之后对旧金山码头区域的恢复、对达拉斯的维克托里（Victory）区或者小小曼斯菲尔德（Mansfield）中心的修复、多伦多的当河（Don）重归自然的整修、对大型港口如鹿特丹和汉堡港码头的整修和对沿伦敦东部泰晤士河的清理等等，都是恢复城市"中心"的典范。我们所谈及的地方，其修复不仅仅限于"历史中心"，巴塞罗那新海岸因此仍然是典范。城市中心可以是一个人们之间有协作的和互动的地方，一个人类聚居并产生有能力推动新经济的创造型阶层的地方。

费城的艺术大道

城市中心的回归需要复杂的联合行动，因为涉及的不仅仅是吸引居民，还要通过被人们废弃空间的综合利用来再生，包括就业的创造机能，从而保证对城市有连贯性的使用。在正在进行的实验之中，费城的例子比较突出，那里有一种修复中心文化。从埃德蒙·培根（Edmund Bacon）在费城索赛蒂希尔（Society Hill）地区所做的经典工作的例子中可以看出，该区是今天费城最尖端的社区之一，是南街（South Street）复杂而色彩斑斓的区域。

从费城城市中心改造的视角来看，有一个非常有趣的经验，其城市中心区（CCD）是私人部门在城市中心改造过程中合作的成果。过去破损的市中心，从大小规模来看位列北美第四。今天是一个健康的城市中心，更加具有吸引力，更像一个大都会。费城像美国其他城市一样，曾经因为传统重工业的没落和在数十年中转移到亚洲新兴国家的工业活动而遭受了深重的经济危机，经济的衰退在城市大部分地区特别是闹市区造成了城市的损伤。费城的经济恢复与高校和生物科技这两个基本方面紧密相连，二者已经成为当地的两大杰出组成元素，城市经济围绕以两大元素为基础并依靠知识资本得到了再造。一些主要的大学特别是宾夕法尼亚大学距市中心很近，这是一个根本性的因素。另一个有益于费城恢复过程的因素是在地理位置上处于华盛顿—波士顿轴线上，特别是非常靠近纽约。同样很重要的是连接费城中心和大都市区域的铁路系统，这种非常稳固的连接系统在美国很不常见。最后我们应当说明的是，费城是编写和通过美国第一部宪法的中心城市，因此其独有的历史意义也为它赢得了许多机会。

1990年，在经济复苏的背景下，费城市中心一个约有2000名业主创建的协会树立了费城中心复兴战略中的里程碑。该协会被命名为费城中心城区CCD，其目标是保障衰落空间中的就业和竞争效率，给服务企业和新居民提供新的机会。创建一个高质量居住空间的目标在该协会投入资金的融资行动支持下得以实现，所涉及的是城市中心大概100个街区，每天人流量达50万，包括居民、雇员、商人和游客。CCD的工作是补充市政服务行动，包括推动安保、保障清洁、维护花园、指示路标和其他日益尖端的服务。改善历史建筑的物理状态及其功能的计划也得到了发展，从而吸引新居民和高质量的新活动，既有文化的也有服务的，酒店、商业、饭店等等的计划也得以施行。在中心建立一个极其重要的会议中心的决定是关键一步，由此推动了一流酒店服务业的创建。宾夕法尼亚大学是城市最重要的标志，是推动费城改造的引擎之一。更有趣的是一条连接着费城中心和宾夕法尼亚大学校园的主要城市街道被命名为技术大道，在其附近逐渐建设发展起来的是著名的大学城科学中心，专门被用来创建以周围大学的知识资本作为原料的公司。在未来战略的设计中，宾夕法尼亚大学和费城之间总是有着紧密的共存关系。宾夕法尼亚大学设计学院院长、著名的城市规划学家加里·哈克（Gary Hack）甚至在很长一段时间内都以城市规划委员会主席的身份出现。

在我们生活的世界中，城市越来越开放和具有竞争力，创造性是产生区别的因素，各种城市都开始考虑通过推动艺术行动鼓励创造性活动和提高经济领域创新的

战略价值。费城拥有深厚的艺术传统，最近几十年来，它以特殊的方式推动了艺术的全方位发展。

这项重要工作路线的具体案例之一就是在宽阔的大街上创建艺术大道，它为城市中心重生发挥着重要作用。在那里通过艺术氛围的引导，更新了这条城市大道的功能。这里有著名的艺术大学，拉斐尔·比尼奥利（Rafael Viñnoly）以独树一帜的想法设计的新歌剧院、剧院、音乐厅、学生公寓，引向艺术世界的建筑、学院、酒店、住宅、饭店、爵士酒吧、音乐店等等。用艺术引导和一些与艺术本身之间有联系的多样功能来重新激活城市空间，这些想法都可以在费城找到有价值的例子，即在这两条平行的街道上创建了科技大道和艺术大道。

另一个恢复费城中心的重要提案是和艺术世界相关联的壁画艺术方案，该方案不仅试图通过壁画这种通俗艺术来提升城市景观的质量，还希望通过重塑地方特色来加强人们和他们社区之间的联系。这个提议很像在其他地方如法国的莱昂（Lyon）执行的计划，壁画逐渐填满空间，有时候行动无疑是具有艺术价值的。重新构筑城市复合体，其中时间的痕迹可以通过一段废弃的墙来展示，更准确地说是通过壁画的形式保留在墙上，留在公共艺术中。

我们曾经强调过人文艺术村的概念。在这个案例中，推动力来自公民社会，志愿者在费城一些重要基金会的支持下决定干预城市北部形态和社会方面损毁非常严重的空间。这和该地区的居住者有关，这些被称为"邻居"的人们很多都是失业人员，都有吸毒、犯罪的问题，都是被社会边缘化的人。把他们纳入到改善公共空间的工作中来，种植树木、设计和绘制墙画，改善他们的居住环境，还被鼓励参加话剧表演来表达他们对所处社会的条件和状况的意见。这是承诺改善他们生活的志愿者们所做的小范围的细致入微的工作。

费城艺术大道。一个城市轴心围绕在步行区范围中具体主题资源进行的有趣的再创新过程在20世纪的最后几十年，在日益全球化的经济竞争环境中，开始出现了对新工作方式的需求，也出现了对城市未来的强烈不安。在这一新背景下常规的城市规划已明显不足。

战略规划是一种军队或企业常用的传统方法，1982年在旧金山第一次被用在了一座城市上。西班牙于1987年从巴塞罗那战略规划开始引进，那时候正处于组织1992年奥林匹克运动会之前的非常特殊的时刻。

这曾带来幸福感，但也伴随着应用这些规划工具的可能性的幻灭。

与此同时，诸多特殊事件成了可以激活城市改造的伟大行动，这在近代城市历史中也已经得到了证实。一些人把从特殊事件中生发出来的城市规划推动称之为脉冲效应，甚至像巴塞罗那这样的城市也创办过如世界文化论坛之类的活动来继续推动城市的改造。

Strategic Planning is a military and business tool that was applied for the first time to a city in San Francisco in 1982. It was introduced in Spain in 1987 with the Strategic Plan of Barcelona, in a very singular moment leading up to the organization of the Olympic Games of 1992.

There was euphoria but also some disillusionment by the possibilities of application of these planning instruments.

At the same time, recent urban history has shown that major events have been used to activate the urban transformation of cities.

Some have called the urban impetus given by such major events, the 'Pulsar Effect'. Some cities, such as Barcelona, have even invented events like the Universal Forum of Cultures in order to continue the transformation of the city.

08 城市战略规划

Strategic City Planning

Fundación Metrópoli

竞争中的城市和区域

自20世纪70年代开始，在日益全球化的经济竞争环境中，社会上出现了对城市未来的强烈不安。城市作为周边地区的服务中心，或者基于原材料和地理位置因素形成的生产中心等传统角色逐渐减弱。人口流动性增强，交通和通信系统的发展越来越重要，关税壁垒的影响也日益减小。新的国家加入到全球经济舞台上来，城市受到了前所未有的竞争环境的影响。

技术革新和传统工业生产体系的产业重构造就了新的环境，在此基础上，国家在经济中的决定性角色发生了变化。随着服务业的发展和信息社会的崛起，20世纪80年代末期和整个90年代，世界众多城市均实现了出乎意料的高速经济增长。

在创新和经济发展的地域分布不均衡这一明显事实面前，国家表现得很强势。它通过把活动集中在大的城市区域中，从而使相应的城市规划在这些地区得以大规模推进。城市规划必须要有新的思想，以重新引导城市规划过程，保证城市能够成为新的决策中心。[1]这种新情况与以往完全不同，差别也细致入微，但是允许专家们更加重视内源性的发展，这一发展取决于在不断变化的环境下调整出适合地方的对策的能力。地方开发者们的价值在于他们利用资源和优势的能力以及创新的能力，这些都具有决定性作用。城市有了新的主角，并且意识到了为实现理想中的未来制定自身战略的重要性。在一个广泛联系全球化的开放体系中，无论在什么样的环境下，为应对市场指定的主导角色，城市的独特性和制定适当战略的能力都是具有决定性作用的[2]，这也有益于增强城市竞争力。在这一新背景下出现了一个问题：通过一个战略性质的规划是否能够获得经济活动、社会凝聚力和环境质量方面的竞争力。

城市规划最基本的作用是服务于改善市民的生活质量，至少是改善其空间条件。问题在于它是否还应该服务于经济发展，在这种情况下经济发展体现在财富增长方面，而生活质量则被理解为经济发展的结果。专家们向我们展示，当城市更加具有创造力的时候会更加富有和繁荣。简·雅各布斯用她独特的观点指出：如果城市不能不断创新而是停滞不前将面临长期的风险。[3]国际贸易，尤其是发明、研究，归根结底在于创造力，它是城市真正财富的源泉。彼得·霍尔指出大城市都有其黄金年龄，并试图从这一角度来回答问题。[4]霍尔认为创造文化、技术革新以及良好城市秩序的因素对城市整体发展来说格外重要。从古老的雅典到现代化的纽约，突出的创造力总是那样非凡但又稀缺而短暂，那么应当如何重新激活它呢？当然这不会导致悲观主义，因为霍尔本人也曾提到：就连斯彭格勒（Spengler）也没有理由预言西方的没落。虽然芒福德认为我们的大城市注定要成为大墓地，但至少在现阶段他的预言没有应验。尽管存在大量有待解决和很多尚未意识到的矛盾，西方城市仍然显示出了巨大的创造力。虽然我们陷入了大城市无情冷漠的空间，但它仍旧充满活力，而且有些空间还在向前发展进步，多样性也得以保留，这是事实。发展在继续，但也造成了深度的不平等。[5]

通常为城市争取更大竞争力的战略也会带来风险和矛盾，资本城市的发展纲要需要一个好政府来付诸实施。从深层次来说，就是城市能否成功地处理它的矛盾，能不能解决一些涌现出来的问题，如贫穷、分裂、污染、缺乏动力和建立英明的政府等等。在城市竞争的新背景下，常规的城市规划已经明显无法满足需求，况且已经出现了对新的城市工作方式的需求。这种方式在近25年中得到了广泛的发展，被称为战略规划，其要点我们将在下面的章节中予以阐述。

城市如同一家企业：战略规划方法

综合来说，战略规划是针对主导性城市规划提出的。它包罗万象，具有功能基质和空间基质，是一种以目标为导向的规划。它并非试图取代之前的规划，而是以智慧的方法来"领导"城市改造，在这方面也突显了常规城市规划方面的不足。

因此，人们试图在城市里应用其他的诊断技术和管理方法，以充分开发地方潜力。这种所谓的战略规划，就是一种在区域和城市竞争环境下的城市政策制定方法，一种应用方法论来帮助决策和引导城市定位的行动。

战略规划第一次应用是在美国的城市（旧金山1982年）。而在西班牙，战略规划是从1987年开始应用在为1992年奥林匹克运动会积极准备并充满期待的巴塞罗那。其他很多的西班牙城市、省份和地区也都延续了巴塞罗那的例子。后来，这种方法又从西班牙推广到了拉丁美洲的不同地区。[6]

战略规划和城市更新之间存在着一种原始的关联。[7]战略规划出现在第二次世界大战的背景下，当时军备竞赛有利于对科研的大量投资。在那之后美国创建了兰德（Rand）公司，Rand是英文研发（research and development）的缩写，是服务于美国空军的"思维工厂"并隶属于道格拉斯公司，它是冷战时期为工业技术和生产创新方面的发展提供经验和服务的一种范例。

但是，何谓战略规划？就像在规划的其他领域一样，我们面对的这一概念并不是某种严格的理论。战略规划在于制定一个公司的长期目标，把公司当成一个整体考虑，然后构想和制定能够达成目标的计划，并考虑到外部环境的可能变化。我们可以把它定义为一个连续过程：一个人做出企业决策，然后系统地组织必要的努力来执行这些决策，并通过有组织的反馈来衡量与预期相联系的结果。[8]也有人给出了更简单的定义：战略规划是指对于理想和未来概念的定义和实现方式的规划。[9]这些定义之间都是相互补充的。

战略规划指向了实现过程中比城市规划更宽泛的目标，例如城市社区经济和社会改良目标，它可以在这些方面对方法和概念工具进行调整并拉开距离。战略规划将特别关注规划本身的过程，即作决定的过程。领导地位的创造和巩固是非常重要的方向，也就是说确定谁是规划的主体、巩固所规划"城市"的集体本性，这样的做法也是为了落实最后的结果。因此，在一种理想的状况下，规划的过程应该延伸到行动的管理过程，规划部门也应该参与到管理过程中去。集体参与和规划在这一战略中是基本因素。

分析、诊断、建议这一经典的方法序列在战略规划中是始终存在的。然而，它的运作需要引入一种特殊的动力来指导它的发展效率和最终结果，并且这种动力的发挥是有选择性的，是从里向外地指导那些被认为合适的优先主题和目标的执行过程。战略规划是一种富有生气和有焦点的规划，它能够确定具体目标、制定战略来实现目标并评估其成果和失败以便修正过程本身，这就是人们常说的反馈。为了理解上述内容，专家们对战略规划的以下特点进行了阐述：

·从完整的、整合的和协调的焦点出发，从它的期望和可能性出发，有益于城市形成全球的和多部门的长期视野；

·以需求、城市和植根于城市的公司的需要为导向；

·成本、收益的评价标准，就是一种对行动及其结果的经济性精确评估的衍生物，服务于决策的制定；

·从市场的视角发掘相对优势，改善城市系统的经济能力；

·集中于"关键主题"，由SWOT即优势、劣势、威胁和机会构架进行分析，发掘主题，从长远观点出发来筛选重要的东西；

·为采取决策创造灵活环境，把城市社区的参与统筹到专门的组织中，保证计划能得到执行，在政治行动和私人提议之间进行协调；

·以干预为主，利用特定的策略实现目标及其过程的管理和评估。

经济竞争和生活质量的论证是居于主导地位的，虽然从市场和城市间竞争的逻辑出发点来看生活质量最终被认为是经济竞争的结果。战略规划把城市作为整体来考虑，包括它的代表性地点和特征也要考虑在内，以应对潜在的需求。对经济繁荣和财富创造的追求是这一规划过程的思想基础，随着企业自身的环境被一种完全遵循质量的文化、评估和改善的永久过程所主导，规划过程也会得到扩展。

战略规划给予了社会代理人特别大的权力，这一点是合乎逻辑的，不论是公共的还是私人的，因为不论对制定目标还是领导为实现目标所制定的战略，这些都是不可或缺的。战略规划在一个更团结的城市社会中取得成功的可能性会更大，它维系的居间服务型社会关系能够保证社会凝聚力，由此也就需要一个能够最大程度地争取到更广泛参与，并对规划过程本身有所承诺的社会。然而，在复合型的、成分非常复杂的社会中，城市的复杂现实导致了战略规划需要有它自己的参与结构，这决定了实施过程的信誉。这种战略采用的往往不是普通的对市民开放的参与方式，而是一种以城市领导和代表性群体为重点的参与，通过邀请他们参与决策过程来获得规划的整合。另外，因为战略规划不是最终效果，它的效果要依靠行动来实

现，因此把行动管理和成果评估机制纳入运作机制当中，可以更好地保证规划的延续性。

这样，实现战略规划所采用的分析、诊断、建议这一方法论序列从一开始就围绕着过程和参与情况进行调整或修正，计划的启动集中依靠构建组织来驾驭规划过程并由组织做出决定。正常情况下，城市是由市民和政府来领导改造的过程，但是只有联合代表性的群体或者私人的城市代理人的群体，才能够保证参与并形成凝聚力。为了了解这种组织方式的外部观点，战略规划将使用不同的民意调查技术，调查对象是对城市现实的资深观察家和不同领域的专家。与此同时，城市沟通战略也开始实施，它通过大众传媒传达到市民，当然其中也有变相推销的风险。

第二步是认识城市的勇气。人们进行行业分析，特别是在针对城市特点的内部分析和了解城市外部条件的外部分析中加入企业逻辑。在内外两种分析中起主导作用的都是与经济直接相关的变量：内部的经济活动、人力资源、竞争力、生活质量……外部的需求、竞争对手……，就像在之前的步骤中发生的那样，规划使用的是从各个企业借鉴来的不同的技术，例如标杆基准法等等。对竞争产物进行全面的比较分析，通过分析其利弊以"复制"那些适合发展的元素。分析奠定了了解的基础，从而把需要、需求和资源结合起来，以便在未来优先考虑目标。从外形、经济和社会变量分析之后形成了现行发展的模式，专门的城市规划在过程中只占据很小的位置。

下一个步骤是将最初的诊断转化成城市的具体化特征以及在不同环境中的定位。

从这里开始，人们渴望达到的与未来相联系的战略远景开始形成。为了建立未来发展的模式，规划通过定义平台的方式来发挥其作用。这些平台构成不同的环境，以此为出发点根据精确的参数规划不同的模式，这样有利于提前预见不同的情况以辨别标准和目标。这里所说的是根据预见的情况，比较现实，又可以展望未来。

结果就是通过战略目标当中对于核心问题的定义，来实现理想中的模式。

每一个目标或者每一组目标，经过明确定义和战略行动联系在一起，并在策划或者纲要制定过程中得以具体展开。通过建立操作模式和结果评估方法，即关于经济标准和生活质量的标准，从而反哺规划过程，然后再进行调整或修正。

在战略规划过程中，持续的评估和质量控制使得人们长期聚焦于规划目标。过程的信誉和合法性取决于参与结构、沟通政策和已完成操作规程的成绩，行动的可行性取决于应该承担各个战略的公共或私人实体对该计划的切实承诺。计划的适应性，既依赖于根据具体环境对方法的调整，也依赖于根据结果对操作的调整，从而使得过程的真正灵活性成为可能。

上：南非开普敦
下：伦敦塔桥夜景
这两个城市显现出发展背后的强烈创造力

作为城市规划战略的建筑

如今，在主要城市发生的种种事件产生了广泛的影响，也让我们可以确信建筑本身已经成为城市规划的战略之一。

这里所说的和后文我们称之为脉冲效应的概念是相关联的。但不仅如此，当我们回顾巴塞罗那、毕尔巴鄂、伦敦、巴黎、赫尔辛基或者法兰克福时，我们可以看到有些城市总是在其建筑的出类拔萃和独树一帜中寻求手段来巩固地方特色并将其投射到未来。从某种意义上来说这是一种常态，因为建筑总是和实力相关联，并且总是在城市的"黄金时代"才得以发展。但是有些因素已经产生了变化。

这也和20世纪70年代经济衰退时期克服现代建筑的衰落有关。贝内沃洛曾有过这样一段精辟的论断[10]："过去50年当中，现代建筑研究已经认识到，我们所居住的城市并不是一成不变的，而且已经有人研究出了一些备选方案。但是，如果不对阻止新建议实现的方法做一个同样细致认真的研究的话，我们终将眼看着自己的备选方案逐渐过时而不曾有机会去进行检验和修正，从而失去机会。"几乎所有的伟大建筑都只能留在设计图纸上，这就引发了诸多的疑问，现在它们中的大多数依旧是纸上谈兵。设计师绘制出了很多的宏伟建筑，但是只有一部分重要的建筑得以付诸实践。另一个因素在于，人们认为一些主要的城市配备对城市改造有着催化和诱导作用，尤其如果是与壮观惊人的先锋派建筑相联系的话，人们会认为这些建筑才是价值的创造者。最典型的案例无疑是巴黎的博堡。

1958年，在蓬皮杜和戴高乐时代，巴黎国防部会议中心（CNIT）的圆屋顶开幕了，这是拉德芳斯地区的第一座楼，也是巴黎新的地标性街区。在经历了许多不确定性和遗憾之后，雄伟的拉德芳斯门于1990年拔地而起，它是由冯·施普雷克尔森（J. O. Von Spreckelsen）于1982年竞标成功并着手设计的。办公楼所在的街区位于巴黎的市中心，建筑排列鳞次栉比，各得其所。只有伦敦金丝雀码头附近的多克兰、法兰克福的商业区在欧洲能够与拉德芳斯所代表的价值相媲美，这是一座属于跨国企业的城市。

然而，要说起与众不同，首先就要提到1970年蓬皮杜中心的招标和当时极为年轻的建筑师伦佐·皮亚诺和理查德·罗杰斯的作品。1977年该项目完工时，很少有人意识到后来由波德里亚命名的博堡效应，而这样一个建筑作品在巴黎这样杰出的城市中的影响力和创新能力更是鲜为人知。在这一案例中，建筑与生气勃勃的文化项目紧密相连，在公共权力的支撑下得以发挥到极致。然而，在另一个截然不同的范围和环境中，毕尔巴鄂的古根海姆博物馆也一度达到了与之相媲美的冲击力，但是这并不是一个博物馆所能实现的全部。法国奥尔塞车站，在奥伦蒂（G. Aulenti）的领导下被改造成了博物馆，却没能收获类似的效果。如果我们还记得，奥尔塞（d'Orsay）车站从濒临拆毁的边缘被解救出来，并于1975年由蓬皮杜总统亲自推动，把车站改建成了博物馆。虽然它容纳了法国最好的艺术品，作为对大众有巨大影响力的保障，但它仍然表现得像一个传统博物馆，而且它的城市再生的潜力很有限，因为它处在城市中得天独厚的地理位置。博堡催化了一种理解城市创新模式的发展，并重塑了城市生活。人们开始谈论引导城市发展、城市环境进步和再生的改造，这是建筑和文化坚定行为的果实。而维护这个博物馆的费用甚至与20年后，也就是20世纪90年代末，修复蓬皮杜中心的费用一样昂贵，这也是其成就和效力的证明。它所承受的高频率的使用和建筑逻辑为我们解释了这种类型的建筑是如何在短时间内消耗殆尽的。国家的成就是不寻常的，这种基础建设严格服务于社会需求，却间歇性地决定着文化消费的社会。

在第二帝国时期的巴黎，奥斯曼男爵用一种计划性的方式重塑了城市，目的是让城市走向现代化，同时展开了无数设计方案（也简化了对城市的认识），至今我们仍然可以辨别出给城市划定单元的林荫大道的网络。这一有组织的"重大公共工程"的特色在于创造了现代化的城市基础设施——地下部分有排水、管道网络和地铁，地面是绿树成荫的宽阔大道以及新建的广场和公园。如果我们把这一战略和产生在1980年的战略作类比，就可以清楚地看出建筑构成了主要角色。该地区有史无前例的基础设施计划，尤其是和交通相关的部分，这些基础设施往往在郊区更容易显现出计划的效果。然而战略的主角地位还是由伟大的建筑组成，当时以密特朗（Miterrand）总统和希拉克（Chirac）市长为首的当地领导阶层用这个恰如其分的改造项目推动了一种原创的城市重塑方式。以博堡和雷阿勒（Les Halles）地区的招标失败为先例，拉维莱特（La Villette）公园、新凯旋门和巴士底新歌剧院的招标打响了起跑的发令枪，一场城市建筑竞赛在巴黎展开。1997年随着建筑师多米尼克·佩罗（Dominique Perrault）的法国国家图书馆的竣工，这场竞赛达到了顶峰。虽然有些人不接受竞赛的中心主题，但它的确创造了新的纪念性建筑，同时赋予了公共建筑以特色。那些原来的公共建筑已经失去了代表性，失去了代表城市意义的重大里程碑作用，也失去了让人们认识到城市实力和官方文化营造的巨大新空间的能力。拉德芳斯地区忠于战后的分散逻辑，当时考虑把第一个城市郊区建成一个新商业中心作为补充，以缓解巴黎传统中心的拥挤。然而，位于塞纳河两岸贝西和托尔比亚克区分别建设了新财政部大楼和图书馆，这是20世纪80年代末期进行的密集的城市再造行动的结果，是保证城市中心地位，使得巴黎城继续保持大都会地区最具吸引力地位的稳固行动。两个区共同展开了一个特殊的建筑项目系列，标志性建筑例如卢浮宫的改造，就能创造出我们前面指所出的新的纪念性建筑。我们可以认为成绩不仅仅是建筑师智慧的成果，还要归功于综合各方面因素后开始设计的雄心。值得一提的是这个案例中经验丰富的智者贝聿铭，他把卢浮宫这综合体全部投入了文化产业。改造一直延伸到古老皇宫的地基，还有建设地铁站，整体移动财政部巨大的办公楼，这些都不是小工程。巴黎的

新建筑是对话的里程碑，它们跟那些历史遗留下来的老建筑产生了对话。然而，在其他重要的城市中，如伦敦、阿姆斯特丹或法兰克福，我们几乎看不见像巴黎一样如此突出的建造纪念性建筑的意愿，因为要把正在进行着的、不同动议的成果、公共行动的或者私人行动的成果以及来自某些特殊机构的行动成果糅合到一起并非易事。也许只有柏林在恢复德国首都的行动中有与之相似的特点。

但是很显然，城市中游荡的文化正逐渐被取代，而取代者是一种大型的、多功能的、有地标意义的商业建筑体。它会渐渐影响到所有其他地点的过渡、消费或休闲的空间，巨大的建筑体逐渐融入到了日益发展的数字世界之中。

建筑在城市复兴过程中完成其角色并且成为城市复兴的领导者。一个计划并不总是以公平和可持续发展为标准的，虽然可以以间接的方式恢复一切，而种种改善也能惠及所有人，但是未来的城市还是冒险从特权阶层的立场出发来执行并保障特权。没有人会拒绝带来成就感的东西，因为我们生活在一种希望借助成就获得集体认同感的文明之中。比城市规划更具有可视性的建筑就是这种文明的代表，伟大的建筑下隐藏着过程的伟大与谨慎，其宏伟的外表隐藏了过程中所遇到的种种问题。

在任何情况下，城市建筑设计都能完成具有特殊价值的公共功能，正是这些功能使得建筑设计的效果得以发挥。最突出的例子之一就是废弃港口或者铁路地区的城市重建，有时可以恢复城市里因其广度和位置而具有重要价值的空间。从金丝雀码头开始的伦敦多克兰地区的恢复，从开始到20世纪80年代一直受到很多专家的批评，但今天看来仍是一个无可置疑的成就。它以特有的方式创造出的多样化，使坐落于泰晤士河畔的城市能够通过自身的力量调节经济状况的转变。可是没人会记得奥林匹亚和约克（Olimpia & York）公司的破产，甚至没人记得朱必利（Jubilee）地铁的延长线至今尚未完工。

在众多案例中，鹿特丹以其清晰和宽泛的目标而格外突出，具体体现在科万兹（Kop Van Zuid）地区。这个居住区从基础设施、水处理、能源和垃圾管理方面的可持续发展原则中获得启发，提出了一些有关住房密度和多功能运用的问题。如今游览鹿特丹是一种身心惬意的体验，任何人都不能怀疑当今社会创造杰出城市空间的潜力。然而荷兰最特别和突出之处却在于其住宅现代化运动思想体系的恢复，由公共管理部门引导的类型繁多的大型实验方案为青年建筑师打开了空间，创造性地为宜居建筑赢得了当之无愧的伟大赞誉，实现了建筑贡献给现代化城市的深刻变化。在小范围内，类似案例发生在如今的整个欧洲，这些案例验证了建筑为主要战略目

综合协调的城市项目战略愿景。哥本哈根侧重于环境的建设；波士顿侧重于大学教育和创意产业的发展

Fundación Metrópoli

标服务的潜力：即创造地方的质量和魅力。

事件和城市：脉冲效应

在近代的城市历史中已经证实，奥林匹克运动会、世博会等特殊的事件能够激发大规模城市改造运动。一个合适的机会能够使得城市获得具有竞争力的优势，创造一个特殊的机会有利于具有吸引力的舞台的形成，在这个舞台上目标和为实现目标制定的战略更容易实现。有些人把这种特殊事件带来的有益机会所产生的城市规划推动作用命名为脉冲效应。

从传统的角度观察，城市的成就本身是和城市与市场、大型交易会和节日等有丰富内容的大型活动联系在一起的。在19世纪，世界展览会是城市改造的重要动因，在很多例子中，这些展览都在城市中留下了决定性的印记。巴黎、巴塞罗那、布鲁塞尔以及塞维利亚，时至今日都拥有古老的大型展览留下的重要遗迹。埃菲尔铁塔的高大形象和芝加哥计划的伟大工程，都是在博览会的促进下产生的。

显而易见的是，在有利和不利的环境中工作是截然不同的。比如，巴塞罗那战略规划从奥林匹克运动会出发就有特别的优势，这是一个绝好的机会。一件这样的大事件是很有必要的，它为人们提供了经济和政治机构之间合作的落脚点和可能性，特别是要求更新基础设施和极其重要的城市配套设施的建设。奥林匹克运动会对一个城市来说是一件非同一般的事件，把这一背景与"脉冲"的天文学类似现象联系起来恰如其分，正如一颗星星可以有规律地、在短暂的间隔内发射出密度很大的能量。有了这种能量，将强烈地振动城市的常规运转，有益于在已经十分富裕且有创造性的城市中进行战略规划。例如，汉堡将奥林匹克中心的建设和伟大的"哈芬城市"（Hafen City）计划联系在一起，这个计划的内容是废弃港口的空间重建。如果没有获得奥运会主办城市提名，该计划也会向前推进，但会以一种不同的节奏，而且会放弃一些大型的动力设施进行重新设计。

大城市的活力和动力是不容置疑的，即便是它们在最缺乏生气或者遭到批评时，其重生潜力也不容怀疑，而脉冲实际上就是通过寻找一个事件来激发城市再生。巴塞罗那、悉尼以及今天的雅典都是奥林匹克运动会的主办城市，罗马和圣地亚哥—德孔波斯特拉因天主教大赦年而发展，格拉斯哥、波尔图、塞萨洛尼基几个城市则是欧洲的文化之都，热那亚是哥伦布百年纪念地，塞维亚或里斯本是世界博览会举办地点，柏林的首都地位的恢复，这些都是世人皆知的经典例证。所有城市都希望通过举办一个突出的活动来建设达到最先进水平的基础设施，并在全球范

脉冲效应。在1992年巴塞罗那奥运会和2012年伦敦奥运会之间有20年的时间框架。这两次盛会都加速了城市的发展和转型。巴塞罗那面向大海，而伦敦东部工业区的创新面向利河

围内发起宣传战略。世界博览会、奥运会、文化之都、国际赛事，甚至圣年和使徒节等都是人们举办大型活动、建设楼房和基础设施、筹划战略和特殊城市规划发展的事件依据。因此在全球化背景中，为了取得成为大事件的中心的机会，城市之间存在着激烈的竞争。在柏林恢复成为统一后的德国首都的时候，公共和私人投资甚至远远超过奥林匹克运动会的投资，虽然柏林墙的推倒是一个例外。在推倒柏林墙之后人们发现了一个受伤而空旷的城市并需要做出巨大的努力来抹平它的创伤，以恢复柏林作为欧洲大都市的条件和地位。巴塞罗那的杰出成绩则是把1992年奥林匹克运动会的举办和一个完整的智慧城市改造计划联系在一起，同时还举办了大型活动——世界文化论坛，由此加快了城市投资的步伐，恢复海滨地区并添置了优质的配套服务。

大城市之所以能保持其优势是因为相比较小城市而言，它们有能力连续地调动资源，而且掌握着更多开展活动的依据。中型城市要想取得承办特殊活动的机会来便利其自身的发展，难度就会更大。尽管如此，就像毕尔巴鄂的案例所示，人们可以重新定义城市的形象，找到恢复发生的催化元素。在中型城市的文化空间中设计大型文化设施，这就是把一种例外元素引入城市中的有力论据，当然为了引领城市规划的重塑和改善还是远远不够的。但也有例外的情况，例如像热那亚这样的小城市，在没有任何重大事件支撑的情况下做出决定，把日常课题变成了大事件：即把大学作为历史中心的恢复战略，河流作为改善城市形象的关键，用简单的色彩计划让建筑物显得体积更大，关注公共空间衔接等等。规模更小的城市中心则需要寻找到更多发展自己的依据或理由。有时候一项联网行动能创造有趣的协作，特别是当这些网络是在得天独厚的物质结构上发展起来的时候，如西班牙的圣地亚哥之路，法国南部、英国或者德国的运河，墨西哥的庄园网络或者葡萄牙的客店和乡间公寓网络，这些都模仿了我们熟知的高级客栈网络等等。

如果西方的传统是通过公开招标来寻求伟大的构思，这不失为最好的设想，但今天这张保单似乎过于依赖建筑师的声名。作为全球化现象的结果和城市市场推广计划的战略，启用最著名的建筑师似乎成了必不可少的环节，而且将城市冠以知名品牌建筑师的形象还可以用来保证过程的顺利进行。正是如此，我们提到的巴黎新的纪念性建筑作品，才分散在全球为数不多的一群引领建筑行业的国际建筑师手中。

城市规划和战略规划比较

几乎所有的欧洲国家中，城市规划都在逐渐缩减为一种管理楼房建设和控制城市用途的管理工具，即一个规范性文件。它的发展日益复杂化，偏离了最初"给城市以形态"的全面功能，因此对城市规划的批评以此为开端并不是毫无根据的。从形态开始，城市规划远离了合适的管理方法，并被城市不断增长的日益繁重的事务所压倒。常规的城市规划在应对越来越难以预测且不稳定的复杂环境时出现了困难，如果城市整顿的整体计划已经成为欧洲城市规划文化的明星工具，那么一旦它陷入危机就意味着整个学科会陷入危机。那些批评可以总结为对僵硬刻板和无效率的指控，在作为让区域重新取得平衡的工具，对思考和理论的控制以及环境质量的创造方面，它的失败之处就更加突出。在今天，总体计划的制定已经不再是创造适宜气氛、开启关于城市未来的开诚布公的讨论。

因此，战略规划正是在规划的常规工具出现了危机这一背景下推广开来的。战略规划和其他纲领性或者实用性的干预方式比城市规划更有能力面对变化，更有能力应对新的社会需求以及技术和生产的变化。然而，这种普遍应用的方法很快就表现出了局限性，战略规划的新鲜经验既造成了狂热也造成了不愉快。虽然很多战略规划都在试图克服传统规划中一些最明显的局限性，让相关机构意识到该地区的潜力、提供参与性疗法和城市动力，但是人们通常会忽略城市空间上的结构和形态。这是再普通不过的常识，其实应该兼顾一些人的"合理化"建议和另一些人的缺乏创新成分的意见。

我们面对的是一个有组织的决策过程，可以应用于复杂的结构、确立目标以及实现目标的手段，并对其结果进行评价。然而，当城市作为应用框架的时候，决策、定义目标、预测未来等等之类的概念会遭遇许多原本并不存在的困难。城市具有非同质的社会自然属性，不同的群体有不同的利益，城市中发生的一系列变化是由在不同压力之下采取的众多自由决定产生的。一个城市不是设计逻辑的结果，更不是某种特定产品的生产和销售，城市的社会属性将会奠定在城市中应用战略规划的实现基础。

的确，专家们坚持认同的战略规划的优点之一是试图用整体的方法看待城市的复杂性和环境，特别是在社会经济和政治方面。问题是战略规划能否切实达成它所设计的目标？战略规划是建立长期目标的理想工具，有利于当地经济和社会代理人之间的互动并创造或者巩固领导地位，这一点似乎是无可争辩的。

专家们认为战略规划具有系统化的焦点，确实，战略规划恢复了几乎已经被人们忘却的"系统概论"。[11]这是为了显示其包容并蓄的雄心以及尽力避免削减主义的意图，这通常是机械论类型的做法，同时也影响了人们关于城市现象的研究。虽然在开始阶段有很多局限，但它仍然努力以全面的历史眼光来有效地理解处于复杂状态的现实，然而却无果而终。

系统是一个由复杂元素及其相互之间的关系组成的现实，其特点在于它的作用大于其组成元素的简单相加。这是城市规划某一具体阶段中极具吸引力的事情，能够收获很多的成绩，在这一时期该焦点很适合城市发展。系统总论作为规划方案而得到了捍卫[12]，这一理论在应用的过程中产生了对模型几乎盲目的信仰。在城市中的应用模型能够为许多问题提供非常重要的结果，例如解释土地价值、土地和交通及其成本之间的关系，土地和住宅及工作地点位置的关系以及由此条件造成的每日钟摆式的人流移动等。[13]的确，在20世纪60年代，城市科学在量化基础上取得了长足的进步，因为模型以统计数据中获得的变量为基础，如人口、距离、车流、面积等等。虽然一开始让人很欣喜，但系统视角及其模式在城市的应用很快就产生了一些消极影响。

我们了解了城市规划的局限性，也知道有必要务实地进行规划，并面向变幻莫测、充满未知的未来。这些变化既来自于内部也有外部因素，难以预测，但这并不意味着这些关于未来的计划对城市没有积极意义。与过去相比，当今城市更依赖于自身的动力和创造力。战略规划是一种答案，它启发人们从地方理念出发来思考问题，从独特性、优势和弱点出发，在开放和复杂的全球背景下确定自己的道路。有些整合城市规划和战略规划的尝试已经取得了很好的结果，也许我们需要新的一代以战略为导向进行的城市规划，那才是真正的城市规划。

以战略为导向的城市规划——"都市方案"

战略规划必须克服不能完成预定目标的风险。基于对城市的物理形态的兴趣，我们需要一种能够合理规划各种要素空间排布的工具，进而落实既定目标。一个组织和领导城市改造过程的真正的都市方案可以实现再引领战略并把制定计划本身转变成现实。

提起在城市规划中找到一个真正面向未来城市的战略，法国一定是最好的案例。它证明了城市建设中复杂的规划机制可以在战略规划的过程中在空间元素搭建的基础上构建起来，未来的城市也是建立在空间元素的改造之上的。

贝尔纳·韦特（Bernard Huet）把城市规划说成是"在建筑学中集中城市所有的多样性和复杂性"[14]的一种尝试。规划的首要工作是了解具体情况，通过分析建筑学科中每一个具体事实来发展一种自主的技术，城市就是一本已经实现的建筑教材。计划所采用的标题希望用很少的词汇营造出一个有意识的世界：智慧的游戏、过去的呈现、城市的重建、类比城市等等。地理位置、城市形态与城中建筑的规模之间存在着明显的联系，因为它们在某种程度上是相互决定的因素，它们都是实现未来转型景观的塑造者。有些人曾经提出天才城市基因的突出作用，但是人们又都很看重地方的个体价值，各地对于创新的需求取决于每个地区、城市及其周边地区的特点和物理结构。这一点的成功之处在于融合了景观和城市分析等手段，使我们进一步对区域和建筑物的物理形态、组成成分和环境条件有了更加深刻的了解。继而，城市的深刻含义在城市建筑和城市形态之间关系的合理性之中得以保存。在这样的背景下，城市分析为各种关系提供了一个框架。基础设施、服务和民用设施在现代城市的形成中也扮演着中心作用，不仅要从组织的角度来观察，同时要把它们作为形成新城市环境和杰出地点的因素。住宅、服务、大型民用设施和基础设施之间的联系对形成现代城市意义重大，它们是新型社会关系的支柱。现在的城市正处在不断变化的环境中，但是人们可以缓解新环境日益增加的复杂性。

关于调节性计划，有些人总想通过已经完工的部分来维护城市的建设，以城市分析中所提到的种种关系为出发点，来恢复需求、方式和建筑表现形式之间错综复杂的关系。城市之所以具有特殊意义，是因为我们能以形态学的视角从城市中辨别出一种"独立于建设时代的建筑表现形式的同质性"。[15]一个形态上完整的建筑能够代表的不仅是一种普遍矛盾（一个形象），也代表着一系列真实情况（一个项目）。这种项目的概念是指社会建设项目，它超越了建筑层面的含义。但是如果城市分析是以修缮为基础形成的，那么就一定要寻找城市分析与项目之间的结合点，而城市结构分析则被看作是一种规划城市的方式。例如，从纯建筑学角度来看形态学的视角，它从单纯的建筑设计转向城市规划和建筑学修缮工程的结合体。设计与知识相结合，城市规划与建筑设计难分彼此，因为两者都是以塑造城市形态为目标，也就意味着二者都是以建筑为对象。[16]在不摒弃已经存在的城市总体结构的情况下，局部设计似乎是唯一连贯的转型体系。城市在自身基础上成长，并填补空白，改善缺陷。复杂的拼贴形式强加于城市之上，也就是说，一个空间与另一个空间的连接处没有任何阻碍，如同直接从历史中走来，在当今社会得以复活。不完整的碎片既是历史的一部分也是城市环境中独立的一分子。拼接方式是把互不关联的碎片集合起来，与场地和难以察觉的区域范围相结合。城市干预则是从缜密分析初始条件出发，视具体情况而进行修订的。

另一方面，在法国，技术人员和政客都不约而同地把一个都市方案作为战略工具，并逐条解读市政府团队的决定，这就解释了韦特的论断。都市方案表现得是人们理解、设计和思考城市的强烈愿望，是一种想要领会城市的演变进而设计其未来的精神状态。[17]就像帕内拉伊（Panerai）所说，都市方案是一种政治诉求的结果，对城市规划学家的角色及其与城市、管理之间的关系提出了新的要求。[18]然而，虽然帕内拉伊在考量种种城市的形态之后想为都市方案找到一种理论诉求，以便于规划在逻辑上更符合设计策略，但人们仍然把这一新工具的成功归因于其战略性和实用性。与其说它属于建筑领域不如说是属于城市政策领域，虽然它只是一个提案和落实目标的载体。都市方案能让不可见变为可见，揭示出了促成城市未来成功发展的必要因素。基础设施和建筑，这两者具有设计属性，是一种可见因素。正如帕内拉伊所说：这里提到的不是一项伟大的建筑任务，而是充分实现建筑可能性的设计；我们把都市方案作为规划工具，因为城市规划总是包括一个设计方案，但是一个未来的方案具有或多或少的灵活性或开放性。因此，合理区分项目完成时间和城市建设时间就显得十分重要。城市建设需要的时间更长，不仅因为都市方案更加复杂需要更多时间，也是因为在城市中所决定的关于设计的一系列选择是永久性的，因此总是处于变化之中，并不断地接受改正和新思路。都市方案的逻辑中浮现出的是公共空间这一概念，现实向我们证明了都市方案的某些成功之处正是来源于此，公共空间曾经是大城市当中的主角，包括巴黎、巴塞罗那、萨尔茨堡、莱昂、旧金

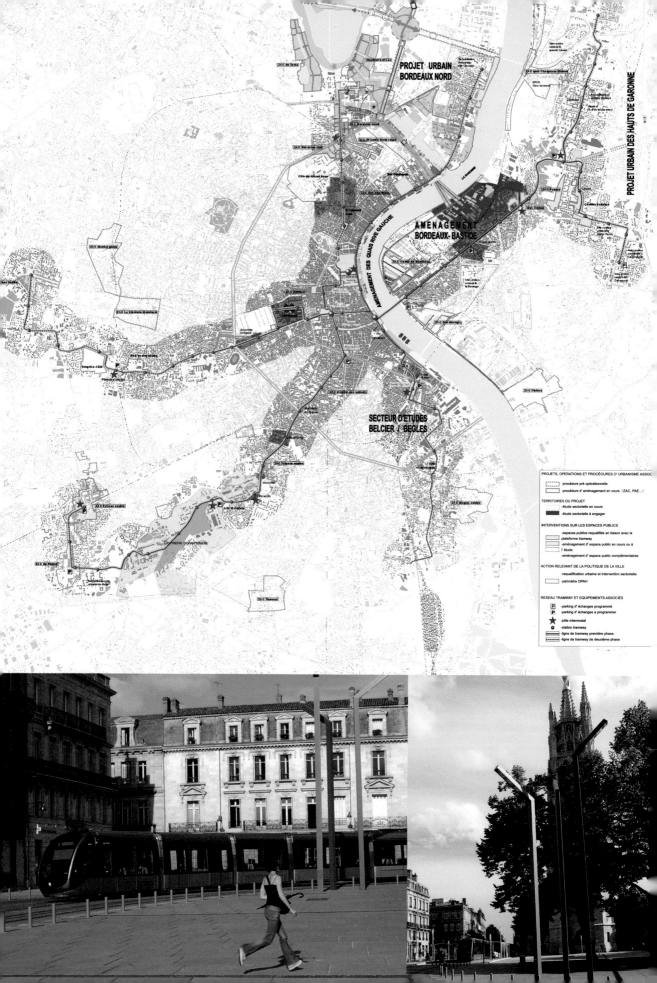

PROJET URBAIN
BORDEAUX NORD

PROJET URBAIN DES HAUTS DE GARONNE

AMENAGEMENT
BORDEAUX-BASTIDE

AMENAGEMENT DES QUAIS RIVE GAUCHE

SECTEUR D'ETUDES
BELCIER / BEGLES

Domaine universitaire

PROJETS, OPERATIONS ET PROCÉDURES D'URBANISME ASSOCIÉ

- procédure pré opérationnelle
- procédure d'aménagement en cours (ZAC, PAE...)

TERRITOIRES DU PROJET
- étude sectorielle en cours
- étude sectorielle à engager

INTERVENTIONS SUR LES ESPACES PUBLICS
- espaces publics requalifiés en liaison avec la plateforme tramway
- aménagement d'espace public en cours ou à l'étude
- aménagement d'espace public complémentaires

ACTION RELEVANT DE LA POLITIQUE DE LA VILLE
- requalification urbaine et intervention sectorielle
- périmètre OPAH

RESEAU TRAMWAY ET EQUIPEMENTS ASSOCIÉS
- parking d'échanges programmé
- parking d'échanges à programmer
- pôle intermodal
- station tramway
- ligne de tramway première phase
- ligne de tramway de deuxième phase

山、慕尼黑，还有鹿特丹。

　　很多城市规划学家都试图找到方案和设计之间的关联纽带，结构性规划是一个城市或区域的规范、伟大的构想和整顿原则，执行纲领和计划正是在可行的时间范围内执行的具体行动。万事俱备只欠东风，只有这样，规划性战略才是适宜的战略。物质空间及其设计是城市规划中一个无法回避的因素，创造一个相互衔接的和代表性的公共空间系统往往是一个都市方案最具有战略性的目标。在复杂多变的世界中，一个没有战略方向的城市规划和一个没有足够重视城市结构和空间的战略规划是两种不同的手段，它们可以汇合在一个新的概念之中，形成都市方案。

波尔多的城市设计：与加龙（Garona）河的两次交汇，历史中心的修缮和城市电车创新系统的设计和建设帕特里克·格迪斯（Patrick Geddes）和刘易斯·芒福德在20世纪初期最先提出了在城市化过程中区域规模的重要性和区域体制的概念，对于可持续发展的新目标来说，这是当代震撼人心的思路。

　　欧洲出现了首先是由欧盟推动的一种区域的新文化。所谓新文化即推行一种平衡和多中心的城市体系，基础设施与认知、可持续发展与自然、文化遗产保护等项目同等重要。

　　与此同时，出现了具有区域规模的新一代城市规划的检测工具，旨在给新的形势作一回应。在这一章节，我们介绍两个获得欧洲奖的范例：一个是巴斯克的欧斯卡尔希利亚（EuskalHiría）城市区域设计方案，另一个范例是巴利亚多利德（Valladolid）城市管理大纲及其环境如何利用景观作为未来城市结构的一部分。

In the first decades of the 20th century, Patrick Geddes and Lewis Mumford already foresaw the importance of the regional scale in urbanism. They defined concepts of regional planning that are of surprising relevance for the present in the context of the new objectives of sustainable development.

In Europe, new perspectives on regional development have arisen. The EU is promoting the balanced and poly-centric system of cities; the egalitarian access to infrastructures and knowledge; sustainable development and protection of the natural and the cultural patrimony.

At the same time, there is a new generation of planning instruments of regional scale that seeks to respond to this new situation. In this chapter we present two examples that have received European Planning Awards from the European Commission (EC) and the European Council of Town Planners (ECTP): Euskal Hiria, the city-region project of the Basque Country; and the Regional Planning Strategy for Valladolid and its surroundings, using landscape as the structure of the future city.

The Regional City

09 区域城市

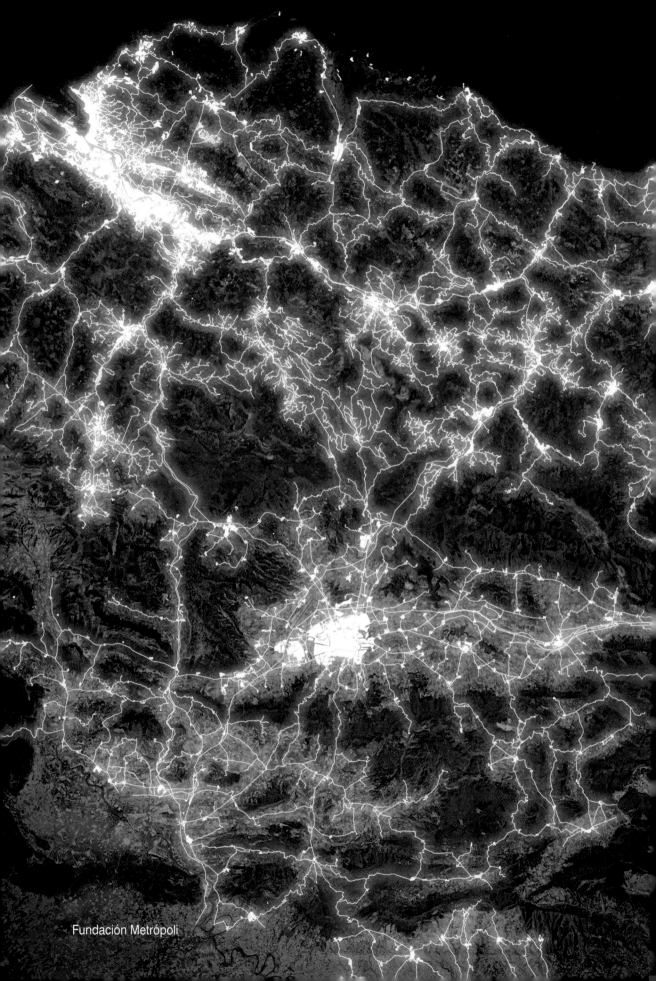
Fundación Metrópoli

城市规划中的区域规模

帕特里克·格迪斯（Patrick Geddes，1854～1933年，英国城市规划学家）是第一个捕捉到城市在其区域内嵌入体的潜能，以及在城市和自然之间建立联系的潜在能量的规划学家。这种潜在能量可以使区域整体服务于人类，也就是服务于所有的城市。他把自己对区域调查的经验归结于"要想规划首先要理解"，区域表示该地理范畴内的已知信息。格迪斯在城市规划时引入了跨学科角度，他认为城市是一种植根于历史和生态环境的人性化组织。[1]为此，他提出了"区域勘定"分析法。他确信区域的地理是构成规划的核心基础，过去是，现在是，将来仍然是规划的中心观念。

格迪斯和比达尔·德拉布拉切以及其他区域范畴内先驱人物的形象得到了生态环境卫士的重新承认和恢复。但是，仅仅靠环境本身的论证，不能改变城市增长的主流。真正在区域和总体经济整体的城市模式内进行具体有效的结合，需要一种宽泛利益的契合。所谓利益的契合就是要承诺，承诺人们自身利益的实现。区域规模大小要结合可持续发展的思考，要与增长管理相契合、与睿智的管理相契合、与城市转型等主题相契合，这些都是改善形势不可或缺的条件。[2]

在格迪斯的时代，城市规划基本上由城市扩展和城市的美化思想所占据。在《城市的发展进程》一书中，他对讲解现代城市集群的发展过程表示出了浓厚的兴趣，展示出了"城市延伸"的现象，让人们凭直觉看到了现代大城市的影子。无疑，这些题目会使人们联想起当今区域规划的复兴时代。他不喜欢使用"大都市"的定义来铸造城市联合的概念，这一概念讲究完整的城市体系——由组合工业城市以及其他保持其各自特色的毗邻核心组成。尽管出现了卫星城或是卧城，比较而言它们与大都市的所属关系比和联合城市之间的所属关系更紧张，因为通常多中心也是最不稳定的。

在他的《城市的迸发》[3]一篇中，格迪斯扩展了其视角，试图从全方位的角度把城市和区域之间的关系链接起来。他用图形和图表把空间和知识结合起来，对人类爱护和开发大自然的劳动进行了描述，包括矿工、砍柴人、猎人、牧人、农耕者、花工和渔民。这些职业与城市的某些职业息息相关，如木工和面包师等。

这样，区域研究就和生机勃勃的人类生存环境越来越接近。在区域转型的过程中，有这样一种影响因素对城市起着决定性作用，为此规划需要对地上和地下、气候和野生动植物、自然资源和人类居住以及他们对社会和经济的要求进行研究。另外，每一个城市的情况都是不可复制的，格迪斯所说的"城市的灵魂"指的就是每个地方的特性。[4]

多中心主义和地区愿景。巴斯克地区的Euskal Hiria整合了大都市区、中等规模城市和农村

格迪斯已经成为极具影响力的人物，他甚至影响到纽约和伦敦的前期区域设计，并对他们的领军机构产生了影响，例如美洲设计协会和阿伯克隆比的协会。这种影响也许是来源于格迪斯的崇拜者刘易斯·芒福德，他以最大的勇气保卫着城市规划的区域规模。在他看来，规划应当服务于人群："区域规划并不在于首府的控制之下的地区延伸，而是在于人口及服务设施能以何种方式分布，这种分布方式应该在整个地区允许和鼓励一种紧张的和具有创造力的生活，把人群、工业和土地看成一个单一的整体……。"[5]设计城市的生活质量，除此以外别无其他选择。

芒福德提出了一个建筑在认知和区域化基础上的区域概念，所谓认知和区域化是指能够表示在人文活动和区域现实之间最具有平衡关系的期望。提出城市化社会的思路需要一个协调不同活动（包括农业和工业[6]）的广阔平台，需要在人口、生产和自然资源之间提前寻求一种平衡，提前考虑可持续的发展，并在其有效可再生的限度之内考虑维持自然资源消耗的必要性。1925年，当他的朋友克拉伦斯·斯坦（Clarence Stein）提出"恐龙城市"这一概念的时候，芒福德描述了第四次大迁移和城市区域人口的分散集中。迁移和集中都是由于铁路、高速公路、电话、飞机等新的科学技术的出现。他还预测，城市区域的概念会在城市区域里城市和大自然之间以最平衡的定位方式产生一种积极的相互影响。他还建议，为了达到积极正面的社会和区域的平衡，有必要保证最低限度的城市密集和居住区混合使用。城市的中心通过格迪斯的"保守外科"手术，可以在保留其中心地位的前提下康复。虽然他的思维在那个时代并非占主导地位，所有这些想法都还是纸上谈兵，但也展示出了他思想的伟大可行性和现实性。[7]

首府规划是唯一发展较好的区域规划（荷兰则是一个例外），在20世纪中期展现出了其特有的效力。突出案例有1944年和1970年大伦敦首府的2次规划、1928～1931年纽约的2次规划和1965年巴黎的规划，它们在基础设施和住宅建设方面都取得了成绩。[8]但是随着后工业社会和第三次城市化浪潮的到来[9]，这些样板在传统意义、适应以及应变能力方面备受争议。今天正在发生的变革以及区域定位所产生的离心力量是非常重要的，与1880年和1914年间出现的"区域规划"相类似，"首府是拓展和生机开发的舞台，同时也是破坏和衰落的舞台"。[10]

"逆城市化"概念以逆城市化的人口现象为依据，解释了美国和英国等地首府地区的人口下降情况。当大城市的工业空间明显衰败的时候，在小城市或农村的人口却呈现出缓慢的增长。另一些学者也曾经提到过"非城市化的问题"，但那是将其作为一种城区分散的"自然"倾向或者在城市大规模改造还处于胚胎时期的现象[11]，并以此来诠释城郊化的城市潜在能量。

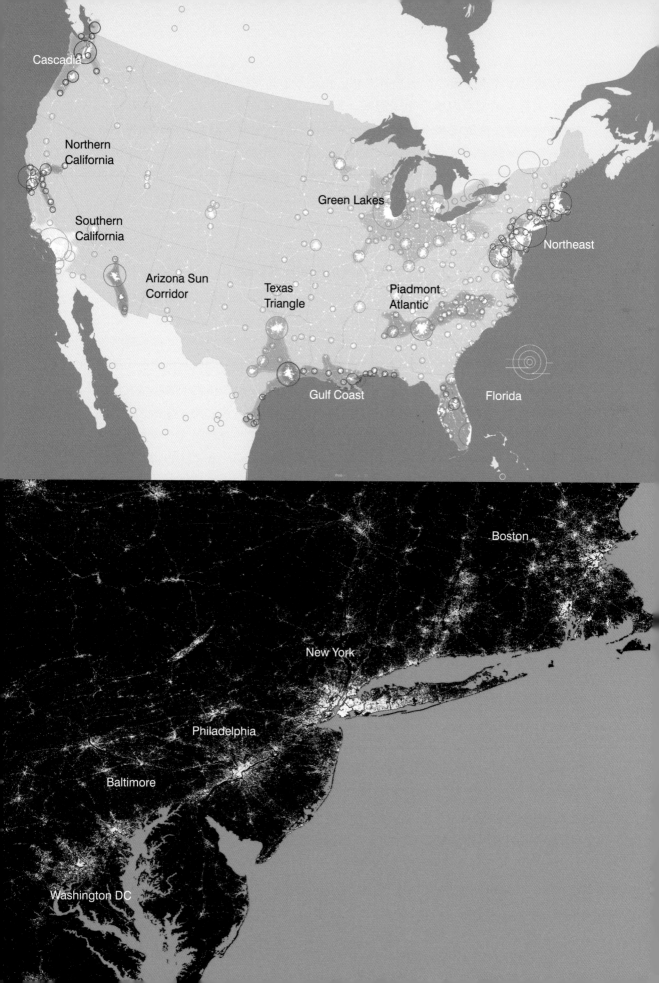

Cascadia

Northern
California

Southern
California

Arizona Sun
Corridor

Texas
Triangle

Gulf Coast

Green Lakes

Piadmont
Atlantic

Northeast

Florida

Boston

New York

Philadelphia

Baltimore

Washington DC

在城市区域的诠释中，受城市中心论和城市化进程扩散原则的约束，界线的概念成了根本问题，而划定界线的问题又是实际困难的瓶颈。[12]从其自然特点和区域职能来看，区域的解读在于它的边缘地区。界线时常涉及中心选择问题，因为那里是产生城市活动的核心，中心地位应该和主导性与可达性有直接关系。开始阶段，权力和交流空间构成中心的主要内容，因为那是每个区域"最"有条理的空间：从历史名胜到传统式城市，从权力中心到庇护所和市场。在中心位置演变过程中，现实的关键在于后工业社会相互作用的强大力量。在这里强大力量是指以复杂方式链接生产、交流和消费之间的城市关系，可以说城市系统观念就如同网络系统观念。中心位置的功能仍然是突出的问题，尤其是在具有惊人的发展水平的中等城市。在法国，城市中心与区域空间相结合，被人称为有生命力的区域。[13]

基础设施网络能够保证可达性、通信和节点的质量，这都是中心区的原始功能。它们可以对城市分散模式予以修正，以便朝一个多中心的区域发展。无疑，这是自20世纪90年代中期以来许多城市复苏的重要原因，据此可以解读当时的经济变化、城市间相互合作行动的能力、协调作用和共生现象的产生。问题是各个区域的模式发生了深刻的变化，不只是因为发展问题，更是为了文化问题，而且居住形式的不平等和经济的严重不可侵犯性依然存在。最生动的现实莫过于简单的生存形势，当然欧洲的问题比起墨西哥、圣保罗或开罗来说并不那么明显，但也是有目共睹的。创造和革新的空间几乎很小，所以对城市区域必要性的理解仍处于模棱两可的状态。

第一批区域规划：大城市对峙超级城市

有这样一种显而易见的区域不平等性，主要表现为繁荣区域和走下坡路的区域共同存在，而这并不利于当地潜力的发挥。社会变革连同生产性经济的变革引起了一系列变化，如自由时间的增加、家庭单位的规模缩小、就业质量的下降、从贫穷国家来的移民……，这就提出了一些超出地区能力的问题。与此同时，新的公共投资要求也在不断蔓延，城市和区域之间的利益冲突随处可见，而且没有明显迹象表明冲突能够得到解决。让我们回忆一下关于区域整治的古典定义："是对全社会政治经济的、社会的、文化的和生态的特殊表述……，其目标是区域的均衡发展和空间的物理管理"。[14]因此，区域整治不仅作为科学科目占据主导地位，同时也是行政管理技术和政治的课题，是一种全面的、跨学科的研究手段。从根本上说，区域整治是在寻求区域社会经济的均衡发展、生活质量的改善、认真负责的自然资源管理、环境保护和区域的理性化利用。

上图为"美洲城市2050"，下图为美国东北部大西洋沿岸城市带。"美洲城市2050"是由宾夕法尼亚大学发起的项目，旨在鉴定美国最重要的经济引擎区域政治理论的重要之处在于要求对区域情况进行谨慎的调查，了解区域里存在的各类关系。但是，正如前文所述，区域规划是从大都市开始发展，旨在控制大型城市的增长趋势和城市的无序延伸。20世纪的规划先驱们运用了一种超越地方规模的视野，我们在20世纪初期也曾经在相距甚远的城市中验证过这一理论。在1909年的芝加哥伯纳姆规划和20世纪20年代初的德国汉堡舒马赫地区，那里的宏伟建筑和有机参数表面上看似如此不同，实际上由于设计者的精心设计，二者之间已经形成了一定的"规模"，且相互十分接近。

荷兰则无需多言，那里是因为土地规划的需要，为了获得土地而采取围海造田。这些盎格鲁撒克逊国家通过具体的经验有效地发展了区域规划。在纽约城市规划的启发下，美洲区域设计协会设计出大伦敦的成形规划，进而引发了新城市发展纲领的产生。首批城市无疑都是依赖于原有的理论和实践，例如新德里的城市规划。新城市的诞生使得田纳西州谷地成为第二次世界大战之前的权威作品。

在开始阶段，城市—农村（农村与城市的融合体）的共存现象占主要地位，突出表现为埃比尼泽·霍华德的田园城市的思想。"逃离"城市或者说"回归"农村的理论充分发挥了其贵族背景进而变成了医治城市无序发展的良药。尽管怀念农村有部分缘由是因为人们从农村到城市的大规模移民，即原住民的怀旧思乡情绪，但是从文化的角度讲，人们寻求的主要是一种更健康更自然的空间以摆脱城市的弊病。

帕特里克·阿伯克隆比爵士认为农村保留的那种荒蛮自然的农村体系文化，是一种镌刻在充满人性土地上的文化，应该成为区域规划的基石。这种固守景观的思维是再次引导城市大面积扩展规划的首要目的。前文中已经对阿伯克隆比的伦敦规划进行了解读。

然而，阿伯克隆比爵士理念的前提首先是调查研究。1921年他委托一家私人单位罗素·塞奇（Russell Sage）基金会进行调查，该基金会自1923年由托马斯·亚当斯领导，后来成为纽约勘定及周边环境区域规划的组织。与其合作的是一个专家小组，其中的佼佼者是后来成为美洲区域规划协会（RPAA）奠基者的刘易斯·芒福德和本顿·麦凯（Benton Mackaye，1879～1975年，生态规划的先驱之一，森林文化界知名人士），二人皆为保守派。1929年，他们提出建议对城市中心化予以控制，以推动工业、固定资产和服务设施的区域平衡布局。由于规划并未提出管理方面的重组意见因而未能获得官方通过，建议的初衷虽没有实现但也达到了一定的实际效果。在其建议的灵感启发下官方采取了不同寻常的启动项目：投资基础设施、引进停车方式、建造公园和休闲娱乐场地，尤其是投资社会住宅的宏大项目，这是他们持续取得的真正成果。

在欧洲也有类似的情况，如迈（E. May）对法兰克福移民区1925～1930年所提出的城市规划纲要，与德国的无限延伸扩大大城市的主导观念形成了鲜明的对比。在这种情况下，他提出了一种多核体系的理念。所谓多核体系是由中心城市及其他新形成的卫星城并与区域及景观条件相适应的体系。无疑，流动性课题是当时大城市区域概念的关键。

尽管这些设计未能以精确具体的方式取长补短，但其影响却是不容置疑的：在区域的概念中，两个现实存在的概念——城市与自然，逐渐建立起来。这些概念自1958年开始已经在荷兰的兰德斯塔德（Randstad）地区应用，1960年起在巴黎的区域规划中开始应用。以1948年大哥本哈根的"新式城镇"规划为依托的区域均衡思想，形成了未来城市发展概念的典范作品，也就是植根于丹麦农村环境保护政策的"掌状规划"。

但是，农村与城市的二重性已经不足以区别现实的存在，因为它们二者已经非常接近。普遍地讲，城市区域是指城市波及的影响范围，即附近乡村和城市边缘的近郊地区。但是与其周边环境形态相关的种种现象，之前曾被认为是一种"郊区化"进程，今天看来问题较之过去更加复杂，且与城市的定义紧密相连。城市空间的拓展现象使人们重新提起了关于城市的模式问题，如模糊城市或称分散城市。[15]那里对空间的吞噬以极快的速度在增长，自由选择地块比过去更加公开、更加明目张胆，而问题在于这些城市能否成功地处理与它们的冲突。事实上，今天的区域规划与过去相比有了更加广泛的合理证据，生态环境的利益与区域、居民之间对经济效益和对平等关系的寻求也能逐步得以实现。与此同时区域的管理机构从他们的角度也提出了不少困难。规划的进程告诉我们，区域不单是一个管理概念问题，而是一个经验和知识的结合，并通过空间的整合表达出来。

一直以来，人们用大都市这一概念来形容大型城市聚集区，然而如今人们又提出了一种与之相反的被动干预的可行性概念，即"超级城市"。它在突出本体性因素以及内部和外部链接的同时，允许我们处理城市区域问题。这一概念在考虑城市定位并为开始新的区域规划工作提出参考意见的情况下允许其结合自然体系。"超级城市"最早是在2004年由宾夕法尼亚大学城市与区域规划系的师生提出的，他们结合美国的情况验证了对于今天和未来都能起作用的国家城市本体性的12条关键性节点。这些城市节点虽然存在诸多问题，但是直到2050年期间，城市节点都将在大规模人口增长问题、视野观察问题、经济、社会一体化与国家环境战略的进程等方面发挥领导作用。

欧洲区域新文化

在欧洲一体化的进程中，区域和行政区域是两个无法回避的话题。尽管区域概念在欧洲各成员国之间存在显著差别，但还是取得了非凡的主导地位，所以在

Oporto

Lisboa

Madrid

Zaragoza

Toulouse

Lyon

Montpellier

Marsella

Barcelona

Valencia

Niza

Genova

Milán

Venecia

Fundación Metrópoli

谈区域的时候，我们实际上是在谈区域的欧洲。如果我们关注一下官方文件，就会发现它的关注点并不是形成信息形式的简单结论，而是一种区域文化的建设进程（有些人称重建或恢复）。它从区域文化角度出发力求促进平衡的经济发展和保留区域差别，即保留欧洲的本体性元素，二者并驾齐驱。为了面对未来，区域规划成为一种改变区域规模的主要工具。从城市系统、城市网络的角度来理解城市，进而确定农村环境的特殊作用，同时运用自然保护等概念，承认城市区域的重要性。

《欧洲2000年+：欧洲区域合作发展》文件保持了这一愿景并强调在欧盟内部区域之间保持现有平衡的重要性。[16]文件规定，区域的整治系统应该完成区域内为举足轻重的公共财政所规定的明确指标。另外，局部规划应该写入到后续工作中更广泛的目标中去。

留意一下就会发现，《欧洲区域战略》文件的副标题是"走向区域均衡和持续的发展"，它的主要目标是在可持续发展概念的引导下，形成区域整治的独特性：经济与社会的整合，保护自然资源、文化遗产和欧洲区域的最均衡的竞争性。而城市的增长和拥堵，对宝贵空间的侵占和郊区模式（普遍认为不适合欧洲）的土地过度消耗将上述目标置于危险的境地。为了达到这些目标，欧盟区域决策中心的3项纲领确立了起来：城市多中心与均衡系统发展，实现农村与城市的新型关系；保证对基础设施与共识之间的平等操作；可持续发展、睿智的管理、保护自然与文化遗产。

在一些国家如意大利和西班牙，区域规划新型手段的诞生让人们重新找到了空间规划的一体化前景，即有效地整治区域。在统一的目标和愿景之下，辩证地在规划中观察到敏感问题和文化差异。

我们所碰到的思想虽不是新思想，但是仍然形成了在其他领域里尚未出现的独特思路。仔细想来，美国的区域规划之所以出现复苏那是因为有深刻的生态环境根源和国家作为，或许是思路的类同性让我们想起亚洲一些国家的区域规划，虽然脱离可持续发展原则的传播，但是规划仍然控制在国家的范围之内。在欧洲，区域规划一体化的进程也存在一枚硬币的两面性，即区域的差异。硬币的正面是多样性，背面是不平等，两面都面临着充满挑战的前景。区域规划在自由市场经济的背景之下成为一种真实的需求。

为此，西班牙已经出现了新的区域整治工具——区域计划、区域指导纲领、局部区域计划等。这些不只是与保护环境的利益相关，而是协调行动和链接政策两种需要的结果。因为在实践中，整治区域经常会采用不同的形式，如每项局部政策都有一个具体的区域项目，与水文、森林面积、沿海利用、铁路、公路和住房有关，或是为教育和卫生制定的专项规划。事实上，如果说我们的国家还没有区域规划整治，那只是一个假象。区域规划整治是通过总体规划、政策的主导地位以及缺乏整

欧洲城市区线图。一个由都市基金会发起的项目，用以整合南部欧洲城市功能体系

体概念的局部规划来实现的，只不过有时不分轻重缓急而已。

但是区域规划力图以清晰连贯的方式来解释区域问题，而这种解释是在已经发生或者说将来有可能会发生相互影响的基础之上建立起来的。

在众多欧洲区域规划的经验中，我们也找到了一些相关规划及其成果可供参考：如区域结构与地方局部结构之间的良好关系，是英国环境的独有特点；在德国和法国，管理部门之间有较强的经济协调能力，城市所需的资金一般是通过国家或地区的财政承诺来实现的；荷兰的特点是具有指导新的城市化增值能力或环境的监控体系；具有丰富的与规划相关的知识结构，是意大利的特点。在市场不能独立操作、集体利益得不到保证的地方，采用不同形式的规划是我们为了达到规定目标的唯一手段。

荷兰是环保意识方面最根深蒂固的欧洲国家，住房、空间规划和环保部（VROM）是环保政策的总负责部门。尽管有民用工程传统作为前提条件，但国家管理环境的机构本身也表示愿意联合所有制定或与环保政策有关的积极因素。在荷兰重视区域规划和地方规划相链接的重要性是众所周知的，但是重点在于1989年该部发布了第一部国家环保政策计划（NEPP），以及1993年发布的第二部。

在第二部国家环保政策计划执行和总结执行结果的基础上，1997年环保部又颁布了另一个文件，目的是用空间规划把不同环保部门联合在一起。一般来说，人们一直认同空间规划在环境保护中所起到的作用，但是在荷兰一些专家呼吁在当地有着一种更加便捷的方式。因此在作决策时他们力求分权，允许地方政府根据本地具体条件制定环保政策。一般性的环境监督要维护的是那些符合个案的特殊条件的环保纲领和战略，并尽可能处理好与地方的冲突和摩擦。兰德斯塔特是荷兰最重要的城市区域，4个重要城区都在该区：阿姆斯特丹、鹿特丹、海牙和乌得勒支。郊区都有一个宽阔的绿色中心并受到城区的保护，主要用于农业、休闲和珍贵的自然空间的生态保护，当然交通运输也存在着网络堵塞的紧张状态。尽管有新的住宅建设蓝图，但是离形成密集的环形或者高密度居住区还相差甚远，而找到合适的解决方案又代价昂贵且几乎是不可行的。除了破坏环境的高风险活动之外（已得到管理部门的专门处理），我们会发现城市体系本身的功能体系也在不断引起最难解决的环境问题。为了保护环境，我们既不能拒绝使用环境立法构成主要的手段，也不能拒绝把有关质量标准作为参考。值得强调的是：一个城区和区域的规划应该能够整合环保工作的各个环节，并承诺实现空间的发展和强调自身功能。

管理方法

其实在规划的体系当中，出现了一种近乎完整的权力转让，即把土地使用的权力转移到市级政府。当时并没有总体架构作为依据，因此出现了许多土地的纠纷。

地方的权力处于十分分散的状态，地方政府都从自己的角度考虑强化其财政能力并吸引某些活动，竞争十分激烈。围绕区域环境的竞争和公开化，区域的质量成为了引人注意的因素。同时为了在某一方面协调局部和区域政策，管理体系和区域机构之间的整合也越发显现出其重要性。

一些人理性地谈到了城市里的管理危机，英语"governance"一词作为术语，不能仅仅翻译成"管理"，因为涉及行政机构的可信性。它不仅关系到政策，同时涉及地方官僚的权限、对正常复杂性问题的逃避，以及上述问题是否会失去社会控制等。"governance"可以是统治和控制以及它的实际行为，也可以包含管理活动顺利开展的可能性。

现在我们再回到城郊的逻辑关系。美国人传统的梦想是让每个家庭得到一块宽阔的土地，在这片土地上建起一处独立的家庭住房，这一做法是适应整个美国20世纪城市规划的。每个家庭需要几辆汽车，渴望能够每天开着自己的私人汽车去上班，拥有一处便宜的离家近的停车位，到办公室、商业中心或到体育俱乐部等有城市功能的地方都很方便。城市高速公路的修建，汽车、汽油的便宜价格永远刺激着城市居民的生活方式。然而今天在许多美国城市，交通的堵塞和污染的问题越来越严重，已经到了不能再继续下去的程度。与此同时，在许多城市中心也出现了一种倾斜现象，人们主要的活动都转到郊区去，无论是住宅还是微软办公室。但是这一点不可能改变由于美国家庭的收入差别而形成的深刻的城市不平衡。缺乏休戚与共的精神也引发出管理上的缺失，为了配备所必需的、不与其他城市区域贫困地带分享的服务设施，每个社区都想拥有自己独有的机构。即使再投资的条件不断改善，许多城市商业区仍然保持着竞争力，然而吸引经济活动却存在一定的困难。因此许多情况下应当首先满足整个城市区域已经利用起来的服务设施，因为他们除了自主财务允许的收入以外得不到其他特殊的收益。如果对于交通、基础设施及其配备的满足、住宅选择权利等等问题没有一个整体的共同的解决措施，就很难实现一个有着美好愿景的未来。

美国城市中存在的最大矛盾是显而易见的，因为没有能力提出城市区域内各市级政府之间有效的协调体系，当然这一问题也不止出现在美国。从政治和管理的角度来看城市区域是很脆弱的，因此以公权挑战私权是有困难的。对于城市区域的管理来说，继续交给市场让其做出所有决定也是不可能的，还需要设立新的机构。目前发达国家的未来城市基本上还是我们现在所居住和生活的城市。中心城市的很多重要决定都被市场所采纳，对于城市参与者整体来说，不存在与这些决定形成广泛对立的可能性。

在后文提及可持续的城市发展时，我们会谈到发展管理问题，即运用一切手段实现有效的城市管理，形成一种城市建设方式。发展管理正是强调这种方式的必要性和可能性，所谓所有手段即是我们熟知的在城市区域有效运用的手段。但是习惯上来说，城市区域还没有一个合适的体制和政治框架。

现存城市经营的成就之一是它的管理方法，而管理方法更多的是建立在对每个具体情况处理的创新以及适当的解决办法上，并非只靠一般性的措施。区域规模显然超出了现实强制推行的行政界线，事实上，管理机构针对每项城市问题的具体情况在规模和属性上进行的调整，将会成为其主要工作。但是在欧洲很少有人敢于调节城市界线之间的分离效应，虽然很多人都承认这的确是一个问题。国家、地区和市区政府阶梯间的相互作用应该回归到合作和谐的逻辑之中，在法国和英国，城市决策都是建立在逻辑的连续性和有效性之上的。

多伦多就是行政和政治转型的历史性进程的范例。原来7个城市是以独立的形式出现的，如今这块土地联合在一起形成了一个新的大型城市，它只有一个市长和一个共同的市政府，成了独一无二的、民主的、多个城市合成的一个城市空间的典范。一体化之后最重要的行动是撰写一部城市规划，是由保罗·贝德福德（Paul Bedford）成功领导的。今天的多伦多是美洲第五大城市，城市管理集中的同时，相关责任和地方财政也进行了重新组合。在这个进程中，原来的7个城市中心同时存在，服从于一个肯定其中心地位、广泛、团结的纲领，原来的市政厅如今变成了地方服务中心。很明显，这种形式的进程并没有出现严重的紧张局势和激烈的辩论，而加拿大在这一进程中则经历了一场大辩论。1953年为了对战后经济增长加强管理，安大略省奏响了大城市扩大占地的前奏曲。这些经验验证了社会化与其能力，同时也表达了这样一种信息：没有革新，即使在管理方面也不可能引领正在城市结构中发生适应变革的进程。

巴斯克城市区域——欧斯卡尔希利亚

巴斯克市政规划是在1990年第四号法律即《区域管理法》中颁布的，第一个在西班牙有关区域开展的规划范例是《巴斯克自治区区域管理纲领》。[17]法令里确定了3项管理办法，即区域管理纲领、局部区域计划和分区区域计划。《巴斯克自治区区域管理纲领》于1997年颁布，纲领把巴斯克分成15个功能区域，每个功能区域都制定一项局部区域计划，制定工作由法定议会领导并得到了巴斯克政府和有关市政部门的配合。《巴斯克自治区区域管理纲领》的实施为巴斯克作为多中心城市区域提供了一种新的视野。欧斯卡尔希利亚，巴斯克语即"巴斯克城市"，不是对现存的地理现实的描写，而是一个对未来设计的表述，一个政治、经济、社会和区域的设计，旨在将其置于一个全球城市公开竞争的国际范围内为城市区域概念赋予构架和与之相关联的内涵。

最近几十年里，国际范围内正面临着一个十分突出的城市现象，一个牵扯诸多方面关系的复杂现实问题，那就是城市区域的出现。对城市居民，对经济活动的开展，对居住、休闲娱乐、文化、教育、基础设施和对与自然的关系处理等问题来说，都将面临新的挑战和机遇。

在国际范围内，巴斯克有成为一个真正的城市区域的潜质，人口可超过200万，人口密度约为每平方公里300人。巴斯克自治区的区域规模与世界其他城市区域很近似，我们还可以举迈阿密城市区域为例：迈阿密拥有比巴斯克更加辽阔的土地；悉尼城市区域拥有将近400万人口，土地面积也与巴斯克近似。[18]

越来越多的人选择居住在圣塞巴斯蒂安，而在维多利亚工作，维多利亚的公司开始利用毕尔巴鄂的港口；毕尔巴鄂的老师在多诺斯蒂亚（Donostia）大学上课，参观完古根海姆博物馆的游客很快就可以走到奇利达·莱库（hillida Leku）或走到阿尔蒂乌姆（Artium）；地处亚那达·阿拉维萨（Llanada Alavesa）的公司可以使用毕尔巴鄂的咨询服务机构。总之，在巴斯克城市唯一的劳动市场紧锣密鼓地建立了起来，人们日常的交往空间越来越狭窄。基础设施的改善让这块土地上的全体居民可以共同分享住房、职业、教育、娱乐休闲、文化活动、享受自然等的选择权利，成就了城市小核心。新的经济形势要求全面综合的行动能力达到一种非同一般的层次和水平，就像萨斯基亚·扎森（Saskia Sassen）在她的调查中所阐述的那样，企业业务的全面开展需要特别专业的服务机构（CSE）的支持。这个服务机构（包括知识资本、咨询机构、法律顾问、销售学顾问、新技术、运输、财务服务等）只能在具有一定规模的城市节点里才能找到，也就是说只有在具备特定的"临界质量"的城市和区域里才能找到。

巴斯克区域的规模和它稠密的人口为这块自然空间赋予了战略价值，河道和生态走廊紧紧相连并提高了这块土地的整体吸引力，这样巴斯克为了有效应对新经济的挑战就具备了必需的"临界质量"。因此，最关键的问题是要给予区域整体的内在链接协调作用，即整合功能。

欧斯卡尔希利亚理念或称欧斯卡迪全球化城市致力于在巴斯克首府间，以及首府和其他不同核心城市之间形成互补关系，从而构成巴斯克城市体系。其中的关键是要保持每个城市、乡镇和村庄的本体性并发挥互相关联、均衡且具有竞争力的城市区域的优势。谈及巴斯克，不得不提到它的3个首府的功能和经济一体化的重大战略价值，以及作为"髋骨"连接3个首府的潘普洛纳（Pamplona）、洛格罗尼奥（Logroño）、桑坦德（Santander）和巴约纳（Bayona）的战略价值。在保持构成首府多中心特殊体系的城市本体性和优越性的基础上，创立互补的城市特点也十分关键。任何构成巴斯克城市体系的城市都不能孤立地在全球城市的国际新舞台上发挥杰出的作用，任何巴斯克首府都不能提供专业服务设施的临界质量，而城市服务设施却能提供包括基础设施、设备配置和选择权利等便利条件并能达到国际水准。但是，巴斯克区域的结构具有各种得天独厚的条件，因此在目前城市区域框架内可以展示其具有竞争力的重要优势，仅列举以下几个突出的方面：

·巴斯克区域拥有特殊的大区域框架位置，地处巴黎马德里南北走廊的交会处，埃布罗（Ebro）河中轴和坎塔布里亚（Cantabrica）山脉中轴两处横向走廊的交会处。

·首府采取多中心体制，3个主要城市井然有序地分布在巴斯克的土地上，它们之间的距离虽短，但其轮廓和特点却有相互区别和取长补短的特点，总之这是一项重要而有竞争力的优势。

·巴斯克拥有中等规模的城市网，在欧斯卡迪城市和农村的范围之间构成了一个一体化的关键条件。从区域结构的全面均衡和社会均衡的角度来看，它们都是重要的都市中心。

·绝妙的农村核心网，保持着自己的本体性、形态和形象，是延续我们的传统、风俗习惯及特质的核心和根本。

·提到巴斯克的地理位置的竞争优势，还应特别提到69处重要的历史中心群体，它们称得上是上等品位的文化、历史和都市遗产。

·另外应该特别指出的是城市体系交织在一起的自然空间网，它保证了生物多样性、景观质量和巴斯克居民享受选择土地的权利。

最后还应指出可以综合为"强健的本体性"的存在，这种存在在经济方面保持一种进取的事业精神，保持适应转型的能力以及在危急时刻战胜困难的精神；政治方面保持区域管理的特有机构；社会方面保持自己特有的语言、传统和具有历史渊源的风俗习惯，保持着对家庭重要性的认识，这是平民社会的堡垒以及重要的归属感。

巴斯克城市区域的思路是在巴斯克区域质量的支持下形成的一个未来设计方案，处在实现区域宗旨的阶段。今天我们几乎所有欧洲国家都在分享这样的宗旨，比如多中心主义、本体性和不同定位之间的互补性。不同定位构成了新的现实即现在我们所说的城市区域。欧斯卡尔希利亚拥有重要的地理位置，只需建造一个真正的"髋骨"城市来连接大西洋弧线和欧洲最具活力的空间。为了使"髋骨"城市成形必须要求两个互补领域的行动协调一致：首先巴斯克首府要有一个自己的多中心体系，牢固的一体化及其城市不断完善的磁场。其次，与外部保持联系的基础设施的行动整体性以及和毗邻地区合作的主动性。

巴利亚多利德：未来城市的景观结构

最近几十年，巴利亚多利德作为卡斯蒂利亚和莱昂地区最大规模的核心，地位日益巩固。在其重要的工业基础上、作为服务城市的潜力上、地理战略位置上、人口的规模上，还有作为地区首府的条件使巴利亚多利德及其环境成为一个生机勃勃

巴斯克区域战略。首府的多中心体系：毕尔巴鄂，圣塞瓦斯蒂安和维多利亚

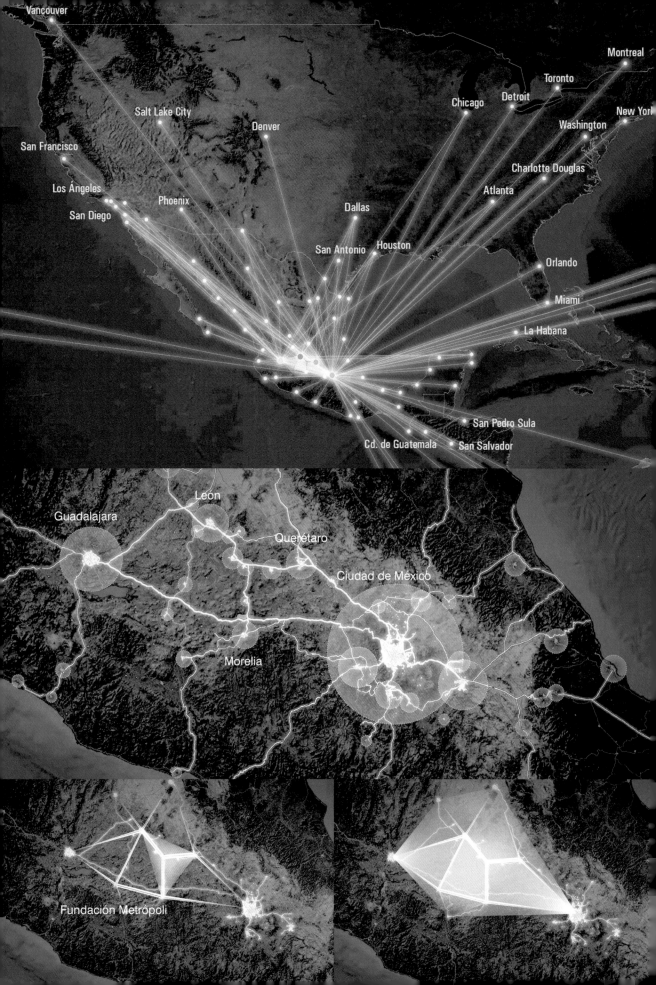

的首府首选地。20世纪90年代出现了对城市及其环境进行整体规划和协调的需求，社会上也有不少人认为应该对超出市政管理范围内的问题给予适当的综合治理，因为一些人认为一般的城市规划或局部规划的设计方案总有不尽如人意之处，因此总会出现一些矛盾。

《巴利亚多利德及其环境治理大纲》[19]正好针对这些矛盾给出了答案，它的首要目标是运用判断和实效的理念。城市体系的设计完全取决于地方所设想的发展规模而不具体涉及区域问题，设计方案中所讲的城镇已经不是一个中心城市的增长结果，而是一个小城区。一个高成本、外表光鲜、不同规模核心的多中心体系，究其原因是缺乏合作和内耗的结果，机体结构的冲突使其不能顺从中心城市的发号施令。在23个城市的范围内，面积为980km^2，人口接近40万。中心城市巴利亚多利德最近10年来人口在减少，而它的周边地区却以惊人的速度在增长，而且人口数量还在继续攀升[20]，所以我们在谈论的是正在形成的首府范围。杜罗（Duero）湖是巴利亚多利德的毗邻城市，人口已经超过2万。沿着杜罗流域和阿里萨（Ariza）铁路的平行线，我们来到了河套城市图德拉（Tudela），这里的人口达到了6000人，正处于整治范围的顶端。尽管它有一个与农业生产有关且引人注目的过去，但是今天已经逐渐成为一个适宜居住的城市……。如果说1990年90%以上的人口集中在巴利亚多利德，那么今天根据纳税人数统计应该是少于80%，当然实际上变数可能更大。尽管中心城区仍然能够容纳几乎全部劳动就业组织，但是稳步运作的博埃西里略（Boecillo）科技园、E-80高速公路走廊和比亚努夫拉（Villanubla）机场已经开始形成一种明显的密集漫延的几何图形，新的大型商业中心的出现更是勾画出了一幅完美的构图。

大纲在城市模式问题上面临着一个即将到来的改变：从一个密集的城市向一个与深刻变化联系在一起、有广阔发展的城市空间复杂体系的过渡，这一过渡处于一个不稳定的全球环境里。所谓深刻变化不仅是在经济或是技术方面，也反映在生活价值和生活方式方面。大纲关于区域模式的提议是基于城市群的实际进展的，利用了现存区域模式的积极倾向并将其消极倾向搁置起来。所以城市体系是在一种"可持续的城市体系"和"不可持续的城市体系"之间展开的，它试图加强前者的密集性和控制区域内城市使用的分散性。大纲鼓励多核城市的发展，在中心城市周边建立调节性的中心。同时确定几个与现存的集中点和城市中心紧密相连的具有战略意义的范围，如科技园、机场、内地走廊等……，并与未利用的城市空间的整体发展紧密相连，那里已经重新成为城市群整合的空间。城市区域规模的大型新配套设施应该集中在那里，当然还需要有高质量的城市设计行为。道路网络的改善、交通体系的完整发展和马德里高速火车相关的基础设施的建设，都将会深刻地影响巴利亚

首府："竞争力钻石"是一个城市和经济战略，使城市区共同合作，寻求共同点来激发自身更优化化的发展。在墨西哥，GDP的50%由全国6%的地区创造

景观结构和城市增长对比

多利德的未来设计。

每个属于大纲指导范围内的城市都有一个植根于其独特的地貌和物种的历史本体性。在所有这些元素之间以及其坚固的关系中，会形成一个属于区域组织的整合机构，它的历史价值应该得到保护。大纲所设计的客观形象类似于一块马赛克形状的复杂区域整体，在这块马赛克里城市部分和农业生产景观镶嵌在一起，和五颜六色的自然空间的整体包括山脉、森林和河流镶嵌在一起。基础设施及服务网络系统与上述空间结合在了一起，提高了这些自然空间的亲和性并赋予了它们功能性。基础设施的控制和保障应该被看作是控制城市发展的关键工具，从长远的美景透视来看[21]，"区域模式"为小规模的空间整治设计出了一个基本框架的标准结构。

巴利亚多利德的环境区域有着独特的、风光旖旎的景观和坚定不移的发展蓝图，勾画出了一个具有很大潜在力量的城市体系。然而这一体系的未来效率和质量仍然面临着一定的风险，因为在区域内市政府和激烈的城市扩张之间存在着不规范的内耗，还有对区域景观生态价值的漠视，这些都是对环保数不胜数的干扰根源。

纲领深谙景观及其价值，了解景观对未来城市所产生的凝聚力是结构性的关键点。第一，从生态学的角度强调它们的价值或敏感性，建立一个严格的保护体系；第二，设计方案重新回顾"绿色走廊和公园体系"的概念，使已经开放的空间形成一个网络供散步和其他形式的休闲娱乐使用，也为提高景观的观赏性、享受农村的环境和文化遗产提供方便条件，并保证与大自然的亲密接触。把最有价值的景点、河流、森林空间、土地空间和个别土地的线形元素系统化并重新诠释，把区域内现存的错综复杂的废弃道路体系、运河、水沟水渠、大小河流、废弃铁路和农村道路，预先建立一个理想的基础结构，在它的基础上开展预想的网络。合并一系列节点构成的线形结构即走廊的起点和终点，可以突出个性和强化开放空间的利用并与巨大的区域整合联系在一起。密集的传统基础的整体是该体系的真正心脏部位，是现在的中心，也将是未来的中心。方案力求将城市的分散性重新引导到集约的、延伸的区域模式范围内。城市还是活动和服务设施的中心，因为那里基础设施最牢固，城市体系可以体现出最大的效率。在人口密度增长方面，其繁衍能力将使这里成为稳固的历史性的居住地点。

这是景观体系，包括作为骨架结构的河流及其补充部分如山脉、森林空间、独特的农业空间等，所有这些都为城市未来的发展机会提供了特殊的原动力。这不仅涉及开展花样繁多的休闲促销活动，更重要的是重新提出了空间整体使用的条件，而且要谨慎小心地关注其独特用途的命运——不单是价值，因为同时存在脆弱性、风险和可能的伤害或侵犯。谨慎选择试点空间是实现目标的关键，如城市发展、享受大自然的休闲娱乐、最有价值的自然空间的保护，力图阻止地方珍贵的景观不可逆转的转化，鼓励发展最具特色的景点和优质服务等。在现代城市区域，景观规划应有独立性，只有对景观的诠释达到区域共识的深度之后才能维持表面整合的水平。只有景观能给城市区域形式以结构性的认识，从物理的、地貌的基质以及视角的逻辑来看景观才能够进行大规模的操作。

在上述物理基质和人类一直在引导的历史变迁之上，在其人气和景观特色之上，在可操作的基础设施之上，区域城市的解读在形式上仍然是现实可行的。所以我们说，未来城市的结构要依赖于现存的结构，那就是景观性城市。然而，为了使其成为有用的东西，需要我们打破习惯，努力学习知识。

我们社会的最大危机也是现代城市的危机，危机来自于在人类和大自然之间缺乏智能的对话。

　　人类从来没有开展过力度如此剧烈的改革和对大自然的破坏，也从来没有以如此明确的形式感觉到小小地球的极限。因此对环境的关注会形成全球化的规模并且会坚持不懈地加强对道德的承诺。

　　城市是人类最绝妙的发明，同时也是表现我们品质最高的标志。

　　在这一章里我们将展示全球新形势的基础，介绍为了城市的设计和区域的可持续性发展而在国际上正在出现的最值得赞扬的创造精神。《21世纪议程》：增长管理和美国的可持续发展；黑川纪章的共生哲学思想；欧洲城市规划理事会（Consejo Europeo de Urbanistas）简明而稳健的指南"尝试这条路"和《2003雅典新宪章》（Nueva Carta de Atenas del 2003）；巴西生态首都库里蒂巴的开拓经验。

The greatest crisis of our society, and also the greatest crisis of the contemporary city, is the one that arises from the lack of an intelligent dialogue between Man and Nature.

In this chapter, we set out the basis of the new global situation and present the most relevant international initiatives for the design of sustainable cities and regions: Local Agenda 21; Growth Management and Smart Growth in the US; Kisho Kurokawa's Philosophy of Symbiosis; The 2003 New Charter of Athens and the Try It This Way , the simple and sound guide developed by the European Council of Town Planners (ECTP); and the pioneering experiences of Curitiba, the ecological capital of Brazil.

10 可持续发展城市

The Sustainable City

可持续发展区域，城市规划新视野

可持续发展概念的成就和传播表现在它对最近时期发生在文化、政治和科学领域内关于环境问题论战的催化能力。面对人类对地球施加的种种压力，可持续发展能够提出一个简单而且容易接受的方案。

我们应该注意到现代世界和科学的危机是人类与自然的分离。[1]如果以这一判断为出发点，我们立即会感觉到城市（人类居住的最佳选择）和处于支配地位的经济发展模式的中心地带正处在这种危机的中心。所以我们讲可持续发展城市就是讲一种城市规划的新视野。

20世纪60年代，人类开始认真对待在生态环境及其他危险行为方面产生的负面结果，如某些自然资源的枯竭和不可逆转的毁坏或全球范围内的污染恶化。在开始阶段，环境危机是从新马尔萨斯人口论的观点出发来发现问题的，如果不采取某种强制措施加以限制，规模和人口的增长将会导致资源的枯竭。[2]但是很快生态问题就出现了，卡森（R. Carson）和康芒纳（B. Commoner）发表的文章提出了一个更确切的参考范畴，即环境危机是现行发展模式的结果。[3]为避免发展和发展的物质因素之间产生对立，就需要新的生活方式和管理方法，而且应该制定发展新模式的原则。

1972年联合国在斯德哥尔摩召开了关于生态环境问题的大会，自那时起开始在全球范围内宣传发展的负面后果，引导人们重新审视人类和自然的关系。讲到经济这里要多说几句，由杰奥尔杰斯库—勒根（Georgescu-Roegen）领导的经济学家协调小组为定义"人性化经济"的概念展开了一系列工作，进而得出这样一种结论：地方发展、基本需要和环境准则指导下的环境优先发展以及生态发展开始成为主要的论据。

在城市规划方面，20世纪70年代的石油危机导致与上述观点有直接或间接联系的几种思想在大众中传播开来，而且几乎达到了人人皆知的地步。1973年舒马赫[4]在他写的一篇文章中阐述"小即是美"的新哲学思想，这篇文章的写作背景是针对战后工业体系的无效率和畸形发育以及由此对生产增长前景所产生的悲观主义情绪。但是，可持续发展概念的出现使得不宜居住城市的评价标准发生了很大改变。

1987年挪威首相布伦特兰（Brundtland）夫人在报告中[5]集中阐述了这一问题并提出了一个完整的新概念，该报告借助了社会对自然环境的关心所产生的巨大影响以及对子孙后代产生的影响，同时还试图关注地方与全球、短期与长期、生态环境与发展等诸项问题。这里提出的对可持续发展的定义在国际上广为接受："既满足当代人的需求，又不对后代人满足其自身需求的能力构成危害的发展。"[6]如今这一定义因为比较充实而被称为"可持续发展的正宗定义"。

欧盟生态环境专家小组在《欧洲可持续发展城市》的报告中向我们明晰了建议的意向：

"可持续发展是一个比自然环境保护更宽泛的概念，因为涉及关注后代、健康和长远的环境整体。可持续发展同时包含对生活质量的关注（不仅仅关注收入的提高）、对现在人的平等的关注（包括消除贫困的斗争）、对两代或数代人之间的不平等的关注（即便不能改善，未来的人起码也应该享受我们现在所享受的好环境）、对人类福祉的社会和道德方面的关注。我们可以设想，发展只能是在自然体系所能承受的范围内的可持续发展。显而易见，寻求可持续发展需要全球范围内的城市决策等诸多方面的一体化。"[7]

开始阶段只是在理论方面对占有支配地位的发展概念（一味地追求增长）产生了疏远。虽然审视人和自然的关系时会发现一些问题[8]，但是重新确立富国和穷国的关系更应该引起重视。当时第一世界也正在谈论后工业时代的社会问题，问题是生活条件的改善无法与自然资源的保护和不递减相互共存。可持续发展的概念获得的性质上的认同开始渐渐超过在数量上的认同，这与进步思想和改良进程的发展息息相关，科学技术在其中也起着决定性的作用。此外，它与人们在经济、社会和政治机构中所开展的活动也有一定关联。

尽管人们所熟悉的国际机构，从欧盟到世界环境与发展委员会会有所作为，但是要达到一个更持续发展的世界，城市还是起着决定性的作用。目前，地球上一半以上的人口居住在城市区域，城市里集中着居民、活动、生产与消费。因此，城市是危害环境的主要来源之一，也是出现问题最频繁的地方。城市损害着全球的生态体系，其生态足迹及其影响远远超越了较远的内地（支撑它的区域）。城市应该承担第一责任，它的破坏力主要表现在能源消耗以及温室效应的不断增强上。由于二氧化碳浓度增加使得生物圈过热，其扩散区域主要集中在城区。城市对自然环境构成了一种威胁，但是与此同时城市自身的法则也是构成自然环境的一种重要手段，是人类发展最重要的表现之一。为了给各类问题找到可能的答案，城市本身应该能够提供最大的活动空间。

城市可以充当重大政治问题的中间调节人，它能够使公民参与各项决策，从而促成一种集体负责战略的承诺性传播。然而事实是城市承受着经济全球化的制约，经济全球化有利于传统的区域联系的破裂、地区形式合作的破裂和城市适应环境的破裂。上述这些关联和历史结构的破裂有利于减少低密度、分散城市模式的广泛应用，当地因素的开放性也使得它占有了大量的城市空间。

城市财富的丰富性和多样性使得城市进入衰退进程的可能性大大增加。"放眼全球，立足本地"这一理念源于可持续发展，它的价值在于重新认识差别并开始重申地方和区域政府的重要性。无论是在1996年的西雅图会议，还是在使巴西库里蒂巴闻名于世的成功联合行动，或是在《地方议程》当中，或在1992年里约首脑峰会的决议里以及在各式各样的动议里都出现了新的聚焦点。[9]

然而，除特例以外，城市仍然以工业社会为主导模式继续成长。它以"增长机器"为发展逻辑，极少考虑可持续发展的准则。在这种背景下，出现了各种对自然

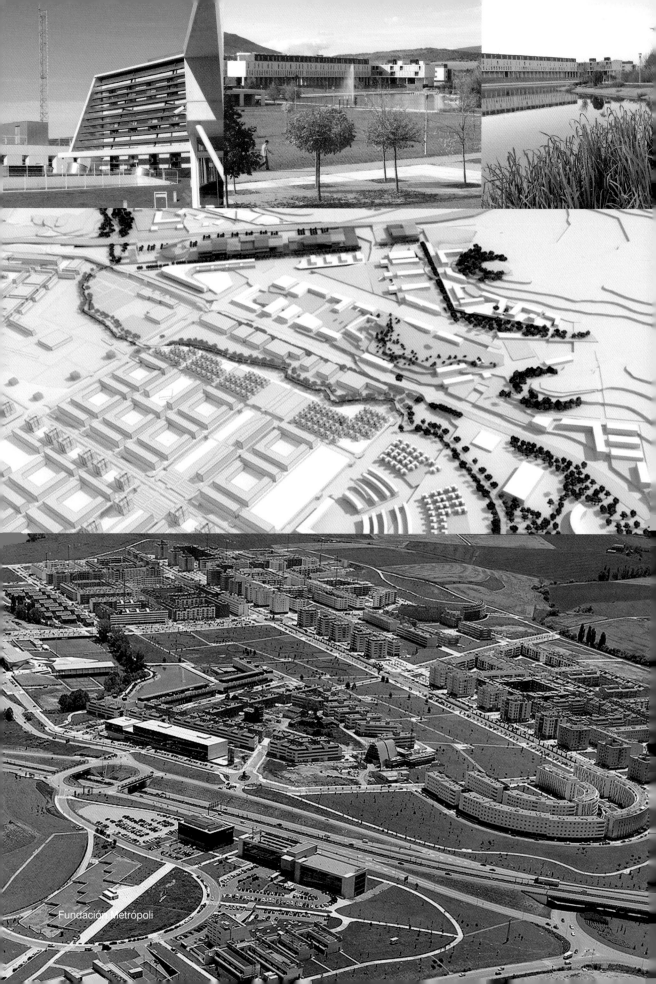

资源的浪费或挥霍的衡量标准以及定性的意图，在城市则是以制定环保指标的方式。[10]指标的使用一般都是城市生态的研究题目，开始阶段是制定一些限制或重新设定目标和开展活动的形式。所谓限制，其目的无非是修正城市的现行模式，使之强有力地结合自然进程并更具实效性。同时又逐渐出现了一系列指导城市规划方面参与的原则，以寻求城市体系良好状态和生态体系再生能力的保障。

面对城市空间多样化的特点，根据地理功能和文化功能以及国际化的诸多决定性因素，如生产、消费和生活方式等展开的对于典型城市模式的辩论正方兴未艾。在可持续发展城市的形式争论不休的背景下，所谓"密集城市"无疑是最容易接受的城市模式。密集城市的现身增加了可持续活动体系的可行性并提高了城市基础服务设施的工作效率[11]，此外，也有利于能源节约、综合利用城市生活集体本体特性和社会整合。简·雅各布斯曾表明，密集的传统城市模式可以和建筑类型的多样化以及有利于社会关系的城市空间结合在一起。在谈及地中海的、密集的、可持续的和综合的城市模式时，加泰罗尼亚生态学家萨尔瓦多·鲁埃达（Salvador Rueda）认为这种模式具有巨大的优势。类似的情景有点像发生在多核心城市发展模式或是"分散集中"的模式中的契合现象。总之，我们不可能建立一个孤立的标准来定义什么是可持续发展，什么不是可持续发展，这涉及质量方面也涉及数量方面，还涉及与城市环境的关系，涉及规模大小及形式链接等诸多方面的问题。

任何人都不会斩钉截铁地说：这幅画比另一幅画的质量好是因为颜料用得比较多，或者说是因为画上绿色多于蓝色。一项集体创作且工期漫长的工程，谁说得清楚会有什么事情发生？然而，城市既不是一幅画，更不是一棵树。在这一章的各个小节里，我们将探讨在设计城市和可持续发展领域所面临挑战面前的几项最重要的贡献。

生态规划：伊恩·麦克哈格

建立在生态学基础上的规划将重新把城市放在其区域范围内考虑，这里的所谓区域是以它本身的自然特性来划分的。此外，生态观点在实际规划中特别关注区域的变革，关注自然赋予城市发展的先决条件或称禀赋。我们应该注意到，当可持续发展的思想开始流行的时候，从生态预算角度规划的传统就已经存在了，尽管在实践中不占主要地位。

"实用人类生态学"一词是在1940年由本顿·麦凯在《区域规划与生态》中提出并建议使用的。[12]经过对自然资源的利用和人类的活动及其社会行为模式之间关系的认真思考，麦凯企图创立区域规划。他认为区域规划的关键是要创立植根于生

西班牙潘普洛纳的Sarriguren，获得欧洲城市奖的生态社区之一。它强化了生物气候建筑和可持续技术，它遵循了伊恩·麦克哈格的理论，是生态景观项目重要性的例证

态环境，而不是仅关注社会—经济固有品质的区域规划。1921年麦凯设计出了"阿巴拉契亚小径"（Appalachian Trail），这是一个跨越美国东部几个省的自然区域，而小径是一条风景路线。在这项开拓性的工作中麦凯运用了区域规划原则并直观地理解了人与自然的关系——直到很久以后人们才意识到这一相互依存的关系。具体来说，不是建议保护和不去接近未垦殖的空间，而是组织一些为了使粮食和农业区被摧残的经济复苏的、经过深思熟虑的再创造活动。

20世纪50年代，享有盛誉的生态学家如奥达姆（E. P. Odum）[13]强调了建立在对生态现状深入了解基础上的空间规划。生态规划或是景观生态规划的方法、技术和工具，前不久已经归纳到了对物质环境的研究和设计当中，而且赢得了突出地位并为完成"新"的目标而进行了重新整合。传统意义上的城市规划也不是随意可以替代的[14]，而是一种摆脱困境的辅助方式。而且从科学的视角来看，针对规划范围内的价值与资源的保护和维持，传统城市规划有利于对地域景观、生态系统及其成形的进程的研究，有利于对以上因素和人类行为之间现存的相互关系进行研究。事实上，首先要把土地的类型和景观的形态及各自合理的使用情况联系在一起加以分析，并将分析结果作为区域设计的工具，这样才能谈论新颖的城市和区域规划。

1969年，伊恩·麦克哈格出版的《设计结合自然》一书，当属在生态和景观规划的实践中最具影响力的一本书。尤其在萌芽阶段，那时候要求城市规划对自然给予足够重视的这种思想才刚刚开始。[15]为了在景观形态与土地利用之间建立联系，麦克哈格提出了"覆盖地图绘制法"作为基础技术，从一个区域编年史管理开始，像做多层蛋糕模型那样构思关于区域认知和策划相关的报告。受生态学的科学方法所鼓舞，麦克哈格开始了他的分析，从生态体系的调查清单或普查出发，继续对自然过程予以描述；从变革的限制性因素切入，识别代表适应性分析的基本价值的因素或过程，从而确定变革的局限和机会。作为参考，麦凯试图把与生物物理信息有连带关系的稳定或不稳定的指标个性化。然后，对每个区域土地的具体情况进行适应性的分析，尽可能找到可供最高级社会利用的解决办法，借此在土地的固有自然性质和利用的可能性之间建立一种评估后的关系。所有这一切都包含在前期设计的逻辑思维之中，也就是说作为采取正确的决策前的一种工具。这样一来就促进了其他技术手段的发展，如"土地适合性分析法"（简称LSA），对于空间规划非常实用。

景观是一个关键概念，无论未来设计的起始还是结果都离不开它。在欧洲，区域概念具有悠久的历史，从人性化的过去开始，景观从来就被认为不能离开人类活动而独立存在，它永远是具有历史意义的景观。人性化的结构，即土地的历史性形态是决定性因素。景观的决定性诠释不仅是对于自然的理解，同时也是对于文化的理解，确切地说是因为强调土地和人的相互影响和作用。

无论是外部物理环境还是内部生物环境，都是支撑人类生命的环境。目标永远处在适应周边环境的状态，同时还要注意所有可能构成侵犯的行为。[16]

另外一位生态规划学家理查德·T. 福尔马（Richard T. Forma）发展了一种景

观马赛克理论（亦称土地马赛克），运用土地马赛克理论作为工具来描述其利用和自然空间（不论是农村或城镇）的主导地位，同时分析景观的变化和递减以寻求可能与自然和谐相处的最佳模式。当一位记者问麦克哈格，他是如何使休斯敦附近的林地（1970～1974年形成的）躲过洪水灾害的，因为附近地区曾被几场水灾所淹没，麦克哈格回答说他只是简单地想过洪水的流向。今天，规划城市与自然的关系就意味着在建设我们的城市的时候，不能对城市所处的具体环境一无所知，需要熟知有关的自然准则、了解所有的约束条件。[17]

挪威思想家阿尔内·内斯（Arne Naess，1912～2009年）[18]对深度生态学和肤浅生态学进行了出色的鉴别和研究，发现两者之间的观点差距在于是否排斥存在于发展利益和生态环境利益之间的兼容性。从深度生态学的设计来说，承诺性的决议是受到排斥的，而可持续发展的观念属于肤浅生态学的范畴，是被功利主义所否定的。这位作者坚持认为应该引进彻底的改革，但是，我们的工业技术文明如今已经世界化，它能够自己朝着与自然积极结合的方向发展吗？目前，在理解人和环境关系的形式方面所存在的差别产生着大量的冲突。回想人类的各种活动，矿业、渔业、森林开发、剧烈发展的农业或狩猎，我们会发现所有活动都处于复杂且永无休止的辩论之中，无需介入这些活动中就能够了解矛盾的状况。许多人认为唯一的出路是在国际范围内实行合法化发展，然而已有教训已经告诉我们：在一些举足轻重的国家，这些条款很难真正得到执行。

作为遗产，麦克哈格为我们留下了在对城市规划采取决议时的理性化思维，那就是应该考虑到当地条件的作用、自然价值和社会付出的代价。他的贡献在于对计划和设计方案的评估、对项目的超前的意识和对创造性解决方案的需求。《设计结合自然》在对运用生态学为指针的城市规划设计方面为我们提供了一种新的灵感和一个有价值的参考。

《21世纪地方议程》

1992年在里约热内卢召开了著名的全球首脑峰会，这是一次联合国生态环境主题会议，在决议中通过的21世纪议程是为促进全球21世纪可持续发展的原则而制定的一项全面的纲领。21世纪议程的其中一项原则是强化地方机构的作用，增加其环境责任感。为此，建议每个地区、区域或地方开发自身的项目，从此也称《21世纪地方议程》。自从通过里约宣言开始，许多组织、市政当局和城市为促进地方发展相继借鉴了一系列丰富的经验以推进地方的可持续发展。随着绿皮书的发表和生态环境行动纲领的确立，欧盟本身为推进欧洲城市集团朝着可持续发展的方向在迈进。1994年5月奥尔堡宪章诞生，根据源于里约峰会可持续原则的地方可持续发展基本准则，欧盟制定了《欧洲城市可持续发展宪章》。奥尔堡是丹麦城市的名字，当时有330个代表签字，其中80位代表欧洲地方当局。由此，一个可持续发展城市与城镇的欧洲运动正式开始，它归入了《21世纪地方议程》的发展轨道并孕育了可持续发展的行动计划。

《21世纪议程》的目的是为了把地方社会的不同组成包含在一个中期和长期的环境行动计划之内。它作为一种工具以纲领性计划为主导来指导具体行动，在一个有广泛公众参与的框架内发挥作用。[19]因此，我们面对的是一个真正规划工具的诞生，这一工具与城市及其物理空间操作结合在一起，由此在可持续发展概念的发展中产生了指导性原则，很多人在议程里看到了使各自城市规划再生的一个天大机遇。一些市政部门刚刚出台的不少文件虽然也命名为21世纪议程，但与构思时的雄心和憧憬的初衷都不相符合，所以出现了不少匆忙上阵的情况。有时是因为缺乏具体措施，有时是因为缺乏政治推动或为了衔接有效参与的进程而缺乏创造精神。还有另外的一些情况，21世纪议程正在变成城市形象工程并对可持续发展目标产生着明星效应，如西班牙维多利亚的例子。该市的环境研究中心，还有它的绿色指环设计方案，那可是为了环境的出类拔萃而下的一笔巨大赌注。时至今日，西班牙的经验还是有限的，但是对待这些机遇的挑战并没有采取轻率的行动，而是求得最大的政治支持，并从城市的全方位而非局部的视野来制定面对挑战的策略。在这一节里我们通过《21世纪议程》提供的几个相关联的范例来触及可持续的挑战问题。

让我们看一下《1996年欧洲城市可持续发展》报告里引用的一段话："可持续发展城市的设计需要创造力和变革，对传统的行为方式应持怀疑态度，应探求新的契机、措施和新型的团体和组织关系。可持续发展的探索要求对现行的政策和机制进行重新审视，同时需要坚定的原则并以这些原则为依据开展尊重生态环境的行动。"

从这个意义上，我们希望进一步展示《21世纪议程》如何从更深层次参与并影响城市物理形态的研究。从物质条件的角度来看，当我们研究城市形态时必须把环境影响考虑在内。里约大会的21世纪纲领强调全球保护生态环境的目标，如果没有地方政府承担责任，要取得成功是非常困难的。市区、地区和国家在试图设计他们自己的议程方面渐渐显现出了主动性，而可持续发展战略是城市和地区的福利以及发展规划的核心组成部分，从此开启了一个反思和集体梦想的新阶段，即梦想未来的规划设计有能力摆脱那些古老陈旧的增长模式、摆脱与生态环境和自然进程完整性脱离模式的羁绊。

首先触及的议题常常是直接和自然资源相关联的议题，例如水和能源利用的结构及废弃物处理等问题，这些议题往往以这种或那种方式关系到物流的整体性并构成了可持续发展的一个根本因素之一。协调需求，最高效率地开发经营资源，最低限度地缩减排放物、环境影响物和废品，取得有效的运作系统和可靠的财政支持，减少对外部的依赖，这些如同对企业经营战略的要求一样，而在污染物排放方面则重视居民的生活质量和遵守国际协议。为了实现可持续的操作，战略部门引进技术革新和革新的运作是根本做法，同时也应该以空间基质为起点用生态解读法来理解区域。城市生态体系和其他的区域形态是结合在一起的：诸如现存的自然利益范围

（包括被保护空间体系、2000自然网络、禽类自然保护区ZEPAs、重要的自然空间和元素的调查总目）、土地使用分析等；再根据该区域的特殊性、保护水平、生态、景观和文化等价值决定空间个性的存在。由此确定其潜力、利用方式及其弱点，并将以上各种因素应用在上述空间保护和管理体系的分析里。自然和文化遗产构成了区域本体性，是生活质量和不可替代差异性的战略因素。

用完整的方式碰撞一个空间的未来远非具有局部特性的传统思维所能胜任，《21世纪议程》需要对城市和区域作一番深入的思考，因为城市和区域已经构成了一个难得的机遇。每个城市或区域的可持续发展规划的确定开始于对每个范围的特点和特性进行严谨的调查研究，但是为了能够保证面对未来挑战所需资源的富足及可利用性，必须在一个宽泛的框架内（包括社会凝聚力和财富生成）设计一个完整的目标，这样规划的确定才有可能。规划应该有可操作的前瞻性，在其范围内有确定和评价问题机遇的能力，这就具备了判断提议切实可行的基础。所提建议的原件中是否包括环境问题，根据具体形势应该能够剖析出其原因。另外，对于这一新的进程要强调参与，参与的战略是决定性和实质性的因素，有利于在社会组织和团体之间协调进程。如果存在具体行动的设计方案，参与就会得到强化。局部的建议产生于全方位思考，模式及模式在地方、地区、区域乃至欧洲环境里所扮演的角色是思考的关键问题。

在战略因素里有些因素通常是很少受到重视的，例如都市形态、支柱产业和空间及基础设施的关系、城市的区域作用、组成城市具体部件的特征等，但这些都是每个城区生态条件的关键。其实，一些关键问题都依赖于这些因素，如建立真正有效的集体交通体系的可能性、能源和水资源消耗的水平、城市生物多样性的保护以及城市化空间与周边环境自由区域的共存等问题。交通运输的局部政策、绿色区域、社会的整体性、多余物品的处理、水的供应等因素，只有在一种事先达成一致的城市模式的基础上引向可持续发展的目标，这种政策才是真正高效率和可行的。把政策严格限制在局部范围之内是远远不够的，这些政策应该是城市模式的派生物，而不仅仅是片面动机的数字相加。

我们采用一种特定的方法为《21世纪议程》的应用草拟了若干阶段，但是也不能忽略空间因素、景观形态和城市模式在可持续发展项目中的重要性。

《21世纪议程》是一个执行的纲领，因而在其运作和开展过程中参与是必要的，环境保护的目标也应该接受结果的检验和评估。这是一项持久性的变革过程，在这个过程中拥有及时的信息是不可或缺的，目的是要了解区域是否在按人们希望的那样演变着。生态环境的指示器和生态地图在这种战略中成为实质的因素，这些指示器是城市模式构成成分的持续测试的结果，也是与可持续发展的具体目标相关联的区域模式的持续测试结果。通过监视形势的发展，使它们成为看得见的东西，以此来评估现状并采取相应措施。通过追踪环境指示器系统，对于居民和外部社会来说也是一种能够体现承诺可信度的发展的新方式。

属于同一区域的国家、自治区域和市政机构竞争力的主导地位突显了区域协同的重要性。另外，居民和组织机构也越来越希望积极参与到与他们居住的区域相关的事物中来，因此，作为直接切入到人的生活质量和他们占有的空间特点的诸多方面，如生态环境问题、城市发展、经济增长、大型的基础设施等都需经过评估和鉴定。《21世纪地方议程》应该避免自身标准化和受到行政官僚及宣传机构的制约，要把自己理解为对革新战略的设计和地方发展的一种机遇，要意识到土地和人都应该是可持续发展的支柱。

增长管理：俄勒冈州波特兰

随着麦克哈格等先驱们的工作不断深入，在美国范围内开始了推行土地利用规划战略的重启活动，关键的一项工作就是认识到了郊区（无计划地向郊区延伸）模式的增长所暴露出的无法摆脱的矛盾。在联邦机构如国家森林局也称作美国水土保持局的庇护之下，在区域规划方面开始了一场悄悄的革命[20]，因为他们早就知道可持续发展即生态发展的思想意图，并开展了一些技术活动来控制城市的扩展以及它的负面影响：夏威夷、佛蒙特、缅因、俄勒冈、旧金山湾和马萨诸塞都是当时很敏感的地区。创建区域的发展，尊重其自然价值并对增长和转型采取积极控制，这样的意识在逐步强化。实际上整体的规划技术就被称为"增长管理"，所以说美国的区域规划已经深深地扎下了根，不仅是在科技方面，在文化方面和保护生态环境方面也是如此。在这个国家里，城市规划的控制有着强大的法律约束，因此区域规划必须从环境保护的原则出发并且不断进行改写。

这种控制使用土地的革命也在悄悄改变公共行政机关的思维方法，并加强了现行城市模式中生态环境的参与意识。当然，和所有的新鲜事物一样，它也会遇到一些抵触。在我们遇到的案例当中，比较突出的是那些在城市缓和性增长区域再造方面有着成熟行动的地区和项目。[21]这里举几个州的例子：俄勒冈州和夏威夷，开始对丰富的自然资源保护和土地景观特别感兴趣；佛蒙特州或缅因州很快把目标转向了城市和城市增长的支持者，因为在这些州兑现承诺最为困难；明尼阿波利斯和圣保罗，波特兰或雅克松维尔（Jacsonville）和俄勒冈州，这些姊妹城市都属于先行地区。20世纪70年代麦考尔（McCall）省长支持成立了俄勒冈千人朋友会，这是一个非常活跃的生态环境保护志愿者组织。做事情要有耐力，有耐心和有恒心几乎是成功的先导，这正应了一句格言：功到自然成。1973年一项法律获得了颁布，即《国家土地使用法》，不久之后几个欧洲国家也想效仿。它们对城市的扩展提出了一

巴伦西亚（Valencia），21世纪拓宽规划。密集城市的选择避免分散城市模式的城市化和挽救用于生产水果的农田
巴伦西亚首都海滩——蓝色之路
南部郊区自然空间

些限制，启动了公共交通和社会住房的战略，加强和协调公共服务设施并在行政部门、促进会会员和地方企业家之间开展了协调行动。在土地保护和发展委员会的支持下，加之港口城市波特兰市长和俄勒冈州长善于共同合作，二者达成了一致，利用一块共同的空间来处理现有的问题。如今，波特兰市的地铁可以延长到3个县和24个城镇，这是一个典型运用城区扩大和城区改造的新方式。[22]

区域规模和城市增长管控这一概念促进了科学技术的运用，其目的在于挑选出那些采用可持续发展的城市项目，这一点尤为突出。[23]包括管理城区扩展的定位和性质、保护自然资源和生态环境的质量与特性、保证当地具备完整的基础设施和服务设施体系、保持或进一步创造社区生活所希望的质量、改善经济的适应能力和社会公正，最后，引导地方发展与区域、国家的体系保持良好的关系。

彼得·考尔索普[24]是首先从可持续原则的城市规划角度出发将兴趣集中在建筑形式的控制管理的先驱之一。1990年在西湖（Laguna West，萨克拉门托市）的设计工程中推行一项别出心裁的城市结构战略：交通导向开发（TOD）。这并非一种独创思想，伦敦和巴黎等大城市多年来一直把城市发展模式与公共交通联系在一起，因而取得了不小的成绩。另外一些城市也效仿过这样的做法，例如我们将在后面谈到的巴西城市库里蒂巴。在可持续发展城市的较量中，我们不妨设想：如果一个最密集的城市模式要节约能源开支，交通运输肯定是一项讨论的中心议题。但是，考尔索普为俄勒冈州区域设计的是把公共交通、城市形态衔接在一起的一整套规划作为未来城市模式的一幅骨架，并且以非常准确的方法设计了城市的中心区。交通导向开发理论和考尔索普一道构成了城市结构定义的导向性策略，直接用于指导道路设计、用途的确定和城市密度的管理。实际上，他的工作以连绵型城市群的城市规划，如在萨格拉门托和波特兰的设计为基础来反思引导我们重新规划城市密度。因为面对摇摆不定的模式，居所与工作地点之间的关系完全处于紊乱状态。公共交通的推进要求一种新型风格的城市，其密度应该是可管理的，应该与城市生活、活动与习俗的智慧混合（与文化条件紧密结合在一起的混合），与原有城市建筑物的关系应该是最贴近也是最容易适应的。交通导向开发遇到了一个由公共交通路线包括火车、电车和公共汽车组成的城市体系之间的较量。成功的城市模式要与景观相映生辉，并且尊重最有价值景点的保护工作。我们不能单纯把城市理解成一个满地油污、毫无区别可言的肌理，公共交通的革新政策需要一个明确的、负责任的、层次分明的结构来支撑，这种方式为我们提供了必须通过城市和区域的协调方式来实现的很宽泛的目标范围，它能够根据目标的优先程度来选择综合或独立运用。挑战绝不仅仅来源于计划的制定或通过立法强制推行严格规定的条条框框，而是从长远的眼光反复思考区域的模式，为此总是要评估已经制定的规则体系的收益和成本。人们总希望公共行为和私人动机一起，在社会以循序渐进方式孕育出来的总原则指引下同心协力地工作。

事实上，所谓增长管理需要一整套工具来管理增长问题和城市的转型，目的是达成经济增长、社会公正和环境的持续发展之间的一种平衡。[25]

这些工具几乎都是人们所熟知的，而增长管理的创新之处在于对工具进行协调使用，力求适应各种形势下的具体特殊情况。因此需要一种公共管理机关的承诺性行为，来面对城市区域里的环境质量问题，并保证发挥其最大限度的使用价值。一些相互关联的问题往往是区域性的，因此需要公民参与的战略是确定无疑的，而且不仅需要公共部门的积极性，更重要的是需要每个个人的热情，因为这不仅涉及保护发展问题，而且还涉及在一个合作与承诺的框架内制定统一共识的准则。

大型公司也发现了需要调整他们的策划方案以适应新的形势并坚定不移地参与到促进活动中来。因此，城市土地协会1998年公布了精明增长的文件[26]，也可以翻译成有吸引力或时尚的文件。这份文件以其高雅、出众、明智的鉴定性获得了开始于1970年的"悄悄革命"的好评。精明增长的目标力图有效地把经济利益和生态环境利益完美地结合在一起，它以城市发展的环境质量作为保证的地方本体性和地区观念，有利于空间形式的、功能的和社会的控制，在此基础上有可能开展各类商业或企业活动。它的密度更大，是一个位于公共空间附近的多功能建筑群。这一设计的合理之处在于它充分尊重了公共和私人空间的过渡，这一集合体能够保护已经纳入到最健康经济活动的自然空间和农业区域。这不是想独树一帜或再搞一项新发明，不是随便一件东西都可以"做成一座城市"，当然也不想抛开陈旧的障碍和墨守成规的管理。然而从社会的角度看，郊区模式曾被认为是危险的模式、反经济的和缺少吸引力的模式。

但是，美国大都市近期的演变过程距离可持续发展的模式相去甚远。卫星城的思维（我们在后面第12章里还会谈到）即变形城邦或称模糊城市，似乎坚信世界各地城市发展都是反生态的发展。这种情况在一定程度上测试了城市规划本身提出不同模式的能力，从而来克服这种同质化，为管控提供更多工具。参照以往积累的经验，纽约市区域规划办公室提出建议的焦点正是针对这些题目而设计的，并且提出纽约是一个"暴露在危险之中的地区"。[27]因此城市规划的战略一直贯彻以抑制危险为指导思想，主要是指通过在公共交通方面强有力的行动与城市集中性和配备的重组行动链接起来，而所有这些行动都要遵从保护自然区域和改善公园及绿色走廊网络的严格逻辑。

生态城市规划，黑川纪章的共生哲学

哲学家埃德加·莫兰（Edgar Morin）曾断言："生态学将以第一位新型科学的姿态呈现在世人面前，它是人和自然之间相互关系的一门学科，能够将多元关系联系在一起，甚至可以独立存在于不同学科里"。[28]然而这一漫长的工作似乎刚刚开始，但是真正的困难之处在于如何负责任地运用生态学和其他学科所提供的知识。

我们知道自然和城市的关系开始于人本身及其能够建立这种关系的资本，"因为城市产生并强加在自然环境之上的许多问题，只能在城市里解决。所有的空间和环境的元素都是可以被感知的，如同一个完整的结构，都可以根据各自的功能服务于某一项事务……"，迈克尔·霍夫（Michael Hough）明确肯定地说。然而这里不只是规划问题，还存在一个设计问题。这样，随着我们可以碰到的根据生态学原则提出的建议越来越多[29]，一些学者开始了对生态城市规划的讨论。

这不是一个新课题，早在20世纪60年代就有根据非常接近生态学原则提出的城市规划的设计方案。

拉尔夫·厄斯金，直到今天仍然是公认的名副其实的建筑学家，他在1969年就为纽卡斯尔市在32英亩范围内设计了比克尔（Byker）小区的2300套住宅。小区处于城市半开发的边缘，建成于1970～1983年之间。比克尔的城区开发得到了建筑学家的认可，尽管当时建设期间曾出现过一个小插曲：在小区内筑起一道大墙把住宅楼封锁起来，以隔开火车和高速路的声音。但起因并不是它的建筑设计，而是出于对行人空间的管理，即把原来已经存在的空间加以整合，使一块几乎被抛弃的空间重新居住而且有业主的参与。他的许多设计思维和设计细节至今仍堪称典范，同样的范例也出现在加利福尼亚的海上牧场（Sea Ranch）。1965年生态理念应用在保护一处海滨区域的设计上，那是景观学家劳伦斯·哈尔普林的杰作，即尊重独特的自然条件，注重城市规划层面的应用并开展共管法则。最为熟知的规划设计要数查尔斯·穆尔的一组地处L市中心区附近的10大住宅楼，别出心裁地结合一处未开垦的被海风吹得一塌糊涂的海滩。据建筑家们所述，这一区域原则上是可以管理建筑所在的位置的，即在中心区附近形成一个建筑群，与地貌以及屋顶的坡度相映成趣……，一些人只知道沿袭过去的大众型的建筑，并认为这才是最好的适应性逻辑。后来的发展仍属于常规模式，这就提高了共管概念的价值。为了保证质量不仅需要一个好的整体规划，同时更需要一个能够正确理解自然并诠释整体规划的建筑式样。

事实上，如果想到伍重（J. Utzon）、拉德松（D. Ladsun）、科德尔奇（J. A. Coderch）、巴拉甘（L. Barragán）、斯特林（J. Stirling）、比尔（M. Bill）、安藤忠雄（T. Ando）、赫兹贝格尔（H. Herzberger）、德卡洛（G. De Carlo）……，从1950年底就可以见到一幢幢趣味盎然的舒适建筑，它们以朴实的风格呈现在周围的环境中，简朴庄重并与大自然紧密结合在一起，相得益彰。生态学从那时起在欧洲北部开始用于指导小区的设计，如1977年博纳玛（A. Bonnema）于乌得勒支郊区设计的72栋住宅楼项目，在这个项目中把街道设计为人、自行车、机动车同时共用，被称作混行道。那些建筑是有机的布局，避免房子像串珠一样的直线排列。欧洲建筑学家中最善于运用生态为依据的城市设计者之一是卢西恩·克罗尔（Lucien Kroll）[30]，他以给荷兰政府的一项示范设计而闻名。300栋独立家庭住宅在一片水域周围串联排开，呈现出一派荷兰风光，那是一项为小型公共和半公共空间恰如其分的设计。但是，克罗尔在此类设计风格上却投入了很长时间，比如在法国一项名为"温馨住房"（HLM）的社会住房设计项目。它在最初的设计中运用人性化和最温馨的空间理念修复了部分郊区大型住宅群，在预制的街区形式中引入更友善的空间，创造了一种低预算的理性标准化建筑。目前，城市再生已经是大规模结合城市可持续发展原则的首要项目之一，因为再生行动本身也是可持续发展最重要的战略决策之一。再生的突出经验是1970年底柏林的普通居民区如克罗伊茨贝格（Kreuztberg）的改造工程，该工程有效地向我们展示出了借助生态原则的复杂性。[31]公共计划方案只有居民的积极参与才能达到实现城市重要目标的预期效果、才能使城市和建筑设计得到最大的支持，不论在水的处理或是再生能源的利用材料、基础设施、公共空间位置的确定以及植物的利用等方面无不如此。再利用、循环使用、再生已经成为锁定城市生态决定性原则的词汇，因为，不管怎么说我们的城市都需要不断改善，需要建筑在生态认知基础上的具体设计。

著名科学家勒内·迪博（René Dubos）首先提出的"放眼全球、立足本土"的名言，可以在奥兰多游乐中心的入口处得以实现。在那里可以读到他的醒目观点：共生关系意味着创造性地合作。不应该把地球看作是不能改变的生态体系，也不应该用自私、短视的经济理由把地球看作是任意开发的采石场，而应该以人类自身强大的开发潜力及其挑战精神观点把地球看作是一个可垦殖的花园。共生关系的目标并非要维持现状，而是要对新现象和新价值观念保持高度的紧迫状态。[32]

人与自然的共生哲学是由黑川纪章在其《共生哲学》著作中提出并以精湛的手段将这一理念付诸实践的，其初衷是要把东西方文化融合在一起。[33]黑川纪章在开始阶段与丹下键三（Tange）合作研究新陈代谢的课题，1972年黑川在他的"螺旋体城市"的设计方案中规划了几处高大塔楼，其灵感正是来源于脱氧核糖核酸（DNA）的丝状螺旋形状。就像保罗·索莱里，当他想到阿科桑蒂就会联想到凤凰城郊区，想到建筑的责任是树立一处全新的环境。可是又要延续现代机械组装论的原则，尽管这些原则也与生态学和生物学的论证有些联系。这些设计思路中存在的固有矛盾在黑川纪章深思熟虑的、有吸引力的实践中迎刃而解。

当代文化的多元性，加上合作与参与的干预，有利于形成一种反世俗的立场，西方进步的思想体系应该学习东方并根据创造性的原则与之熔为一炉。

不按层次管理的模式，简直是在玩弄概念，例如德勒兹（Deleuze）和瓜塔利（Guatari）以"块茎"为核心的概念生成论。可面对传统二元论，它们是一种生机勃勃的多元论：共生论的哲学就是充满活力、自由和光明的哲学，是新时代的游牧哲学（hanasuki）。日本文化为此提供了相应的依据，如"禅寂"（wabi）可以解释为"在饶舌面前保持沉默"，这很接近希腊的美学观点"真谛"（aleteia）。在难以读懂的机能主义面前只能走一条模棱两可的路。

城市空间，像东京这样秩序井然与紊乱混沌两种特点兼有的城市，应该把它理解为小说里的一段情节和一段个人隐私，出于好奇心的惊喜、兴趣和刺激都会自行

消释。当黑川纪章设计吉隆坡机场时（1996年投入使用），他曾问过自己这样一个问题：为什么一个机场不能设计成一个大花园，在郁郁葱葱、花园环绕的环境里组织旅客的流动？这种交织与模糊的状态是非常重要的，这也是1967年开始设计山形县寒河江市府大楼的时候建筑师研究的课题主旨。他的大型城市设计中，有如1997年在香港旁边成长起来的城市深圳的作为中国城市体制特征的中轴设计方案。在这些设计中他曾经重复使用绿色中轴，其规模都可以和中心公园和香榭丽舍大街相媲美，2002年在其代表作哈萨克斯坦新首都阿斯塔那大型设计中也同样表达了这一设计理念。绿色空间形成了城市基本管理体系的公共心脏，尽管地方文化应该同样管理城市的一些部门，但管理本身错综复杂，自行管理和综合管理方式往往混合在一起。

　　城市肌理可以使人记起巴西利亚，但却无法记起具体内容，因为建筑师的工作仅限于对大型空间和典型结构进行定义。从西方人的思维方式看，没有独立于矛盾之外的论证，但是他们却从没有停止反省。他们试图学习日本"江户时代"的文化，该文化早已将"共生"表现在了戏剧里，也就是日本的歌舞伎。这种戏剧的特点在于它的人民性，也就是说它向多数人群开放，不分年龄和阶层；同时在于它的虚幻、在于它的抽象和理想主义，这些从化妆中都有所体现；最后在于重视戏剧的细节，歌舞伎把技术和人性混合在一起。其实茶道也是杂交文化，从茶道使人联想起建筑风格，鼓励一种分散的集中。共生表达的是一种矛盾情绪，模棱两可，犹如在离宫里，是一种灰色的概念，由同情和抵触两种情绪组成。学术上应当允许各种诠释和解读的可能，日常生活不能抛弃佛教意识价值，同时也不能抛弃西方的理性。和大自然的关系就是共同生活，一种能够想象的文化关系、为享受而开放的关系、能够把神圣和世俗混合在一起的关系。不仅仅是和平，在共生里有竞争和对立，但是也有一致的追求。

　　在黑川纪章的大型城市规划设计和他的建筑工程中，十分明显地孕育着他的"共生"哲学，而且每次都以一种个性化和创造性的方式重新诠释并加以丰富。他的共生哲学无处不在，人与自然、现在与未来、传统与现代、东方与西方、建筑与城市规划共生、大与小共生、结构与细节共生，他更用新奇、惊人的方式把他的共生哲学应用在了技术和生态的关系上。总之，一种创造性的激励方式引导着他为21世纪的城市和建筑发现了不寻常的方式和功能。

　　黑川纪章是马来西亚《视野2020年》的构思者，其中包括多媒体高级走廊。黑川纪章设计了一条从吉隆坡市中心开始直通机场的走廊，命名为贝特劳娜斯塔楼群，长50km，宽15km。这条线形设计包括两个城市：新的行政管理所在地称为布城，另一个是国家政府所在地称为赛城，也可以称之为智慧之城。该城市与科技企业的发展联结在一起，也是I+D中心和跨国公司的所在地，同时还矗立着一所重要的

生态城——纳瓦拉（Navarra）萨里亚古伦（Sarriguren）
黑川纪章设计——空心

"多媒体大学"。这条高级走廊的结构元素是一条公共交通的铁路线，连接着机场和市中心，两者之间的行程只需几分钟。15km宽的最强大环境轴心是新的绿色和技术景观的核心，这项具有生态技术焦点的设计，突出了黑川纪章的共生哲学的特点。从国家的形象考虑，这项雄心勃勃的新的国家经济心脏也是政治动力的未来，它的发展一直是受到亚洲三虎经济转化的影响。

城市生态学正向一种危险的方向发展，作为城市规划的一种发展方向，它更加倾向于理论发展而非实际应用，甚至出现了鼓励对现有城市做出简单批判的倾向。荷兰建筑师弗雷迪·谢林吉（Freddy Tjallingi）在他的《生态城市》一书中针对能源和物流提出了一套城市战略——以一种睿智来解释管理模式，以连锁和分等级的方法管理一个适合人居的城市。它追求都市空间形式和功能性的质量，讲求参与，并在解决问题时强调社会的加入。在《新型城市规划》一书中也可以找到类似的提法，尽管有典型的生态主义现代化倾向。有些建议与荷兰的地域形势有关联，例如提出两个网络：交通和水，并围绕两个网络开展人类活动和对大自然的保护。另外一些学者，如佛雷（Frey）等人，从城市设计入手提出了可持续发展的城市模型，在归纳几种不同的模式对城市结构的影响之后进行比较评估：中心型、发散型、卫星型、星团型，与前文中提到的交通导向开发战略有关的星系型、线形和多中心模式等，结果往往模棱两可。其实回顾像建筑师林奇所做的设计，我们能够从中看出有遗传性倾向，并且很大程度上依赖于公共交通体系。[34]

另外一些人把争论的焦点集中在前文中提及的城市形式的密集性和坚实性。对于它的倡导者来说是密集性的城市，从社会意义来说是可持续发展的城市模式。因为对内突显增长有利于服务和设施的准入和维持，提高城市的生命力和改善社会关系，同时支持地方规模化的经济发展，使其更扎实更稳定。[35]在英国、荷兰和德国等国家，对城市内部空间的压缩都有非常严格的进程规定，同时依靠城郊发展控制政策的支持，也与加强城市经济的发展、文化活动开展以及景观利用与保护的意图相结合，这些具体方面都与保护城区和农村的空间有着直接关系。提出密集城市形式的首要优势在于限制面积系数，因为一旦跨出限定的门槛就会出现预期效果的失败，拥塞、污染、能源消耗和生活质量的下降等问题就会失去控制。

因此最好的理论是对具体的经验（有时称之为优秀的实践）进行缜密的思考，这与招摇的生态焦点形成了鲜明的对比。城市设计应该采用新的设计思想，并且特别关注所创造的人居空间。人居空间应该是有质量的空间，顺理成章的进程不应该仅仅是走过场或是作秀，应该发现大自然为每个地方所赐予的机遇，并对机遇的限度保持清醒的头脑，同时充分利用科学给空间提供的数据。在现代城市里，质量远远重于数量[36]，因此我们不应该放弃探索建筑结构和传统类型学的典范价值，而应该为生态建筑提供一本真正的教科书。

《雅典新宪章2003》

欧洲城市规划理事会（European Council of Town Planners，简称ECTP）自2003年开始推动欧洲城市面向21世纪的"新雅典宪章"。[37]

该项工作起始于1998年提出的第一份草案，后来虽引起多方争议，但那份草案确实是适合城市生态环境的新城市规划纲领。草案的内容在欧盟的下列文件中都有十分明显的提及：

《城市生态绿皮书》（1990年）、《欧洲2000》的文件，包括：《共同体区域发展前景》（1991年）和《欧洲2000年+：欧洲区域合作发展》（1994年）、《城市环境专家组报告》（1996年），另外还有《欧洲土地规划前景》（1997年）、《通向欧盟城市规划大纲》（1997年）。

在这些文件中，渴望欧洲地区的一种更平衡更完整发展的想法不断得到加强，对促进地区发展的前景、关切各国间联合行动的重要性、确定未来欧洲城市区域和城市起到了最突出的作用。同时，城市可持续发展的观念也不断得到巩固和加强，进而提出了与保护自然资源目标的链接，从而达到一种更有效更有竞争力的地区发展。同时按照区域间强化欧洲一体化政策的原则，促进社会整合，保证大多数关系到民众生活质量的目标能够得以实现。

城市规划师职业工作的中心任务都已经包括在《欧洲规划师宪章》（ECTP，阿姆斯特丹，1986年11月）及其附件（埃斯特拉斯堡，1988年12月）里，这无疑在新形势下在参与实现新目标方面有其突出的作用。不仅是由于被划入欧洲一体化的框架内，而且更重要的是由于欧洲城市和地区在社会、经济和土地等诸多方面正发生着巨大的变化。虽然有地域上的差别，但是总的来说面临的应该是一种新形势，所以工作小组在他们的草案里也是这样予以概括的。1933年的《雅典宪章》在当时产生的巨大影响激励着工作小组，其中正好有一位希腊专家，想到即将到来的新世纪，就决定再次启用1933年《雅典宪章》的名字来命名。

在这个框架内，新宪章力图为在欧洲工作的职业规划师提供一个独特的视野，他们参与规划进程并在其行动中最大限度地促进整合。为建设一个欧洲城市的具有积极意义和充满活力的网络，宪章特别强调不应回避文化的差异。在这一进程中，为了可持续发展，欧洲规划理事会努力展示空间规划（城市规划的中心任务）的突出作用，因为可持续发展需要谨慎地处理空间问题。在关键时刻这种手段自然而有约束力，因为空间承受着不断增长的要求和压力。与此同时，能够把不同层次的各类技术融合在多学科工作的长期进程中，规划师的工作质量以及他们发现各类问题并将其规范的能力，都应摆在突出的位置。

《新雅典宪章》的结构分为两部分：第一部分提出了建立在连接城市概念上的新世纪城市视野（第一小节）。所谓"连接城市"概括了一个具有连接特点的城市视野，确定了现代社会的创造元素在面对孤立时更具有活力。视野对于欧洲城市网络的未来有如下规定：

· 保护其财产及文化多样性，它们是悠久历史的沉淀物，通过现在承接过去开创未来；

· 通过强大的具有功能的网络群进行多层次的连接；

· 通过创造与合作继续保持竞争力；

· 果断地将福利分配给居民和用户；

· 将其周围的人为的和自然的力量一体化。

宪章以社会、经济、生态环境自身的特点作为空间规划的条件展开了它的连接概念。无疑，为了恰如其分地理解其概念，最好是求助于宪章本身的文本。不过我们还是从专业的角度指出那些摘自宪章里有关城市规划的原则："……城市规划将会有各种政策、措施和参与，其中规划专家将起到重要作用，包括以下方面：

1. 为保护和改善街道、广场、走廊及其他公共道路作为城市框架的主要联络工具，更新城市设计；

2. 振兴城市肌体组织内的弱势地区；

3. 采取措施方便人与人的接触并为休闲娱乐提供机会；

4. 采取措施保证个人和集体的安全感，保证城市福利的基本因素；

5. 根据地区的特质努力创造城市的环境；

6. 为城市网络的所有地方提供高水平的美德氛围；

7. 保护所有自然和文化遗产的重要元素。

这些动议中任何一项都将会在每个国家每个城市根据各个地方的历史、社会和经济条件以不同的形式开展起来。与此同时在欧盟内部，扩展的凝聚力也会随着管理的、社会的结构逐渐成熟以及规划主题的准则逐渐整合而不断增强。在这个过程中，欧洲城市的共同目标会被广泛接受，它们的差异和每个城市的独特性质也将得到充分的尊重和保护。"

无疑，欧洲规划理事会致力于实现一个更团结的欧洲。团结的欧洲能够从自身的多样性当中汲取力量不断丰富自我，并且逐渐以适当优秀的城市设计及其有利因素之间的共同点，来达成一种共享的城市模式。在此基础上将会走向繁荣富强并赢得一个共享的模式。

在第二部分，宪章为视野的实践展开了一个框架，提倡实现城市的十项观念，作为城市规划行动的指南准则：每个城市都服务于所有的城市，都是一个广泛参与的城市、一个安全的城市、一个健康的城市、一个生产的城市、一个革新的城市、运动并通达全国各地的城市、一个生态环境的城市、一个文化的城市和一个具有接续性的城市。

作为这个纲领性思想体系的左膀右臂，毫无疑问要从全面而又切中要害的角度出发，来制定城市规划整体任务的各个组成部分。不仅要负责草案或规划，还要负责各个城市部门和部门间的斡旋协调，要求有出色的管理、规范的框架和城市行政事务参与合作。

为了保证这些组成部分得以实施，宪章从全新的角度出发，列举出了在第三个千年开始阶段影响城市发展的主要问题和挑战的摘要，它们决定了我们即将面对的全球变化和形式。为了使"视野"变为现实，同时也向规划师展示兑现性的承诺，摘要不仅仅强调技术、设计专家和协调师的作用，更强调他们在城市规划进程中的协调员作用。自然，他们应该在政治上接受领导，应该让全体社会理解，提高社会的参与并保证城市规划服务于集体利益。正如宪章在其文本中表述："规划从一开始就应该是一套整个城市及其环境的一体化进程。在这个环境内，建筑、空间规划、有关的认知范围和专业行为就整体而言都属于建设区域和开放空间，包括文化差异、功能性的结论、各个地区的历史及其不同品质的评估。"这是一个区域的整体，甚至包括城市噪声都达不到的地方，因为对于空间质量的要求取决于对城市课题中特定解决方案的整体智慧以及充分的自然和社会条件。

如何发展城市？生活、工作区域与有效交通系统紧密结合是旧雅典宪章的特点。与必须遵守的短期功能视野形成鲜明对照的是，新宪章力图以人为本，以城市利益为本，以居民、用户和公民生活条件为本，以人们在快速变革的世界里的根本需求和利益为本。

"尝试这条路"——欧洲规划理事会的建议

但是，维护可持续城市模式，不能只是停留在口头上。在我们这个时代，对立的观点往往利用一种特别术语，以至于光靠说是不算数的。只有在建设最宜居空间的目标以具体的决心变成现实的地方，按生态学所指出的那样一丝不苟的执行，那些术语才具有意义。要解释城市必须围绕环境和条件局限性来规划空间，同时要考虑到自然的进程。

理查德·罗杰斯在《城市：为了一个小地球》一书中针对怎么样才算一个可持续发展的城市，设计出了一套完整的思想体系：[38]

1. 一个正义的城市：公平、食品、住所、教育、卫生和机遇分配得当，当地所有居民都感到对管理的参与；

2. 一个美丽的城市：在那里艺术、建筑和景观能激发想象力和焕发精神；

3. 一个生态的城市：对环境的冲击减小到最低程度，已建设空间和景观之间的关系是平衡的，基础设施应该安全有效地利用资源；

4. 一个有利于交往的城市：公共空间要切合社区生活和居民的活动，人和人以及资料的信息互相交流；

5. 一个结构紧密多中心的城市：保护城区周围的田地，在居民内部集中和整合社区并使他们之间的距离达到接近的完美程度；

6. 一个多样化的城市：策划丰富多彩的活动，鼓励、激发和推动人性化的、

Fundación Metrópoli

有生命力的和生机勃勃的社区。

达成这些目标所面对的困难是显而易见的，因为触及我们现代城市模式的实质，也要触及能容纳这一模式的复杂社会的实质。我们需要提高自身对结果的评估能力，更确切地说通过衡量成功和失败评估我们的动机。2002年，欧洲规划理事会为城市规划师制定了一版简单务实的指南，命名为"尝试走这条路"，副标题为"地方可持续发展"[39]，由现主席、荷兰规划师扬·福赫里（Jan Vogelij）领导。他的初衷是希望提出一份"清单"文件来指导评估，并没有拟定决定性的文件，只是为探求可持续发展目标的规划提供几份参考资料，提出一些要求和需要，或是对工作进程提出一些警告以及为谋划战略措施提出一些看法。解决方案是开放的，只是为增加潜在解决方案选项提供支持，所以我们为什么不按此方法开展工作呢？

为此首先指出可持续发展需要关注的诸多问题：如水、空气、噪声、地表、自然和生态、废品、遗产和再生、风险和危险迹象以及社会质量等不一而足，这些都是规划与生态最贴近的老生常谈的生态课题。这份文件的优势条件在于它的可操作性。第二部分主要目的是规定规划的进程，根据规划的步骤进入可持续发展：政策的适应性、计划设计、计划通过、计划展开或兑现及其监测，加之鼓励评估结果的明确动机。前面所指出的每一项具体规定在其进程中，时刻都可能处于评价过程当中。

这样，技术层面将得到完全认可，它可以提供最低目标和一个与可持续发展方面相关联的项目和准则的草案。我们不可能在这本书里把每个项目都展开，但是可以指出，为了追求其可行性，这些项目已经处于格式化状态。

例如关于水的问题，作为一项目标强调不中断地表水或地下水系的水流量，这项目标达到了设计效果。但是当这些因素被人们逐渐记住的时候，目标就更加清晰可见了。比如，出于各种原因不要只顾及到水的存留或储蓄，而且要顾及水的渗透、要给地表提供渗水设施，以备储存雨水。所以不能在所有的地方都铺设防透水设施，而应该通过客观的参数标准在所有的情况下都保证水的储存。这只是一种储存的可靠方式，它与公园和合理的植被系统之间的关系，不只是发挥对空间的保护性、装饰性和限定性功能，而且包括有利于能够吸收污染物的植物，这是不言而喻的。事实上，在所有关系到每个所涉及的层面的情况下，纲领都能为空间质量提供一种参考。前面所举事例，无论是河流资源还是在储蓄和保存的地区，水都可以是设计的一个相关可变元素。

这也就是说，我们正在展现的，也像霍夫·麦克哈格（McHarg, Hough）和其他规划师所做的那样，在讲到设计理念或是设计方案的时候都会举出水的自然体系，同样在可持续发展的其他方面也可以举出其他事例。众所周知，将其放在末尾作为补充材料是不可能的，因为只有处于采取决策的特定进程中才是可行和现实的。

海边的大都市，一个将城市发展和自然生态系统整合进一个新区域尺度的方案这就引出了一种观念，只要是一项设计行为就可以达到多种目标，并同时完成多项衡量准则：公共空间的概念或简单的树木利用都可以有利于与水、噪声、能源的利用等等相关目标的完成。例如，如果按最低标准变更位置的地貌特征来完成目标，不仅正在保障地表的维护保养，而且也在推动一种最复杂多样的城市设计。在节约能源、在执行土壤最低限度的运动，同时也在为提供了排水自然系统和正在为有成果的生态体系的相参性和适应性提出一个适合的框架。我们能够继续讲解书的内容的其他方面，但是我们认为读者刨根问底的兴趣在于阅读这篇短小精悍名为"尝试走这条路"的文章，该文章为城市的规划师、建筑师和政治负责人提供工作机会做出了最有意义的贡献。

关于规划本身的进程，欧洲规划理事会推荐《21世纪议程》作为使用的工具，并经常以4项原则为指南提出规划的进程：参与、合作、结果评估和自我修正。规划过程应该是充满动力的，要求每个可持续发展的参与方都贡献出最大努力。走在这样一条道路上，有必要思考走过的路，并且拥有准确的信息，以及与市民保持沟通。计划和设计方案两者之间从它们诞生之日起就是如此默契，作为一个共识战略和观念的传播，面对正在进行的事物能够形成集体的思维意识。

用生态学的钥匙来打开城市规划的计划和设计，不仅能够引向从建设到自然进程的适应性，能够导向对现行的社会、经济模式的广泛思考，而且要求用准确的相互关系的范畴对城市体系作一个全面的总结，要求在其领域内设计城市体系作为生态体系，以期在其体系内生活的种群与在生物、非生物圈内形成的环境之间的关系应该是客观建立的关系。

技术可以解决城市与生态环境整合的一些问题，但是把城市看作生态体系不仅仅是技术问题，还应该根据自然环境去探求城市形态："应该从整体的脉络设计城市环境及其空间资源，以自身能力为前提成为食品和能源的生产者，气候的缓和剂，水力资源、植物和动物、环境和休闲空间的保护者。"[40]指导转型是顺其自然的主要设计目标，是适应每个空间背景规划的主要目标。为城市规划而设定的区域环境，从生态学的视觉看应该是相互关联的，这是研究生态发展的中心课题之一。

库里蒂巴——巴西的生态首都

1992年的里约峰会上，位于帕拉南（Paranâ）州的库里蒂巴被命名为巴西生态首都。这个只有150多万人口的城市，最近30年来在提高城市和环境质量的标准指引下施行了一系列可持续的举措。无疑，自1970年担任市长并在不久前成为省长的建筑学家贾米·勒讷（Jaime Lerner）起到了决定性的作用，尽管应该说是全市人奋斗的结果。

我们将在后面指出使这个城市在可持续发展方面成为世界典范的主要革新项目

的优质结构组成。库里蒂巴市在城市规划方面取得的实实在在的经验可以看作城市主要优质成分的基础，1996年库里蒂巴的纲领性规划为该市开启了一种新的城市规划模式，事实上其内容至今仍然很时兴。公共交通系统、结构性轴线、城市的和谐结构、城市形象的坚固程度、城市公园体系、经济活动范围、居住区的质量提高等构成了库里蒂巴城市规划模式的重要元素，这些元素的形成可以说大都归功于这个城市的规划质量和城市的经营管理。观察库里蒂巴所取得的非凡成就是非常有意义的，我们必须看到巴西是发展中的国家，经济处于中等发展水平，而且周边都是伊比利亚美洲国家，规划问题在那种环境里绝对不是优先选择。

库里蒂巴一体化交通网络的实施开始于20世纪70年代，它采取了一项不同于一般城市公共交通的决策，后者只追求服务质量和执行低价票制。该体系由一个整体的公共汽车线路在城市运输网络内，按道路系统等级统一运行。支撑系统的中心由公交车专门运行线路组成，称为结构型道路，目的是缩短旅行时间，尤其是在城市中心地区。这些结构型道路由双节公共汽车运行，它充分利用停靠车站的结构特点，上车下车的方式十分独特，称为管道停车站。这些线路和其他不同类型的车站均有衔接换乘点，如与长途汽车线路、环线或区间线等线路的衔接，还应提及的重要一点就是进入该网络的乘车票价实行单一票制。也许库里蒂巴的公共交通系统的实质就是运输线路之间的衔接和土地的使用，它在城市结构主轴线上实现了线形集中，汇聚了更多大型活动和多功能区域。

在符合市政府规划大纲规定的前提下创建的公园综合体系，正在成为地方政府利用的一个工具。值得强调的是沿着河流河谷地区建造的带状公园可以避免在这些地段随意建起居民区，也有利于抵抗水灾。长期持续的工作使得库里蒂巴拥有一个宏伟的城市公园体系，成为巴西人均拥有绿地最多的城市，大约50m²。公园承担着多种功能，既能提供绿色空间，为自行车建立一个城市网络，也能帮助控制以往摧毁城市的水灾。另外，人工湖为排水提供了便利条件，并且可以储蓄过量的雨水，阻止低洼地区洪涝灾害。公园体系在城市的活动平台和结构中成了一个重要因素，同时也是库里蒂巴城市形象的决定性折射，在得到了国外认可的同时，当地市民每天都乐在其中。公园体系成为均衡的稳定因素，成为城市民主最内在的因素之一，因为所有居民都在享受它，而不只是那些最有钱的人。

库里蒂巴已经有能力赋予经济活动范围一个综合性的网络，对于库里蒂巴工业城和汽车装配工业园区尤其如此。库里蒂巴工业城正在朝着技术开发的方向前进，今天它已经具备了一个现代化通信网络，软件园区在那里崭露头角，汽车装配工业园区也已在库里蒂巴城市区域内安家落户。库里蒂巴行政区属内有几处非常出色的地方，如若泽—杜斯皮尼艾斯（Sâo Jose dos Pin hais）（奥迪园区），有配备很好的基础设施，也具有很好的社会均衡，而且距离库里蒂巴的国际机场特别近。如果孤立地来评价库里蒂巴，就不会懂得库里蒂巴工业园区所取得的成功。库里蒂巴在规划设计方面、在环保方面、在配备方面、在社会均衡等方面是吸引大公司眼球的决

Campina Grande do S

Colombo

Almirante Tamandaré

Campo
Magro

Campo Largo

Curitiba

Pinhais

Quatro

Piraquara

Araucária

São José dos
Pinhais

Fazenda
Rio
Grande

Contenda

定性因素。可以说库里蒂巴的可持续发展目标如何与城市结构、环境体系和生产体系深刻地结合在一起的经验堪称楷模。

　　但是，前文中提到的成绩和真正的"奇迹"应该归功于地方政府几十年以来在领导地位上一直保持的稳重态势。他们有能力在创意、憧憬、持续和管理才能方面做出贡献，尤其是在城市未来规划的实施和居民、社会的各级议会保持经常性的联系方面做得十分出色，他们为处理城市问题所作出的决策令人敬佩。他们一直在克服单一焦点，决策都以一体化的方式面对各类问题，如改善环境质量、创造就业机会、社会平衡和能源节约等。为了便于回收玻璃、金属和塑料，每个家庭都把垃圾分类处理；废旧汽车二次或三次利用，作为城市公园的免费交通工具或者做成活动的办公室或学校；旧电线杆可以回收作为公园或公共事业办公室的建筑物构架，就像生态环境自由大学，房屋就曾经利用过废旧电线杆；从国外寄来的木质盒子、车辆装配工厂的零件或组件可以用来制造公共用房的选材。自1989年开始，政府开展了一项名为"废物利用"的活动，把家庭的废品进行有选择性的回收，存放在公共的储藏库里作为原材料卖给再生工业部门。这些努力大大减少了随意在露天排放、抛弃废旧物资的数量。类似形式的"绿色交换"项目做法是用学校里可循环利用的垃圾换回需要的食品和文具，使城区低收入的居民得到实惠。社区活动项目如"知识灯塔"活动也在同时开展，这项活动构成了都市的路标，折射出城市的形象。这项活动提供社区中心的服务，提供图书馆，同时也成了网络的公共交会点。库里蒂巴由于其革新能力和对环境的敏感做法而得到了国际上的承认，享受着外部的美誉，实际上居民本身更享受着自尊。

　　如果没有注意到它的首创精神就不能理解库里蒂巴在环境保护方面所取得的成就，它实现了生态环境自由的大学，培养了很多人才、专家和普通的公民，他们的工作从各个方面与大自然和环保新技术保持着密切的关系。此外，库里蒂巴城市研究和规划学院在城市改造方面的创造性经营管理也起着非常重要的作用。今天，库里蒂巴在国际上已是一个成功典范，尤其对那些发展中国家而言，但是资源的匮乏也为他们带来了许多重要的挑战。

库里蒂瓦——巴西生态首都
公园体系和运输体系
中图：生态环境自由大学

时至今日，住宅、工厂、办公室和大学已经有了明确的确定地界，今天数字革命正在改变着潮流和我们区域的发展轨道，它将以最剧烈和最灵活的方式组织社会。网络工作、创新环境的出现或者是重新就业，都是可以作为理解现在和未来城市新科技所带来的巨大冲击的参考材料。

一些地方如美国的硅谷、波士顿128号公路、费城的202号生物技术走廊、西雅图的微软基地、北卡罗来纳的科研三角、日本的科学城、英国剑桥或是印度的班加罗尔科技园，都是享有盛名的科技发展和技术革新的空间。

数字革命将灵活地使用我们的先人传承下来的建筑学和城市结构，因此，将来技术革新最好出现在那些具有浓郁本体性的地方。欧洲，在它的历史中心，会建设它的数字城和技术改革中心吗？

在探求数字化技术和城市化之间的智能对话的情景下，我们选择了两个现实的范例。一个是都柏林的数字化中心，这个中心正在把一个城市中心的陈旧工业区改造成一个欧洲最重要的技术革新的节点，另外一个范例是新加坡的纬壹科技城的设计，那里成为吸引国际人才和促进新技术的融会空间，同时提供了一个功能强大的数字基础设施。

Certain places like the Silicon Valley, Boston's Route 128, Philadelphia's Route 202 "Corridor of Biotechnology", the headquarters of Microsoft in Seattle, North Carolina's Research Triangle, Japan's "Science Cities", the technological parks in Cambridge, or in Bangalore in India, etc, have been privileged spaces for innovation and technological development.

The digital revolution permits, with great flexibility, the re-use of older architecture and urban structures. Perhaps for this reason, in the future, innovation will arises in places which have a strong local identity.

In the context of seeking an intelligent dialogue between digital technology and urbanism, we have selected two current examples: The Digital Hub of Dublin, that is transforming an obsolete industrial zone of the heart of the city into the one of the most important nodes of innovation of Europe; and the One North project in Singapore, a fusion space well-equipped with digital infrastructure to attract talent and promote innovation.

11 数字城市

The Digital City

Fundación Metrópoli & Microsoft

知识社会

20世纪70年代，社会学家丹尼尔·贝尔首先提出了"后工业社会"的概念。[1]在富有前瞻性的研究中，他试图通过美国工业社会来勾勒这一变革。后工业社会有3个重要特征，分别是服务业在经济生活中的重要地位、由可控复杂情境的智能技术主导的大规模生产以及占据优势地位的职业群体的出现。贝尔认为，这一从以"财富"为中心到以"服务"为中心的经济变化之所以可能，完全是因为知识和科技占据了主导地位。如今，科学研究和新技术的发展无疑是知识在社会中占重要地位的有力论据。贝尔在分析了研发上的投资数额后，得出如下结论：这一改变不仅表现在经济上，也将表现在社会上——"后工业社会由于社会经济组织内在逻辑发展的结果，在社会特征方面呈现出日益明显的变化，同时也在知识特征上呈现出变化。"在这里，已经出现了"知识社会"的概念。[2]贝尔甚至认为："社会本身正在成为观念的脉络"，它强调一个社会不易为人察觉的智力水平、集体智慧和实际应用能力。[3]

谈到知识社会，我们所说的是某种处于进程之中、局部发生的事情。时至今日，它不仅表现为与社会活力相关的局部地区的卓越发展，也体现在新一代精英身上，或者以新的社会反叛为形式表现出来。这些都给价值领域带来了风险。

确实，数字革命与我们的认知能力、掌握特定信息并据此行动的能力均息息相关，尽管它并不总是能简化最深层次的认知任务。身处这一过程之中，我们除了展现热情或加剧风险之外，能够阐明并预见的东西并不多。马歇尔·麦克卢汉（Marshall McLuchan）已经预见到社会关系在大众传媒左右之下会发生改变，他是在数字革命初期以电的形式察觉到信息革命的第一人。在《谷登堡星云》一书中，他指出，通过地球村的意象，电子之间这种全新的相互依赖性重塑了世界。[4]

在他之前，曾经有人在这方面进行了研究。《巴黎圣母院》一书当时印量很少却很时兴，雨果在其文学名著中曾通过他笔下最卑鄙的文学人物之一弗洛罗（Frolo）在书中，主教一边说一边指向巴黎大教堂："这个将毁灭那个，书籍将毁灭建筑。"[5]《巴黎圣母院》的作者在用这种方式表达惊愕和智慧之情的同时，也表达出一种洞见——印刷出来的文字将杀死那种以教堂为最高表达方式的文化。从前建筑曾是第一交流工具，信奉马克思的思想家对这段历史也印象深刻。在数字革命初期，马歇尔已经意识到这些改变。在他当时的写作地点不远处，在一个车房里第一台个人电脑问世，从此成为书本的另一个自我。

今天，新的知识社会更多地体现在信息上以及信息获得的进程上，当这些信息被记录下来的时候就成了知识。通过提供近乎无限的数据和记忆，以及在日益

"桑坦德生活"，一个设计承载创新地区和促进新企业的项目，这个项目将物理环境整合进数字世界中

广阔的通信联系之下进行交互重组的可能性，技术为个人和集体的想象力提供了替代品。人们可以获取更多的信息，并抢在别人之前作出决定。所有的事情都在加速，我们甚至越来越明白，信息时代会使不平等更加突出，因为真正推动革新的因素并不能为所有人掌握。世界上某四五个城市所拥有的诺贝尔奖数目比其余城市加起来的总和还要多，有些地区在规模、面积和文化传统上确实有着得天独厚的条件。但我们所在的时代中最聪明的人——那些像"达·芬奇"一样的人正在努力创造一个人造世界，或者说网络世界，这一世界同时具有无机和有机两种属性。我们把进步的理想寄托在创造智能工具的过程中、寄托在知识社会之中，但是知识社会并不见得一定是更加有智慧的社会，因为作为一种竞争优势的信息自身并不能带来智慧。网络使商业逻辑和舒适、有效、安全、娱乐、改善的承诺变得更加可行，同时也是创意组织和交流的媒介，这使得合作的道路有着无限广阔的前景。

理查德·罗杰斯从新的信息技术谈起向我们展示了最乐观的立场：技术取代了初级原料和简单劳动，从而给社会带来了根本性变革，也使人们的生活彻底改变。网络使创造型经济变得日益紧迫，艺术和技术之间的转换逐渐推动着新型经济的发展，同时也在促进未来的繁荣。学习、生活和工作……这类活动将会变得越来越巧妙。在21世纪，经济将依赖于知识，而创造性交换则衍生出更加多样化的个人需求。新技术把教育和工作从传统位置上解放出来，过去各种活动如工厂、办公室、大学之间曾存在的严格边界已被网络上的工作所取代。小公司对大型经济体的依存度越来越低，而是更多地植根于复杂多变的城市结构。在这样的城市结构中，产生了遍布整个城市的就业网络，尤其是在那些有特色魅力、为就业和居住提供了空间的艺术文化交会之处，并且有着多样化服务以及把城市空间建成聚合地点的地方。城市的革新将是持久的，而开展新经济活动的城市空间将变得更加生机勃勃。这种工作作息和其他日常活动作息之间界限的模糊状态会使城市在社会意义上日益集中于更加紧凑、更加混杂的核心周围。这正是持续发展的前提之一。

带着一种坚定的理念和对技术的信任，罗杰斯给自己提出了这样一个问题：城市设计将如何促进创新型经济的发展？从建筑和城市生活方式上来说，生活和公共空间、教育和对环境的适应是人们考虑的主要方面。"……随着结构的减少，建筑将更有渗透性，行人们会横穿这些建筑而不是绕着走……，街道和公园会成为建筑的一部分，而建筑则是在它们的基础上进行规划。"[6]

革新和区域

对技术革命和社会变革的兴趣，不仅使贝尔等人能够做出有理有据的分析，而且使得关于未来城市面貌的各式文章层出不穷，城市内部的探索也成了着眼点。托夫勒（Toffler）在20世纪70年代末的工业危机中也提出了"第三次浪潮"这一术语[7]，他预言，在表面的混乱之下将会出现一次变革的大浪潮。这次浪潮是新生的真正人类文明的标志，会带来与如今数字革命相联系的多个主题，包括对智能环境和媒体交流的需要、少数人的优势地位、技术反叛的出现、基因工业的重要性、电子住宅和远程工作的出现、企业危机、自然界的新形象等等。在一阵智力风暴过后，他开始涉猎"远程社区"这一领域，并相信家庭电脑会给工作带来结构重组。这种远程工作的预言，作为一种共识在人们的脑海里深深扎根，并造成了持续至今的误解。然而，实际发生的却是个人电脑的广泛应用，在工作结构上发挥重要影响的是个人电脑，而不是家庭电脑。从工厂、办公室及其作业开始，逐渐渗透到家庭的转变。正是工作、福利生产和服务的总过程，给生活带来了深刻变革。

当代城市就如同一个由网络联结起来的大型基础设施，通过纵横交错的网络来保障人员、商品、服务、信息的交换。曼努埃尔·卡斯特利斯是最先发现新技术已经成为社会和区域性变化的重要动因的人物之一。我们正在进入信息时代，在一个经济日益全球化的世界，技术革命深深地影响着经营过程和生产交换的决策信息。这些现象几乎是瞬间发生的，例如当今不可或缺的万维网从1995年才开始普及。关于信息社会，卡斯特利斯认为新技术即信息通信技术提供的互联性的增长是不可预计的，而其日益增多的交流方式会使得传统空间从属于流动空间。因此，他认为一切都会以某种方式相互关联，从而使人们倾向于通过网络组织一切。[8]

卡斯特利斯还反复提到一个话题：随着排外、不平等现象不断增长以及第四世界的出现，我们应当如何定位网络和"我"之间的关系。在网络社会，本体性和智力追求扮演着格外重要的角色，技术进步的过程会导致与本体性碎片化和深刻的文化冲突并存的无极限沟通，时空的社会和生命意义在信息时代也被彻底地改变了。卡斯特利斯表示，如果不能严肃对待技术，就无法理解当今世界。同理，社会行为也不应该拒绝理性思考，网络社会和流动空间的概念有利于找到解释这些想象的原因。然而，伴随着犯罪的国际化、都市贫困现象的增加，一些国家出现了暴力和灾难，他对世界现状的描述让人甚感凄凉。尽管卡斯特利斯对这个由掌握大量资讯、有足够沟通能力的人们构成的社会表示信任，但他还是不免流露出个人虚无主义和社会犬儒主义的倾向。

我们需要了解网络社会、了解网络及其流通性的重要性、了解其联结点和相互作用，这些认识影响到任何一个区域战略，也顺理成章地会在很大程度上影响到对城市的未来设计。

对流动空间及其在网络中的必然作用的主要预感早有先例。汽车的广泛使用大大提高了我们生活的流动性，电话及类似产品也都早已投入使用。于是，兴起了一场住房和活动地方化的革命，也因此引发了土地使用的变革。20世纪60年代，梅尔文·韦伯（Melvin Webber）论述的"无场所城市领域"[9]、"非本地统治"向我们分析并展示了新的交通和通信基础设施是如何颠覆有关城市空间和活动场所、居所的定位规则的主要解释理论，当时这些场所的定位往往基于"中心点"的传统原则。随着活动性的增加，定位的可能性大为提升，旅行的影响半径也扩展到更为广阔的城市地区。在这一背景下，除了分析现存的城市中心以外，对流动空间的研究也显得十分必要，这一论题是卡斯特利斯在他的《信息城市》中首先提出的。[10]书中，他从对北美与新技术相关的生产空间开始，推演出一套关于创新型定位及活动的崭新逻辑，并赋予活动自身结构和交互系统产生的信息流动以极其重要的价值。这些相互作用相对独立于传统城市中心的吸引力。

杜普伊（Dupuy）对于区域提出了一个很有趣的见解。他认为，区域是由不同基础设施系统衍生的网络组织构成的。[11]其中，可达性是经济活动定位的决定因素，而网络的主要中心节点和通道是构成区域变革的决定因素。由于信息技术的发展，后工业社会在可达性和互动性上具有极大的潜能。如果考虑到可达性和互动性正是区域的本质，那么上述潜能无疑将对我们的城市和区域结构产生非同寻常的影响。

空间的分散对于个人流动性和在基础设施的可利用性方面提供了便利条件，这两大因素使得定位有了更大的空间，也为一些生产活动的分散提供了条件。技术模式的改变和信息社会的发展，逐渐淘汰了自给自足的大工厂，引起了"福特模式"（一种使工人或生产方法标准化以提高生产效率的办法）的危机。支撑城市系统的时空关系发生了深刻变化，交通的便捷和新技术提供的便利缩短了空间上的距离。空间上的收缩产生了城市与其所在地区之间的经济同盟，这是因为同时受制于国际和当地因素的经济活动在日益广阔的空间中不断展开。人们寻找的是资讯便利而有吸引力的位置，一旦因距离市中心较远而获得更低廉的创建费用，那么将有更大的面积来发展那些需要通过新技术改造的活动。发展的形式并不统一，只有部分地方经济体会胜出，因为并不是所有的情况下革新都会发生。每个地区的企业主不同，区域内的发展模式就很难固定为一种，而活动的分布也是不同质的，分散城市组织形式正与此相对应。[12]虽然如此，以空间集中为基础的向心式发展仍是必要的，大规模聚集和小规模分散的优势共存，同时并不妨碍新的互动的可能性。[13]

如果我们想进一步探究复杂的当代社会，那么过去的那一套已经不适用了。我们应当借助于那些显微构造、宇宙结构，那些分形图形、微粒组织、力场和力线，那些复杂物质链的形成，那些行星和星座系统，那些难以理解的机器、蛋白质以及那些需要用一连串的数字和图表来解释的遗传密码——这又是一个控制论的类比。但是，集中的传统概念在新经济中变得不再重要并不意味着它将会被一个相当的概念所取代。空间分散的过程是自发的，并产生了鲜有人关注的外部性。新兴城市的特点在于其充沛的活力、更强的互动和人们的频繁出行。我们可以看到，由于各种联系不断增强，交通量也不断增加，它带来的结果是：在由市场规则左右的社会中，商业关系会左右人类的集体生活[14]，这是十分危险的行为。从历史上看，革新和城市之间始终存在着明显的关系，数字革命所影响的不仅是流动空间，也包括组成城市结构的各个交会点。复杂而分散的当代城市和其变革及压力是革新和城市之间这种新型关系的表现之一。

新型经济区域

硅谷，由128公路通往波士顿，由202公路通往费城，它是西雅图微软总部和北卡罗来纳州的三角研究园区的所在地。与英国的伦敦剑桥、日本筑波科技城、印度班加罗尔等经济增长点齐名，称得上是在技术革新上享有得天独厚地位的地点之一。在那里，知识社会充分展现出了其独特性，展现了增强创造力、加快技术进步、保持资本和创新活力的能力。以上提到的创新中心，往往设在相关的大学旁边，同时也保持与大型企业区之间较近的距离。在这些地方，人们思索未来，创办大批公司。虽然这些公司当中有相当一部分已经夭折，但这一过程仍循环往复着。信息在那里交会，人类智能也获得了前所未有的开发潜力。

硅谷位于美国加利福尼亚州圣克拉拉（Santa Clara）谷地。在硅谷，新技术带来的革新达到了无可比拟的程度。[15]圣克拉拉峡谷位于旧金山湾以南和圣何塞之间，20世纪50年代时这里曾是一个宁静的农业区。经历过西班牙殖民统治后，19世纪末帕洛阿尔托（Palo Alto）地区诞生了3所大学，分别是圣克拉拉大学、圣荷西州立大学和斯坦福大学。新兴工业在斯坦福的电子实验室萌芽，而这与当时的戴夫·帕卡德（Dave Packard）和比尔·休利特（Bill Hewlett）等研究员们密切相关。他们从20世纪30年代末期开始为军事工业服务，在第二次世界大战中创造出了各种与航海、雷达、声呐、无线电通信有关的工具。1951年，斯坦福大学兴建斯坦福工业园区，从而产生了加强大学和私有企业联盟的想法。在创始人特曼（F. Terman）的坚持下，依托毕业生与大学之间的紧密关系，"信息产业化"概念在帕洛阿尔托诞生了。这一概念植根于这样的认识：新科技的发展需要富有创造力、通信便利的环境，而这一环境又要求有实力雄厚的大学的支持并与新兴工业有着不可分割的关系。否则为什么在一个刚刚从农村地区转变而来的地区，会有人相信无线电话技术、激光识别仪、袖珍个人电脑和视频游戏？硅谷位于一条长约70km，宽不到15km，总面积约1000km²的狭长地带，云集了多家高科技公司，一些传统工业公司也开始在这里落脚。硅谷的起飞借助了战时工业的契机，继而通过发展通信、科技及军事工业的各种基金会，后来又进入到航空航天领域。借助军事工业的保护和政府的研究补贴，这一地区的半导体工业于1957～1968年间得到了发展和巩固，从神话般的飞兆（Fairchild）半导体公司（由"晶体管之父"、诺贝尔奖获得者肖克莱（W.Shockley）博士的学生们创立，于1955年从东部迁至

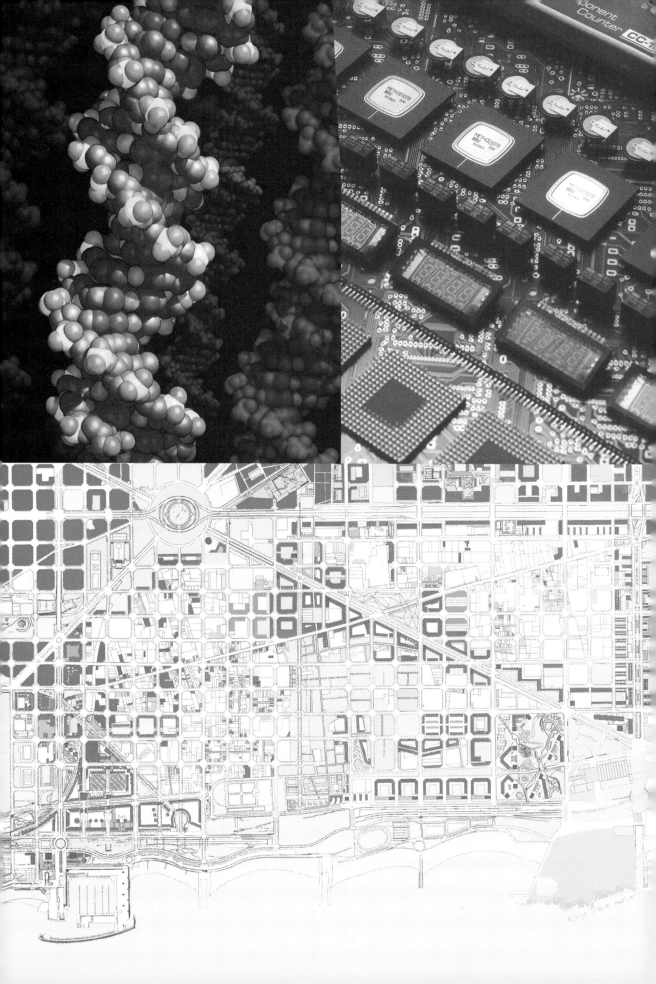

硅谷）到英特尔，这些公司的进驻都使得硅谷的就业量不断扩张，直至聚集一大批质量骄人的惊世企业。集成电路和微处理器的发明、机器语言的编制和发展以及电脑的研发等，都是这一特殊情境下震撼世人的硕果。即使我们了解硅谷具备何种有利因素以促成这种卓越，在硅谷发生的一切大多也是不可复制的。一些学者在其理论中表明，当时鼓励创新的大环境之所以能够产生，是由于那些开拓新型工业的青年科学家先锋和职业人士们之间存在着一些特殊的关系。尽管他们频繁地跳槽，却始终维持着彼此间的私人关系："设计团队的独立联盟通过密集的私人交往彼此联结，这也反映了当时该地区的分散结构"。[16]

1972年经济危机时期，许多大公司开始大规模地辞退技术人员。这些失业员工中，有不少选择留在海湾一带重新开始，而留下来的人大多选择创办自己的公司。冷战的缓和及对太空军备竞赛的赞助使得公共基金的流通趋缓，在这样一个特殊的时期，观念开始自由流通，杂志和辩论俱乐部开始出现。比较有名的例子有《大众电子》杂志和计算机俱乐部，这些杂志和俱乐部的出现为知识的传播交流提供了条件。新技术的开发需要与传统经济的发展相联系，也需要应用到生产、财富和服务的经营之中。研究个人电脑的历史学家向我们证明，技术的开发同时也意味着发现新的领域和开展革新，而人们在研究初期往往低估这些开发的价值。第一个典型就是首台个人电脑：牵牛星，这台机器是在1975年被制造出来的，直到3年之后，苹果才推出了同样的个人电脑。利用施乐公司的贷款，苹果在1981年推出了Mac机。但同一年，IBM推出了它的个人电脑，并与微软签订关于使用MS-DOS系统的协议。个人电脑的广泛普及需要配套软件的发展，苹果与微软之间广为人知的争端就是从那时候开始的。同时市场也发生了迅速的转变，既标志着一个英雄时代的结束，也预示着由掌握新技术的"霍布斯理论"所统治的时代的到来。[17]因为，网络社会的根源在于多元的独立的人格，甚至包括一些局外人，那些从自家车库起步的怀有梦想的年轻人，他们总是有着丰富的创造力和自由表达的能力。这表示科技进步的过程不是线形的，也说明在官方经济之外也可能会出现自主的经济。

20世纪80年代，有些人怀着忐忑不安的心态观察硅谷，他们担心日益成熟并随市场波动起伏的计算机工业是否足够坚固、担心所谓的最初的创造力遭受危机，也担心分散而互助的发展模式有消失的危险，而这一危险又随着风险资本和产量不稳定而日趋加剧。以日本为首的一批国家并不懂得发展家用电器工业，却成了电子新产品的主要消费国，这种情况显然无法持久。然而其他分析家却表示，硅谷的企业还有很多秘诀。新涌现的公司均致力于微处理器及其发展，并采用了一种更加灵活的生产模式。它们拥有生产特定产品的迷你工厂，运营均基于消息灵通、彼此忠诚

模型：ADN（Advanced Digital Network）先进数字网络，对现实的解释
结构：微处理器，一种新型现实的建构
城市：巴塞罗那22@BCN

且能适应不同环境的专业人士，这就是对最初模式的某种修正。这已经不是简单地倾向于劳动力更便宜、成本更低地区的半导体生产工业，而是一个复杂的由电脑控制的企业系统。工作方式得到了革新，设计和生产过程中也开始建立起协调合作关系，那些提供各种具体服务的公司需要通过机器和程序与专业零件供应商之间加强联系。这意味着设计过程中，它们能够根据自己的需要，对市场需求做出令人难以相信的反应。某一公司和其他公司距离上的邻近是这种快速反应能力的决定因素，于是硅谷各个公司的关系网也得到了巩固。

在硅谷，城市的惊人发展带来了严重的环境问题，土地的缺乏使生产活动逐渐扩展到了相邻的山谷。除了社会群体隔离的问题之外，工作和住宅分别集中在不同的区域，这也使得人口拥塞的问题日益突出。尽管如此，很少有人怀疑这一地区迸发的活力和创造力，乃至彻底自我改造的能力。研究硅谷的人普遍认为硅谷的成功既有内部原因（如大学及其提供的支持），也有外部原因（如发展军事工业的公共基金），而可以促进交流的关系网络的建立是决定性因素。在硅谷的案例中，单个创新型企业发展成了"企业群"，因为它们需要互相学习。在一个公司之间有合作关系的环境中发展，显然更容易获得竞争优势。

正是出于这一理念，人们认为有必要建立企业群用以聚集高新技术企业。于是，在20世纪80年代，科技园区应运而生。这一举措却带来了不同的结果，围绕着如何推进革新和如何创造以技术发展为导向的地点这两个问题，人们争论不休。谁来提供资金？谁又来促进和推动发展？公众对此也争执不下。日本的例子表明了一个科技城市的先进经验的重要作用。从20世纪50年代末到80年代，筑波由一个位于东京附近、被公共动议推动的集中式空间模型演变为关西地区公私合作的最优范例。它不仅成为一个多中心的范本，而且还与周边的大阪和京都建立了联系。专家推断，关西的优势在于它的交通便利，以及处于人口众多的本州岛上的地理位置带来的协同作用和互换作用。在班加罗尔，印度集中了大量人力物力，决心全力发展科技研究。这是发展中国家的一个成功典范，科技的起飞大大便利了经济的全速扩张。芬兰也是一个例子，诺基亚公司就好比芬兰人的旗舰，公众对新技术予以了大力的支持。

事实上，适合发展新科技的区域往往会体现出明显的自发性和独特性，自20世纪80年代起，公共倡议者就试图以"科技园"的名义促进工业区域发展以及I+D研发公司的创立。公共倡议为之选择地点，并准备了城市化的配套措施来促进小型生产单位的发展以满足不同研究特性的需要。与此同时，还出现了促进企业创新能力的需求，进而诞生了"企业孵化器"这一概念，即一整套为新兴企业在市场上的成功提供咨询建议、人脉网络、风险资本机构以及公共服务的完整运营系统。尽管都是与公共倡议有关，也都有吸引私人投资的意图，但这些计划采取了形式各异的发展方式，在不同国家和文化中取得的结果也不尽相同。

企业的创新能力、新技术的灵活使用、与其他企业的合作、工人间的互补性以及城市的基本特征，这些构成了新的生产组织的关键因素。[18]革新已经不再仅仅是发明家一个人的工作，而是存在于信息传播网络之间并以高标准的训练为背景。受过专业训练的劳动力、配套基础设施、能够连接公共基金和私有基金的相互毗邻的决策中心，是最为必要的因素。确实，机构和融资的可能性会影响到技术推进方案能否成功，但也会影响到它们所依赖的当地社会网络、信息和关系系统。同时也出现了新的管理形式，允许尝试一些结果不确定的方案。当社会网络这一信息社会的本质开始运行的时候，革新就会产生。[19]

推广科技园区很快成为一种促进创新的经济发展战略和区域政策。在法国，政府鼓励各地区首府建设自己的科技园区，而一些地区确实获得了成功，如靠近法国南部城市尼斯，建立在蓝色海岸怡人风景之上的索菲娅—安蒂波利斯（Sofia-Antipolis）资讯科技园。在德国，科技的迅猛发展是在大学、自主研发、拥有需要集中研究的大企业的扶持之下进行的，如慕尼黑市郊。西班牙则依据其行政管理规划，向不同自治区的科技园区提供特殊的发展策略，巴塞罗那科技园、马德里特雷斯坎托斯（Tres Cantos）科技园、塞维利亚卡图哈（Cartuja）岛科技园、毕尔巴鄂萨穆迪奥（Zamudio）或是巴利亚多利德博埃西略（Boecillo）科技园，都是杰出的典型。这些例子也向我们说明：在像马德里和巴塞罗那这样的城市周围，有更多的资源和更大的全球化互动潜力，更容易促进真正的革新发展。直到现在，西班牙各大科技园之间的互动才刚刚变得频繁起来。

在英国，科技发展园区除了以大学（以剑桥为首）为中心进行发展以外，还有一些完全不同的城市发展创新举措。最近一代的"新城市"能够为新型活动的发展提供有吸引力的空间，但当地政府却坚持把城市的再生过程与信息社会联系起来，如格拉斯哥和纽卡斯尔，政府就为新兴企业的发展规划出了相应的空间。在这些地方，工业的改造前景曾经是一片黯淡，但自20世纪80年代末期开始因为空前的努力而有了崭新的经济基础。城区改造的策略把新的社会网络铺散到旧城市系统的核心部分，因而出现了一些几乎自发性的现象，宛如在纽约出现的类似西岸硅谷的"硅巷"。也有人通过城市再生的公共项目来促进新经济发展，如巴塞罗那省波夫雷诺（Poblenou）市开始进行的"22@BCN"计划。所有人都认为，数字革命并不仅仅发生在城市的郊区，技术空间可以设在交通便捷、协调运转、功能复杂且拥有宝贵乏味的楼房和空间的市中心。在我们社会有创造力的阶层更常居住的地区，创造力和革新力更容易涌现。也许，未来欧洲的这些科技园区将会成为我们的历史中心。

数字革命后的城市

克里斯蒂娜·博耶（Christine Boyer）在她的《网络城市》[20]一书中自问，网络社会是如何在电子控制内为非物质现实提供条件的？是在荧屏之后，还是通过新的电子装置来达到虚拟世界的顶点？在流动空间里，图像似乎使文字黯然失

Fundación Metrópol

色。因此，当图像和成组数据里所传达的信息不完全时，从中获得的知识也是残缺的。这可能导致某种失实，因为感觉，特别是视觉，对所谓的网络空间这一既真实又虚幻的世界里所发生的非物质现实的支配地位非常敏感。"网络空间"这一概念由美国科幻小说作家威廉·吉布森（William Gibson）于1984年提出[21]，他把一台联网总计算机的结构比作从空中俯瞰的洛杉矶城，就像一座没有中心也没有边界的大都市一样，网络空间代表了新兴的虚拟现实。内格罗蓬特（N. Negroponte），MIT媒体实验室的代表董事，在他1995年的作品《数码化》中指出：计算与计算机无关，而是与生活有关。现在的城市就发生在新兴的数字城市之中。

我们的认知方式在发生改变，而我们与感性世界发生关系的方式（包括我们身体与周围环境发生关系的方式）也在发生改变。工业社会的机器模拟激发了未来主义的热情，这对于住宅设计即居住机器以及对于城市设计来说，都是实质性的发展。而计算机的模拟在后工业社会或者后现代社会的作用则令人坐卧不安：在计算机控制的世界，编码和程序代替了规范和准则。[22]

数字革命会对未来的城市产生什么影响？在21世纪，文明城市的本质将较少地取决于物质的积累，而更多地依赖于信息的传播；较少地取决于地理上的中心地位，而更多地依赖于数码的互联；较少地取决于稀缺资源消费的增加，而更多地取决于智能管理。我们将会慢慢发现，我们不再需要毁坏原有物理结构而代之以全新的结构，而是可以通过重新连接设备、调整信息和重组网络连接等方式来使现存环境适应于新的需要。[23]

和其他研究未来科技社会的学者一样，米切尔（Mitchell）试图用"电子乌托邦"来摆脱技术宿命论，来"拯救"如物理空间的地位和在经济关系中存在的重要性这样的话题。克服互联性和孤立性同时加剧的直观矛盾将成为最引人注目的问题，这一遗憾的隐喻使得米切尔产生了"重建公共空间"的愿望。然而，当他思考数字城市时，他也试图看清一个"半改革者"在城市中有能力采取的改善举措具有什么样的性质。新的网络衍生出新的基础设施，除了关于它的重要性以及具有城市结构的潜能方面之外，米切尔还描述了一个未来图景：人们可以通过屏幕，陷入虚拟现实之中，仿佛完全超越了场景的限制。在这一现实之中，相互作用的可能性大大增加。新的数字技术可能会帮助我们扩展耳目、发展智能事物，进而完全系统地进入我们的人居空间甚至日常服饰之中，这既给人充分的遐想空间，但也让人心生不安。"21世纪的城市将成为智能、便捷、多变的存在，充满程序和芯片的气息，互相连通、互相关联。"[24]在这种背景之下，居住点和工作之间的关系发生了变化，时间观念也不同于以往，变得更加灵活。数字城市会变得更加复杂，需要相应调整规划以提供种种便利。米切尔认为，居民们会有更多选

数字技术与传统城市结构可以和谐相容。都市基金会提出的这一方案，将位于传统城市核心区的毕尔巴鄂"扩建区"转型为一个数字区

择的余地，也会更偏好那些吸引力强的地方，可能是由于气候、文化财富、自然风景或生态环境等因素，这就进一步巩固了这些独特、有品位的地点在城市里的地位。新技术对历史建筑也有很强的适应性，它既能容纳也能包含历史建筑。米切尔意识到，一个城市的双重性会带来风险，会导致新的隐形边界的出现。但是，他对复苏当地生活的热情却丝毫没有减少，而且始终怀有对社区生活的设想，并且赋予这一设想多重含义，因为他认为一个人会从属于各种各样的虚拟社区。面对梅尔文·韦伯设想中的"相距甚远的社区"，米切尔相信，虚拟现实可以加强社会关系并补充现实世界。

毫无疑问，数字城市在工作空间中显得更加现实。过去我们认为，个人电脑不过扮演了家庭电脑的角色，而对家庭生活并没有什么实质性影响。然而事实上，个人电脑彻底地变革了工作条件，从一个小作坊、一家小商铺到更加复杂的生产过程无不如此。有了手提电脑，我们甚至能把火车、宾馆休息室等任何一个地方变成工作地点。要了解知识社会给现在和将来的城市会带来多么大的影响，我们就不得不去了解创新环境的战略价值、个性化生产和消费的无限可能性、生产前销售的可行性、无形资产的流通、生产的全局化、控制生产过程的非凡潜力以及工作职位的重新分配等重要课题。

米切尔的弟子之一，托马斯·A.霍兰（Thomas A. Horan），在他的《数字化场所》[25]一书中试图探讨为什么新技术可以帮助建成既吸引消费者又吸引投资人的联网宜居地点。电子技术的适应能力使得网络空间和物理场所之间的协同作用成为可能，米切尔关于"重组建筑"的想法也是这种能力的结果，这种重组能使虚拟场所成为对场所本身概念的巩固。从已知地点的概念出发，一些空间保持着荒废状态；另一些地方在采用科学技术的同时加入了新元素；而在其他地方则发生了深刻的变革，产生了一系列的虚拟场所。虚拟场所设计的指导原则包括：所在地点交通方便，场所和交通枢纽间便于互动，物理和虚拟空间之间实现完全意义上的协同作用，联结点保持畅通以确保两者之间的彻底连通性，整合过程中坚持民主设计、用户参与。适用原则按照当地、城区、地区三层分列，对于住宅、工作地点、贸易场所以及其他与第三位关系有关的场所如咖啡、酒吧等，霍兰提议把它们改造为一个技术平台，通过加深它们的复杂程度与网络连通。通过对各个公共设施的变革，可以设计出一个内部网络或者建设一个局域虚拟社群，重新创造缺少的部分并提供虚拟和现实的公共空间，从而加紧成员之间的联系。从区域层面看，有必要在从峡谷到大道的全球范围内建立飞地，保证网络连通。对霍兰来说，创造一体化场景是对传统区域和社区空间多种需要的满足和回答。

在我们的城市环境中，数字革命在系统驱动力之下，与常规的基础设施网络相混合，以提供不同的技术系统。有些人认为城市规划是破碎的[26]，就好像我们的社会一样，完全被流动性所控制。城市是社会技术过程的结果，而城市规划没有可替代性，它只能是对空间和基础设施的调整修正，其趋势是私有化、重新定义规模、新旧混杂，也就是米切尔的"重组建筑"概念。根据这一概念，城市化并不能起到启动或解除的作用，只能根据情况调节优先程度，控制空间之间的连接或断开。

我们需要用一种新的眼光来看待在这种混合城市里出现的建筑学。在这个与电脑游戏"星际城市"相似的区域上，也许像生化人这种半人半机器的虚拟人种，才是唯一能够进行审视的主体。当我们已经不在城市里活动，而是在城市化的区域活动时，我们才会找到某种方式破译编码。当我们意识到这些并不是自然形成的结果，而是社会、经济和技术现象的结果时，我们就很容易分辨出它们与电子机器间存在的深刻联系。与此同时，这种关系也变得越来越不明显，因为它们嵌入到了所有的地方。具有前所未有的城市化程度的经济和在自由自主理念主导下不断模糊不清的城市，导致了一种程序编制的混乱。速度和期望之间总存在着反差，这种反差偶然也存在于一系列的微型事件之间。它是具体选择的结果，而这正是日常都市生活的特征。在非地点生活，即在过度空间生活，这就是我们的城市特征。[27]我们已经不能再说"郊区"，因为历史上城市特有的联系方式已经不复存在，而且网络的四处延伸也给区域带来了生机。杜普伊支持的网络理论可以解释为城市的几何和组织结构，其主导地位与其他的空间或者非物质现实已经形成了抗衡，甚至与它的边界和边缘也形成了抗衡，至于其他抗衡关系只能通过生化人眼睛才能看到。"不同于文艺复兴时期的完美城市所展现的单一图景，如今的城市区域呈现为没有直接联系的并列单位，包括住宅区、商业中心、机场车站、工业区、铁路配套服务基础设施、相互交错的公路和高速公路……"[28]这一切都还有待于我们进一步理解。

如果网络发展和数字革命的冲击力在城市和区域内能更明显的话，那么就会更容易在新的城市景观中发现规律。服务于新型用途的建筑将会在大"集装箱"（如商贸中心、汽车站和火车站、机场、后勤和交通中心等）周围产生局部的积聚，这是因为对它们而言，交通和消费状况是最重要的因素。信息的绝对主导地位使散漫的习惯变得难以维持。由伊东丰雄（Toyo Ito）设计，2001年投入建设的日本仙台媒体中心向我们展示了这样一座媒体大楼。在其中，建筑的信息功能多过于居住功能，这意味着居住其中只是建筑的第二功能，随时都能和周围的人认识和对话交流才是最主要的功能。仙台媒体中心并不只是一堆钢筋水泥，它可以被看作是一台电脑，是一片开放、灵活、彻头彻尾的人工空间且完全可以在实体空间和智力空间之间建立联系。建筑结构是由竹林一样的管状钢筋圆柱做成，大楼的各种服务设施内置其中。另外，具有不同高度的整洁平台，把所有服务理念都具体化。

St Catherines Church

Dublin Corporation

Guinne

Media Lab Europe

Crane Street Site

THOMAS STREET

Guinness
James's Gate

Windmill Site

Guinness
James's Gate

JAMES'S STRE

THE DIGITAL HU
INTERNATIONAL DIGITAL ENTERPRISE AREA | DUBLIN

GUINNESS

都柏林数据中心

被经济学家称作"凯尔特虎"的爱尔兰，在新技术工业发展方面是一个特例。世界上最重要的25家技术公司中，有19家在爱尔兰设有研发中心或者生产厂家，这样的成就十分引人注目。都柏林的成功依靠的是多方面的因素，包括一系列成功策略和时机的利用。

都柏林城市规划的成功和吸引高科技公司的重要原因之一，在于市政官的有效管理和权威形象。市区执行官任期7年，由独立委员会选出。市长则扮演代表角色，任期1年，由组成市政府的议员们选出。政府内的政治和专业团队之间维持着良好平衡，使得市政府颇有佳绩。

爱尔兰经济的对外开放得益于一家专门进行国际推广的国内机构的努力，除此之外，欧洲一体化和结构性基金使国家整体尤其是首都都柏林实现了经济腾飞，低税率的税收政策对于公司的发展也起到了决定性的作用。近几十年来对教育的格外重视也使得现在的爱尔兰拥有科技素养颇高的人口结构，从而大大增加了竞争优势。大学、企业和研究中心之间也存在着重要联系，相对低廉的劳动力成本和高级职业人才的稳定薪资，都为在国际市场上吸引外国企业落户提供了额外的优势。爱尔兰官方使用的英语也是许多高科技使用的语言，这也是其成功因素之一，特别是吸引了美国公司或想在欧洲运营的其他国家公司。财政后盾和国际规划是又一决定性因素。另外还需指出的是爱尔兰人大迁居的影响，换句话说，700余万外迁的爱尔兰人，特别是迁往美国的爱尔兰人，与本土人之间存在着微妙的关系，也维系着强烈的情感和血缘联系。最后要突出强调的是，城市规划政策和可利用的预备土地大大便利了高科技工业的迁入和"数据中心"等优秀项目。

在这样的背景下，都柏林在面对数字城市的挑战时所运用的策略就很有借鉴意义，尤其是人们是如何通过努力改造现存城市，发展高科技企业并培养和吸引富于创造性的阶层的。[29]

"圣殿酒吧区"工程承担了都柏林相当重要的一部分旧城区改造任务。该酒吧区占地14hm^2，名字由已经消失的圣殿修道院得来。它紧邻利菲（Liffey）河畔，介于著名的三一学院（Trinity College）、议会大厦、市政府大楼和基督大教堂之间。圣殿酒吧区里各色建筑林立，既有破败的厂房也有文化休闲场所，这些场所价格低廉，通常位于破败不堪的地方。1991年，在政府的支持下专门成立了一个管理机构，并举行了专门针对爱尔兰建筑研究的竞赛。改造工程试图复原现存的有价值建筑，用合适的新建筑来填补空白。在尊重原有建筑结构并开发混合功能的基础上，将功能最初定位于文化方面如电影、摄影等，同时

都柏林数字中心。复建过程中，新型科技对城市旧区的适应性

也在这一区域发展店铺和饭馆。随后，高科技方面的新型功能也得到了发展，住宅区的建立约为街区增加了3000多名居民。虽然花费了不少社会成本，但圣殿酒吧区的成功修复为爱尔兰首都带来了活力。由于改造过程中排斥社会弱势部门，坚持清除旧的市容市貌，从而引起了不少非议。但是，现在的街区有了完全不同的社会结构，富于创造性的阶层和游客占据主导地位，他们懂得利用那些新的文化和休闲设施。

鉴于圣殿酒吧区的成功经验，1995年有人提出了重建都柏林东北部地区的建议。于是"历史城区振兴设计"应运而生，主要针对利非河另一边，位于国家博物馆和奥康内尔（O'Connell）大街之间的区域。这次改建和圣殿酒吧区的复兴工程一样，也得到了欧洲基金会的支持。1999年，整体规划的区域被确定，股东提供赞助资金，选定的地点也开始破土动工。第一步行动是"史密斯菲尔德（Smithfield）城市空间"设计，这个都柏林市最重要的公共室外空间，是在一个以马市闻名的当地市场的基础上改造的。与此同时还有其中一项辅助工程就是根据私人动议，把一家历史悠久的酿酒厂改造为多功能的场所。

在数字化时代的都柏林，依托金融部门还有其他宏伟的城市改善规划如引入城市轻轨的建设和码头区的复建，都促进了新的经济发展。然而，能被称作最具先锋性和卓越性的城市改造计划无疑是"数据中心"，这是一项城市"再生"工程。之所以如此，不只是因为这一计划所包括的并不只是对城市中已经荒废没落的部分〔都柏林库姆（Coombe）街区，分布着旧工厂，位于吉尼斯（Guinness）啤酒厂附近，在离圣殿酒吧区不远的河流上游〕的智能改造，也是因为其独特的创意和实施过程。

都柏林"数据中心"是一个规划都柏林城市未来的设计项目，预期是建立一个国际化的商业区，发展信息新技术和通信技术工业。由公共基金来建造一个精良的中心，以促进革新、创造、研究和学习，引导数据通信类企业的发展。设计旨在激励爱尔兰媒体通信、文化传播、艺术、音乐、网络贸易等部门，把本地背景和国际视野相结合。"数据中心战略文件"令人耳目一新，整个设计构思是要在爱尔兰创造一个可以在世界经济大潮中减少脆弱性的信息基础设施。从长远来看，工程专注于创造力和学习能力方面。工程初期投入13000万欧元的公共预算，同时设立专门机构来指导工作。从第一个阶段开始，剩余的融资通过"公私合作伙伴"来处理。在都柏林库姆街区，工业传统留下了在形态、规模和特点等方面都独一无二的遗产，整个城区的复兴也因为融资而受益。由此，形成了强烈的认同感，同时促进了一个本地社区的兴起。[30]

这一城市规划采用灵活的系统来解决已有的错综复杂的城市肌理，让私有企业在其中运行，并满足自我的需求。在重建指挥中心的推动控制之下，人们采取的是一种类似保守性手术的方式，来塑造各种各样的建筑和基础设施。在爱尔兰政府的领导下，都柏林市政府和一些以促进经济发展为宗旨的公共事业部门发展了这一项目，通过公共事业部门建立与麻省理工学院媒体实验室的合作关系，共同来担当这一理念的先导。项目的开展首先需要一个权威的总部来负责城市中心的一部分复建工作，从而提供合适的依据来创造投资所需环境，并在一个多元化的城市环境中创造一个新旧混合风格的中心建筑群。这样的项目与许多案例的不同之处在于郊区并不是它的唯一选择。城市复建要求我们延续当地丰富的工业传统，同时为现代工作提供空间。规划的第一阶段始于2001年，之后进入公共投资阶段，以便于随后的私人投资的启动。这一促进经济发展的举措可以为投资者们提供专业服务，为企业的发展提供便利。而"都柏林数据中心"工程的最特别之处在于，一方面将"企业孵化器"的概念引入城市的整个街区；另一方面通过"内部网络"概念推动了不同市场主体之间的相互学习。

旧"容器"是多重属性和新科技发展的结合体，使得旧有空间焕发出新用途，从而演变成特色场所。都柏林的案例一方面展示了一种持续而低调的工作方法，同时也展现了人类巨大的创造潜能，而传统建筑的保存和现有城市管理与革新是城市发展永恒的主题。尤其值得一提的是都柏林为旧建筑寻找新用途、结合公共行动与私人投资等智慧的手段，而这些又是在一系列因素的基础上发展起来的，即协调一致的计划、开放的财政政策和有效的企业发展策略。

新加坡纬壹科技城

纬壹科技城由裕廊集团主导开发，位于新加坡市中心的波那维斯达区（Buona Vista）。裕廊集团是一个以促进区域经济发展为使命的公共机构，而纬壹科技城项目是新加坡最新的科技中心，融合了追求卓越、高效、务实精神等创新点，而这3种精神也是1965年新加坡独立以来一直具备的特色。新加坡面积不大，却在经济社会发展和政府治理上取得了令人瞩目的成功。以此为基础在国际专家的建议下，新加坡设计了这样一个旨在培养想象力和创意的杰出园区，该园区的优越环境能激发思想上和行动上的双重革新。[31]

纬壹科技城的规模较小，占地仅200hm^2，但所处的战略环境十分有益于发展生物科技研究和多媒体活动。科技城毗邻发展成熟的科技园，外接新加坡国立大学，邻近国家最重要的医院之一，所处区域位于新加坡市区最前沿的街区荷兰村附近。

纬壹科技城的设计理念是集教育、研究、商业、艺术、贸易、居住、娱乐等功能于一身。工程开发时间总长约15年，第一阶段是以生命科学为主题的生物城，现已建成。初期工程所呈现的功能与传统的科技园或创新城不同，纬壹科技城并不只是在建造一个工作场所，而是一个能够激发创意、办公居住两用的空间。就这一点而言，新技术作为通信设施和工作设备，能协助创造一个理想的宜居环境。工程的目的不在于空间本身，而是为那些被其独特的环境所吸引，希望

one-north

BIOPOLIS

在相应工作领域获得良好发展的人才服务。这些人才不仅包括科学家，也包括画家、音乐家和具有商业天赋的年轻人。科技城需要为新的创新型人群提供一个宜人的空间，让他们可以在其中开展各式各样的活动，包括休闲娱乐活动，科技城为这些活动提供世界一流的设备和基础设施。不同于国际上其他的优秀设计，这一工程目标十分独特，旨在吸引并培训人才和能大胆革新的创新型职业人士，正是他们构成了新经济的基础。同时，项目围绕生物科技和多媒体通信等未来关键产业展开。通过艺术的发展和艺术家们的努力，创造力才得以激活。地点的吸引力、革新氛围的营造、全球交流能力、项目设计有关人士之间的联络网加之走在时代最前沿的强大数字基础设施等，是为城市规划、建筑、科技园和设备催生灵感的重要因素。

纬壹科技城是专门为激发人们的意识和想象力而设计的。这一工程的战略关键点在于：人才——创造条件来吸引人才以发展创新型活动，促进新经济的发展；生活方式——保证空间的环境质量，确保相应基础设施的正常运行；连通性——在不同地点之间、机构之间和从业人士之间能实现快速有效的联系；及时性——便利工业和科研之间的协作，为科技革新提供资金。

我们曾在上文中提到，纬壹科技城是为人服务的空间。而该项目的倡导者认为，在新经济的框架内，需要有能够建立、推动和维持一个朝气蓬勃的多样化的社会空间。在这个空间中，革新者、学生、职业人士、创业者、研究人员、风险投资经理人、律师、银行家、电子商务专家、艺术家和新闻记者能够互相交流、合作贸易、消遣娱乐。这一形形色色的活跃群体需要空间来联结娱乐、学习、工作、居住和生活，这些空间面临的挑战在于能否真正成为吸引全世界人才的磁石，能否通过研发活动的开展使革新变为现实。对此，项目需要明确地区本体性，使新加坡这个容易受到各种激励、自由选择范围极广的社会能够发展多种活动，公共空间在其中成了社会接触、智慧碰撞和科学研究的场所。纬壹科技城的倡导者特别提到联通的重要性，它使得每个人都可以通过信息、知识、交通和贸易的智能网络与其他人保持联系。纬壹科技城因此也被看作是一个带有实验性质的社区。

纬壹科技城的设计由建筑师扎哈·哈迪德（Zaha Hadids）负责。设计基于现状，制作出了一份有机结合的规划草图。除了强调投影美学外（这被一些人称作未来主义的表现），设计还突出了自然美化和独特的城市结构。二者都是风景画风格的柔和与几何学运用的佳作，有利于链接不同的功能区。设计的轴心在一处蜿蜒蛇形的中央公园，以此联结起不同等级的节点。从公园到这些交会点几乎全都是相连的，如绘画般纵横连贯。每个联结点都有特定外观和各自的主题定位，多种功能聚集解

<< "纬壹科技城"，由新加坡城政府机关JTC推动建设，其总体设计由扎哈·哈迪德使用城市参数设计标准完成。这是一个在生物科技、多媒体和城市解决方案领域的创新空间

决了便于交流的理念。科技城的内部公共交通系统与城市设计协调一致，并完美地与岛内畅通的交通系统相连。

　　纬壹科技城的街道接近自然，规模较小且有一系列的交叉点和联结点。科技城的空间为会见和交流创造了方便条件，这些国际化的设计使人想起欧洲历史中心的构造。这种人与人的沟通与交流既发生在物理空间中，当然也会通过建立强大的数字基础设施，发生在虚拟空间之中。

在这一章中，我们分析了21世纪中城市所经历的压力和变革。而在欧洲、美国以及第三世界的大城市里，这些压力和变革的发生有着重要的差异。

分散和混乱是最主要的威胁。所谓的"城市延伸"实际上是城市可持续发展的敌人。我们可以看到，在城市边缘地带形成了"卫星城"和各种各样的区镇。不同的作者对此有着不同的定义方式：外都会（Exopolis）、大都市区（Metapolis）、扩散城区（Ciudad Difusa）、共有城市（Ciudad Generica）等。

多中心论在欧洲的出现就像是对城市变化的智慧回应。这一思想既实现了与传统定位的良好联系，也为城市的新趋势提供了机遇，给无序的分散发展之路点亮了一盏明灯。

21世纪的城市，不管是大都市还是中小城市，都空前地需要创新和创造力，以为其规划未来。通过开展"20城市计划"，我们研究了世界上的不同城市，试验了"卓越集群"的方法论，来确认那些可能是一个城市设计基础的关键性设计方案。

我们把有能力设计一个城市规划并保持经济策略、社会和谐与发展、环境保护三方面的智慧平衡的地区称之为"智能场所"。

In this chapter, we analyse the urban tensions and the regional transformations that cities are experiencing in the 21st century, and highlight the important differences between Europe, the United States and the large cities of the third world.

More than ever, the cities of 21st century, whether large, medium or small, require innovation and creativity to design their future. In the study of diverse cities of the world developed through Proyecto CITIES, the validity of the "Cluster of Excellence" methodology to identify Critical Projects that can be the basis of a Proyecto de Ciudad has been proven.

We use the term "SmartPlaces" to refer to the cities or regions that are able to equip themselves with a "Proyecto de Ciudad" (City Project) and to reach a careful balance between economic strategy, the social development and cohesion, and environmental sensibilities.

12 未来之城——卓越城 市规划与城市设计

Urban Intelligence. Territorios Inteligentes

Fundación Metrópoli & Esther Pizarro

全球化世界中的城市

技术革新和以因特网为首的远程通信发展，为新秩序的兴起创造了条件。然而对这种秩序的特点，我们知之甚少。全球化的概念已经得到了推广，贸易壁垒的逐渐消除、大型经济体的形成和市场的扩张是全球化最显著的特征。人类总是通过挑战环境的极限来检验自己的技术能力，而今，即使不能准确评估现在所发生的一切的影响范围，我们也知道新技术在改变着社会与周边环境的关系，同时也在改变经济和社会关系。在我们做出评价时，往往既乐观又消极，一些人把新的风险和问题摆在最首要的位置，而其他人则选择继续信任科学和技术的非凡能力。[1]

在这一综合平衡的基调之下出现了一些令人不安的因素，而这与未来的不确定性息息相关。正如2001年诺贝尔奖得主、美国经济学家斯蒂格利茨（J. E. Stiglitz）等人所说的那样，这个未来很大程度上取决于"全球化带来的不便"。[2]当全球化的主导模式应用于发展中国家时会带来破坏性效应，尤其是对发展中国家的贫困人民来说，而"所谓的不便"正是这种破坏效应的结果。

在20世纪的最后几十年，特别是21世纪的开端，城市变革的脚步越来越快，也越发深刻。现在的时代可以说是人类历史上的一个特殊阶段，经济、政治、社会，当然还有我们的居住环境，正在受到决定性的破坏。我们所见证的城市化过程是前所未有，甚至可以说城市变得不再有边界。[3]很快，世界上的主要城市将经历一场大规模的空间变革：在发展中国家，这一变革与其人口的快速增长相对应；而在发达国家，变革只是与空间消耗的改变有关。1950年，城市人口大约只占总人口的30%，而到了2000年，城市人口的比例已经达到了50%。根据可靠预测，到2025年，世界人口的70%都将是城市人口。人口学家也预言，在2025年左右，人口超过800万的超级城市将逾30个，人口多于100万的城市也将达500个以上。这种比例的显著变化给社会、基础设施和环境都会带来严峻的挑战。

这不仅仅是一个量变过程。城市是连接和组织世界经济的节点，其领导作用日益彰显。没有城市的协助，地球上可持续发展原则和生活质量的延续将无法实现。因此，组织管理21世纪的城市将成为人类最重要的课题之一。

虽然城市已经日益成为经济的主角，但是正如扎森所说：城市"正直接面对国际竞争的风险。"[4]国际贸易限制的逐渐减少、信息获取的便捷程度以及交通通信系统的改善，极大地影响着城市的发展。当今社会，国家作为一个单元，在全球化经济中的重要性正日益下降。这不仅是因为国家的权力正在朝跨国机构转移，也是因为国家权力同时转移到了区域和城市。全球化经济中的公司对帮助提高自身生产的服务，如金融、法律、管理、创新、设计、行政、生产技术、维护、后勤、通信、批发分销、公关等服务的需求大大增加。高端服务的复杂性、多样性和专业化，为

超级城市是能够发现城市智能的空间。超级城市是我们这个奇异的蓝色星球上嵌入创新和创造力大网上的一个个城市结点

Fundación Metrópoli & Microsoft

专业公司的承包提供了条件，而其成本却远远低于聘请为公司长期服务的职业人士，在一些大众品位较高的主要城市兴起了一系列"复合型服务"。

在世界范围内，权力的结构和分配也发生了重大改变。尤其突出的是，传统政府的一部分权力正在转移到跨国机构手中，同时国家的权力也下放到区域和城市。很多国家规模太小力量太弱，无法控制权力、财富、贸易和技术在全球范围内的流动，而在代表社会和文化的多元性时又显得太大且无法有效整合。另一方面，作为代表机构和有效组织来说，国家正丧失其合理性，而城市和区域却有履行这些职能的优势地位。在当今社会，世界经济竞争的主体在很大程度上不是国家，而是城市和区域，因为后者更有能力为企业带来竞争优势，为居民们带来优质生活。

城市可以通过为需要推动的活动建造有效的都市结构、基础设施和专业设备，为特定活动提供合适的训练计划、宣传和支持，提高城市和生活质量并形成战略联盟等，从而获得竞争优势。城市和企业越来越需要了解世界上的重大事件，开创更为广阔的平台和发展环境，而这一点的实现，需要新的工作方法、新的城市规划工具和合理的区域布局。在一个范围更加宽广，竞争日益强烈的环境中，国家政府的创新能力渐弱，领导社会的能力正在退化，所以城市应当自觉扮演起新的主角，同时它们也确实拥有巨大潜力来完成这一使命。我们可以说，今天我们城市的成败在某种程度上就是国家的成败。世界银行和美洲发展银行甚至在国家发展问题上重新调整了它们的投资策略，以便把焦点聚集在城市。

经济竞争力、社会平衡、生活质量和环境的承载力等重大课题将取决于我们改造和管理城市及区域的总体能力，并且最终依赖于我们在这个越来越全球化和相互联系的世界中进行创新并与其他城市分享创新成果的能力。

全球化的破裂

诚然，世界向我们呈现的不仅仅是气势宏伟的摩天大楼、生活舒适的街区、私人拥有的乡村俱乐部和最时髦的机场，还有城区里的贫困生活。在大城市里，最贫困的街区旁边便是特权阶层的会所，社会隔离的画面中滋生着暴力和危险。城市空间里产生了新的阻隔，安全系统把标志性建筑、商贸中心同周围隔离开来，产生了一种强烈的压力，这种前所未有的压力亟须找到新的方法来实现社会融合。在全球化的概念之外，我们可以明显地看到国家、城市、企业和个人之间出现了一种"破裂"，这种破裂和它们与新经济秩序之间的关系是相一致的。全球经济提供了新的机会，创造出了很多财富，但重要的是我们能否找到一种方法使这些进步来造福所有人而不只是少数人。而引导新贸易机会的市场，并没有能力克服这种"破裂"。

我们生活在一个"数字化革命"时代，史无前例地需要满足4个特殊的趋势：
云计算、移动设备、社会网络和大数据智能

罗杰斯[5]认为，1992年联合国发展项目的报告真实地反映了目前的状况，只占世界人口1/5的发达国家集中了全世界80%以上的收入。1960年以来，贫富差距已经扩大了一倍，而在富裕国家的内部也出现了这种差异。20世纪90年代初，最富裕的1%人口聚集的财富占总数的40%，是1970年的2倍。从现有关于全世界财富分配的数据来看，我们可以得出结论：与20世纪80年代新自由主义所分析的结果相反，虽然科技不断进步，但不平等却导致了全球贫困状况的恶化，矛盾就在于社会财富的增长速度远远快于人口的增加节奏。从1900年开始，根据全球GDP计算的人均生产财富增长了36倍，而同期人口仅仅增长了5倍。因此，罗杰斯在坚持他对科技信心的同时认为，可持续发展就在于找到社会更加公平、经济更加有效、生态更加连贯的生产和分配现有资源的方法。

然而，技术发展难以满足社会需求的局面产生了"数字代沟"，它也是我们所说的"社会代沟"的一种[6]，其原因在于相当一部分人口很难接触到新技术。在一个知识和创新能力主导的社会，对于教育和相关专业的要求也日益增加，在贫困的情形下，如果没有外力加以改变，就会陷入死胡同。如果新技术难以普及，就会进一步加深社会的不平等，因为技术对于经济发展是不可或缺的。"数字代沟"是企业、城市和个人之间的一道分水岭，划分依据是获取信息技术的能力，而信息技术正是其发展的前提。我们通常用科学教育的质量、大学和企业科研、最新信息基础设施的便利性、网络的社会普及程度、居民电脑拥有数量等指标来衡量这一差异。欠发达国家的大城市尤为深切地感受到这一现状带来的恶性效应，它们在加入新的国际经济秩序的同时，也感受到来自大型跨国公司的冲击。这些跨国公司时刻寻找着新兴市场，利用当地最熟练工人的资源，同时享受着廉价劳动力带来的便利，创造出在外观上与发达国家城市类似的空间。建筑设计日臻完善，但却与城市随处可见的不稳定现状形成了鲜明的对比，城市的大部分部门无法参与到全球化活动中去，只能处于边缘化和依旧贫困的状态。对于难以满足人们期望的农村地区来说，大城市吸引了大批抱着寻找更好生活希望的移民，导致人口在无法遏制地增长，却永远无法满足所有人的需求。因为市场只为少数人提供不错的工作，而经济活动也常常集中在某几个固定的地点，所以大部分家庭的经济水平都停留在温饱阶段，只能靠服务业的低收入或临时工谋生。

很多学者提到了在全球城市中存在的新的不平等，并指出新经济是如何带来社会排斥的新风险的。[7]全球化的"鸿沟"表现在穷国和富国之间，以及那些能够参与全球经济和那些只能停留于本地经济框架之中的国家之间。在城市的内部我们也能窥见这条鸿沟，它造成了新的空间分配形式、隔离和排斥的过程，带来了基础设施质量上的巨大差距以及空间私有化的倾向。所有这些都深刻地影响着城市规划，因为后者始终建立在通过改善公共系统以服务整个社会的基础之上。

关于生活质量和福利的概念必须进行修正。阿玛蒂亚·森（Amartya K.Sen）是1998年诺贝尔经济学奖获得者、印度经济学教授，他曾在讨论经济学中关键问题的时候，为恢复道德的地位做出了不懈的努力。[8]他通过研究贫困的定义和饥饿机制，对社会不平等进行了仔细探讨，并发现经济因素深深地植根于文化和社会条件之中。

想要了解全球化中的鸿沟这一主题，核心问题在于一个城市是否具备在危机下克服不平等情形以规划自己未来的潜力。这种改变现状、协调各方关系的能力，是其在全球化语境中享有发言权、享受繁荣成果的保障。城市不可能置身于人类重大问题之外，通过城市规划可以实现社会整合的积极效果，使居民在选择机会上大体平等，从而共享都市文明的成果。

21世纪居住区域的新形式

分散的、具有地区规模的、空前复杂的现代城市的出现是21世纪初最重要的城市现象，也是最深刻的区域变革。世界上不同地区都有因当地紧张因素而影响人居环境的选择和排布的情况，我们可以用以下形式简要概括其中表现出来的一些共性问题：

在欧洲和一些发达国家我们观察到，集团经济的传统向心力渐弱，并逐渐让位于兴起的工业城市和第一代密集型服务产业、家居和生产活动在城市区域内的发展。在这样的紧张状态下出现了离心力即拥塞代价和土地价格，对自然和农村环境的重新评估也使得许多城市活动不得不到城市传统界限之外寻找出路。工业活动、商业建筑群、后勤活动、中低密度的住宅区、多种商业写字楼、大学研究机构还有娱乐消遣等活动纷纷扩展到城市外围。这样，在人口相对稀疏分散，物理上和信息上又需要与外界沟通的新型区域出现了新的发展空间，我们可以把它们称作开放的城市或没有边界的城市。城市的紧张状态也勾勒出另外一幅图画：在城市中心兴起的募捐活动、新型商业类型学、熟练工种培训班，以及通过城市的翻新改造工程建设的高级住居区；还有通过城市革新工程，利用无人占用的空间建造新的中心从而实现经济的转轨；与此同时，也拆除了那些旧的工业机械、设备和基础设施，如港口、火车站、军用设施等。

在美国城市中，城市中心地区、城市最外围和富人居住的郊区之间存在严重的不平衡发展。人口密度较低的郊区，正逐渐成为就业目的地的第一选择。1970年，郊区只聚集了25%的就业人口。而如今，这一地带吸引了60%以上的就业。在新经济的大潮之中，在郊区建设商业园区和娱乐设施，也吸引了就业人口。美国城市的居住人口呈分散型增长的传统由来已久，而新型经济活动也在郊区出现。相比之下，传统城市中心甚为落魄，其生命力、吸引力也逐渐丧失。本书其他篇章已经指出，老城区的修缮已经成为当今美国城市所面对的主要挑战之一。在这样的背景下，城市的增长已经超出了合理的限度，其密度之大和难以控制导致了城市规划和发展呈现出分散和"蔓延"的趋势。这种无计划的"蔓延"带来了交通问题，公交系统运转失灵、物理空间上的分隔、社会和谐匮乏、自然空间和宝贵的农业区遭到破坏和能源大量消耗等种种问题。为证明在美国城市中这一过程已经达到相当大的规模，我们只需举出两个例子：在最近25年内，纽约市区的人口增长达到了5%。然而，市区的最繁华部分人口增长却高达60%。近50年来，洛杉矶城区的人口增长了4倍，而核心区域面积达到了原来的20倍。马德里和巴塞罗那城区的都市化空间也在过去的20年里增加到了原来的2倍。

　　这种"蔓延式"的城市发展是可持续发展的大敌。然而值得提醒的是："郊区积聚的已经不仅仅是居民楼，这里体现出的价值观带有如此浓厚的资产阶级色彩，以至于可以被称作资产阶级的乌托邦"。[9]在郊区住宅区里，理想和当代社会特有的生活方式混为一谈。[10]菲什曼教授（R. Fishman）[11]在其经典作品《资产阶级乌托邦》中，对大规模建造郊区住宅区这一现象提出了令人信服的解释。他从住宅区源于维多利亚时代，植根于田园生活方式谈起，一直到第一个建立在社会分离和汽车工业基础上的郊区都市洛杉矶。从20世纪50年代末期开始，伴随高速公路的建造和小资资产阶级对于住宅、花园的渴望，战后的郊区模式开始与商贸中心的兴起互相交织。尽管实行了城市复兴的政策，但与美国郊区模式的发展相对应的是城市中心的没落。这里指的是老城区周围的空间逐渐衰颓，并且随着废弃空间的不断增加而日益加剧。这些地区不再通火车，不再有港口，工业不再兴盛，沦为了遭受严重污染的棕色地带，是亟待改造的对象。交通大道无法到达的地区，也就是所谓的"回避地带"，不仅遭到忽视而且变得破败不堪。经销公司最早发现了郊区的开发潜力，他们在一些城市边缘建起了商业中心。菲什曼教授首先用"技术化郊区"这一概念评估了企业基地和技术产业沿着战略通信地带分散扩展的现象。在这一过程中，城市中心的地位完全逆转，而土地所有者也彻底发生了改变。当今欧洲，在一个城市化的农村环境中集聚建筑物的能力变得极其重要。在这一环境中，混杂着各种场所、功能和活动，而私人住宅占主导地位。房地产业的新贵们和大型分销公司，通过在密集城市分散化的、非并立的定位原则，通过昂贵但有收益的永久革新，来领导他们称之为探索日益欣欣向荣社会的新生活方式和工作规则。他们把贸易和娱乐相结合，这既是新兴消费方式的结果也是其原因所在。

　　然而，郊区（Urban sprawl）并非只有一个模式。城市的蔓延式发展作为可持续发展模式的死敌，在不同的背景之下是以不同的形式发生的。似乎可能会找到更适合居住和生活的空间，就像加罗（J. Garreau）在《边缘城市》[12]中所提出的那样，将老城区的功能搬迁到交通便利的复合型郊区，创造一个多中心或者星座式的综合城市系统。"城市化的精髓在于其创造财富的方式，这也是我们的工作任务之一。今天我们已经把这一任务转移到了两代人共同居住的地方，这也间接导致了'边缘城市'的出现。"虽然郊区并非城市，但在当地人们看来已成既成事实，即使那里没有市政府，没有警察，也没有消防队员，有的只是占主导地位的办公区以及地位次之的住宅区，还有广大的商贸空间和娱乐场所。加罗对这些在硅谷兴起的早期典型"边缘城市"的定义并非徒劳，它们位于圣何塞、帕洛阿尔托市周围，有波士顿市区外的马萨诸塞128号公路旁边，靠近集中分布的信息产业区。还有一些边缘城市依靠的是企业发展策略，例如紧靠芝加哥奥哈拉国际机场的绍姆堡（Shaumburg）。原因是西尔斯集团董事会决定放弃其芝加哥市中心的摩天大楼，而把总部设在奥哈拉机场旁边，从而成为推动该地区巨大变迁的领头雁。纽约的市区范围甚至已经扩展到了长岛，亚特兰大的周界中心Perimeter Center已成为北部第二大交通城市，橘子郡的欧文市是两条州际公路的交点，除此之外还有很多洛杉矶市区附近的城市，这些都向我们证明了20世纪末的城市化热潮。很明显，老城区作为贸易和公共管理中心、优等的贸易场所和交通枢纽的传统功能，让具备非凡向心力的郊区的发展而产生了深刻的变革。

　　显而易见，我们面临着多样的城市现象，其对应的逻辑并不是唯一的。索亚（E.W.Soja）用他所提出的"外都会"[13]概念来解释这一现象：城市概念开始朝着多中心、不完整的、间续的模式发展，内城区和外城区之间的职能分配变化不定，"区域城市"概念虽然模糊，但已依稀可见。

　　在欧洲，阿谢尔博士（F. Ascher）[14]用他的"亚城市"概念来表述最近在大片的城市化区域里所发生的市郊化过程，特别是在法国，"兴起了一种新的城市形式，我们把它称作'亚城市'，因为从不同的视角来看，它包含并逾越了我们迄今为止所知道的城市形式"。阿谢尔博士认为这一由不同类空间组成的城市现象是复合系统增长的结果，并不总是互相临近分布。除了定居在这里的人以外，其他人很难分辨，因为它已经在一定程度上具备了活动场所和居住地的特点。我们不能只谈论郊区及其增长，因为当地经济社会关系系统既不依赖市区也不受行政界定的约束。尽管这些经济社会关系刚刚出现，但却构成了这一现实的基础。空间赋予意义的出现，就好像一个天然艺术品一样出现在一个知识性节目里。亚城市由一个整体的空间组成，只有一个就业区域。虽然这些地点或多或少地依赖于大城市，但却是新的人居和活动单位。这就是被城市侵袭的法国乡村的演变过程，仅凭一个城市或特定的地区界限是无法界定它的。但就像边缘城市一样，在那里居住的人们能够认出它们来。

　　另一种现存的人居模式是被意大利专家们定义为"模糊城市"的模式。[15]虽然它们大多分布在城市的周边，但是具有一定的独立性。在中型城市的周边也会出现这种城市模式，在密度不同的整个地区，城市和农村混杂分布。"模糊城市"的概念指的就是这样一些特定区域：大型经济活动在公路网上开展，主要发生在无数的作坊和小工厂里；服务区和住宅区相混合，同时联结起传统的城市中心；农村地区和城市地区的居住系统交错重叠。这是一个多核心、交互性强的地区的"后郊区化"典型模式，既有传统基础设施，也有新的网络。这一点在威尼托区（Veneto）、艾米利亚—罗马涅大区（Emilia-Romagna）和伦巴第大区（Lombardia）十分显著，也同样适用于欧洲其他地区，如鲁尔区、佛兰德地区、罗达诺区乃至加泰罗尼亚的部分地区。在服务自发相连的情况下，这种住宅和工作的极端分离形成了一种自发而独特的无序状态，这种状态覆盖了一片具有较强生产能力的高度工业化区域，包括从帕尔马（Parma）城到艾米利亚区的波河（Po）流域地带。

在城市化地区，随着各类复杂模式的出现，对模糊城市的控制权和对城市增长方式的理解自然重新成为中心议题之一，这一议题对于思索当代城市的发展是不可或缺的。同样重要的议题还有城市的可持续性或者复兴城市中心同时采取的不同方法：集中还是分散，理论上这两者似乎是相互矛盾的，然而现实却告诉我们，它们是同时发生的。

然而，真正的挑战或许正如荷兰建筑师雷姆·库哈斯敏锐洞察到的那样，他将其命名为"普遍城市"。诚然，当代城市的多样性和复杂性不同于现代城市，但是它们也有着普遍的共性和规律性。城市能否像机场那样运作呢？库哈斯具有建筑师天生的那种对郊区或城外地区的敏感。他在巨型结构的框架中思考，认为大型的建筑结构可以解决城市的问题，但同时他又欣赏郊区的复合性。无论我们是在巴黎还是亚特兰大，当代城市中看到的图景都无一例外地相似。我们会发现，在新的郊区设计出来的建筑作品具有超越地方特色的高度规律性和相似性，人们普遍崇拜高速度、技术和动态多变等较为实际的能力。在这种理论提升的基础上，我们无需担心所面对的是不是一个可持续发展的城市。库哈斯认为建筑本身就是一次混乱的冒险[16]，所以他以极具煽动性的方式把他对城市的印象混入到对城市混乱的现状当中。这些理念早已在他参加塞诺特比赛的设计中，以及他关于活动和时间阶段性变化之间临界点的概念中有所体现。他始终带着节点分析的观点来看这些嵌入城市复杂环境之中的建筑结构，库哈斯关心的不是理想中的城市，而是真实的城市。社会有选择性地将其片段分布在世界的伟大剧场之中。

在这样的情形下，欧洲正在全欧范围内为了多元中心论与欧盟的政策展开一场竞争，同时也是在区域和城市的范围内进行博弈。多元中心论的出现是对传统居住系统的一个绝妙的回答，并让城市规划在无序分散的坎坷道路尽头看到了一丝曙光。欧洲正在努力建设一个一体化高速铁路的网络，一个运行良好的机场和高速系统，当然还包括一套强大的数字化基础设施，这些为中型城市在一个日趋一体化和协调一致的城市系统里进行互动提供了条件。有了最新一代的基础设施连通，中型城市在某些实力较强的生产活动中将会变得更有竞争力，同时也可以选择多种方式来达到社会和谐和环境、文化可持续发展的目标。平衡的城市系统、连贯的枢纽和明确的共性将是对灰暗和混乱的有力回答，也是在21世纪城市组织的唯一前景。对日益复杂的城市地区的沟通而言，多中心也是一个有趣的选择。在世界其他地区，特别是在亚洲、拉丁美洲和非洲的某些首都城市，在种种阻碍之下，定位规则常常会引导城市往超大都市的方向发展。

也许在人类历史上的任何一个时刻，都没有产生过在现在世界不同城市和区域进行得如此重要的城市变革，也不曾面临过如此巨大的变革压力。它们不仅发生在我们刚刚描述过的发达国家城市，也发生在我们接下来要提到的第三世界国家的城市之中。

第三世界城市的非正式城市规划

全球化的表现之一是第三世界国家的大城市里自动建成的巨型都市。据估计，在未来的25年间，有将近20亿人口出生在或移居到城市之中，而其中又有很大一部分将发生在第三世界国家某个方兴未艾、形式松散的巨型城市里。

非洲、亚洲和拉丁美洲是世界上人口增长最快的地区，它们接收了大量从农村涌入的人口，却无法解决住房和城市基础服务这样的问题。于是很多人都自发地定居在人口稀疏的地区和城市郊区，并且多半采取边缘化或者非法的方式，这是因为社会的大部分人群很难自主选择乃至被排除在主流发展模式之外。城市化发展得如此迅速，以至于当地政府无法在提供城市基础服务方面采取合理的应对措施。伦敦是20世纪初期世界上最大的城市，人口从100万发展到800万的过程经历了130年。而墨西哥仅仅花费了30年的时间，就从1940~1970年实现了同样的增幅，并在短短16年里使人口又翻了一番。墨西哥只是人口爆炸的案例之一，世界上还有其他一些国家也正在经历爆炸性的城市人口增长。

在拉美城市里，小区里自发建造的房子有很多名字，这也是混合型社会的特征，分别意为修道院、区、茅屋、畜栏等，都是房子的意思。确实如此，我们经常看到一些新街区建在城市边缘，或者建在那些原为公共所有但被废弃的场所，如墨西哥的合作农场。另一些情况下，也有街区建在一些不适宜施工的地方，如峡谷旁、山坡上以及城市内部，比如那些搭建在历史中心的棚户区。第一种类型被称作"法维拉"，即贫民区、破败的城区、废墟[17]、棚户屋等。在历史城区重建的高峰时期，这些地方也称为贫民区、小黑屋等。

我们不能低估人们为改善自身所做的努力，因为棚户区所代表的远不止建筑本身。除了贫民窟以外，我们在自发建造的房子里观察到了社会建筑的一种真正的努力——许多社会人群在街区里，根据自己的生活方式搭起各有用途的建筑。在许多情况下，那些生活在所谓的非正式社区里的人们是有工资可拿的，也在正式的社区里上班，但是微薄的薪水使他们不得不一点点地燕子衔泥般搭建起自己的房子，在仅够维持生计的经济水平下为一大家子的生存需要创造空间。[18]特纳教授（Turner）的观点如今仍有现实意义：

"……我认为常犯的错误在于用貌似客观的词汇对住宅的建造进行量化评估，这种视角往往是不符合现实的。实际上，住宅的价值更确切地说居住环境的价值，在于对应一个人在家庭里和所处社区里的重要地位。换句话说，住宅的属性如何是依据它的地点来确定和感受的，而不是由它的物质属性和形式决定的。"[19]

这种自动组织能力不仅仅适用于住房的话题，在城市交通和贸易中[20]，如果没有小轮车、货车等需要所谓许可证的小型交通工具，如墨西哥的"小型巴士"以及其他国家的"迷你巴士"，就无法到达城市偏远地区。没有这种交通工具，街区里的生活是无法想象的，这种情况还不只是发生在像墨西哥城和圣保罗这样的大城市。至于街道上的买卖活动、小摊和流动市场都为上百万的居民提供了消费机会，它们构成了非正式经济中的一个中心因素。如果事先没有这些人参与到这些活动中来，将不可能有正常的公共交通，也不可能有作为正式经济补充的小市场，更不可能改善自建街区的基础措施。在了解城市生活时，每一种情况都需要有不同的深入探索方式。

在非正式城市里，有一些处于弱势地位的社会群体的无组织性、宿命论和绝望情绪构成了社会最弱势群体生活的主要特征，奥斯卡·刘易斯（Oscar Lewis）将其称为"贫民文化"。[21]

关于可持续发展，问题最多的一部分在于其社会层面，因为这与公平的概念紧密相关。满足基本需要的问题在不同情境之下具有不同的内涵，而扶贫成了实现可持续发展的最大障碍之一："当生存被摆在首位的时候，环境保护就很难成为人们关注的问题。"因此，"不论是出于道德和还是实际的考虑，更多的公平都会变成在发达世界和欠发达世界实现可持续发展的关键"。[22]

在此，一个独立于单纯的自由主义和不屈服于市场经济秩序的新城市政策会扮演一个重要的角色。在改善起步条件和增强经济活动竞争力方面，合适的城市政策的应用将会实现可观的效果，尤其在社会整合和文化发展方面能收到十分积极的成效。

"贫民窟—街区工程"是众多例子中的一个，它出现在里约热内卢，并得到了美洲发展银行的资助。在这个巴西城市，有1/4的人居住在贫民窟里，与其他拉美发展中国家的很多城市类似。这个项目在包括90个社区的15个区域开展，影响到25万人，预计将会使里约贫民窟得到彻底的方向性改变。它的主要目标是整合城市的2个部分，即所谓的正式和非正式社区。因此，项目试图以协调一致的方式，规范土地所有权和居住权，并提供各类基础设施服务和设备。它将在与社区的协作下进行，当然效果不会立竿见影。也就是说，它的建设并不是为了改善街区的表象，而是为了开辟一条通向更平等的社会的道路。

在第三世界的边缘街区，一个看上去简单的动作可能会引起异乎寻常的结果。比如，邻居街坊们用世界级艺术家预先选定的色彩，在街道的建筑物表面涂鸦。这代表着艺术领域的一种行为，构成了街区最深刻改革的基础，也成为其提供就业和吸引居民、游客的前提，这正是大都市基金会在卡图图拉提出的策略。卡图图拉是纳米比亚首都温得和克最贫困的街区，拥有大约25万的居民。卡图图拉的意思是"没有人愿意居住的地方"，这一街区是居民用废弃的铝板自发建造的，住着最贫穷的有色人种和社会底层的年轻人。每年有上百万的高收入游客来到附近的温得和克机场，而艺术和色彩是为他们创造一个像卡图图拉这样的旅游目的地的第一步。这个城市项目被称作"卡图图拉艺术"，依靠的是当地居民特有的丰富色彩和流行艺术传统。项目利用的是很简单的运行机制，即结合舞蹈、音乐、戏剧和手工业等城市表现手法，已经使这个街区变成了一个鲜活的博物馆，并使其恢复自尊，面向未来。

"20城市计划"和智能场所

"20城市计划"是在五大洲20个创新城市进行的研究项目。1998年，"20城市计划"在宾夕法尼亚大学诞生并一直持续至今。这个项目的协作方是大都市基金会，其总部设在马德里。基金会参与不同城市和大学的城市规划部门的工作，这些城市包括：多伦多、波士顿、费城、迈阿密、蒙特利尔、麦德林、库里蒂巴、香港、上海、宿雾（菲律宾）、新加坡和悉尼等。到目前为止，这些城市可以被认为是在发展范围内的创新城市。除了几个特例以外，这些城市都属中等规模，但在与世界上其他城市合作及分享创新成果方面却有着很开放的态度。它们属于不同经济发展水平的国家，也拥有非常不同的文化以及政府和社会组织形式。

该项城市计划还形成了一种操作方法来识别每个城市的"优秀成分"，这就使我们有能力来比较城市的环境指标、当地政府的态度、有关可达性分析、国际背景条件等重要方面，从而定义城市特点和每个城市所具有竞争优势的方面。同样，也可以分析每个城市正在进行的主要创新活动。

在这一研究的基础上，我们把那些始终聚焦在全球化带来的挑战和其产生风险的地点命名为"智能场所"或者"智能区域"。它们是能够在经济竞争力、社会融合与发展以及文化与环境的可持续发展能力数者之间找到平衡的创新型城市。我们应该学习这些城市的经验，特别是它们的运作方式，这样才能达到令人满意的城市建设成果。没有任何一个城市的创新经验可以照搬到另一个城市或者另一个环境之中，但无论如何，这些都是很有意义的借鉴。因此，我们列出了"智能场所"的几大特点：

智能场所（Smart places）是由社区设计的。市场是调控经济、刺激企业创新力和生产力的有力工具。然而，在管理城市上，市场并不是一个有效的运行机制。世界上很多城市的经验都证明，完全借助市场的推动力和不同参与者的个人需求来管理城市发展，不会产生令人满意的中长期效果，更不用说提高城市的竞争力。因此，智能场所并不是由市场设计，即使在管理城市结构时已经在关注经济逻辑，但在城市设计上仍需加入不同的社区元素。智能场所通过居民的领导和参与、保证创新的过程来设计未来，所以对这些场所的设计需要强有力的领导、成熟的市民社会和良好的跨机构协调能力。因此，连任的政治领导对于城市来说，是一个很重要的竞争优势。在我们研究的某些城市中，由于政治领导的缺乏，市民社会不得不诉诸基金会、非政府组织和志愿者活动。特别是在一些美国城市，第三产业十分强势，企业家群体不仅关注自身直接利益，还在其他利益方面扮演着至关重要的角色。

在任何情况下，持续的政治领导在民主社会都是一个很大的竞争优势。当然机构间的合作也是一个很重要的方面，它可以使得计划更方便地展开。而在一个缺乏共同目标的矛盾环境中，这一点很难实现。在智能场所生活的社群总是十分活跃的，他们有能力组织未来，能够为将来作出规划并达成共识。

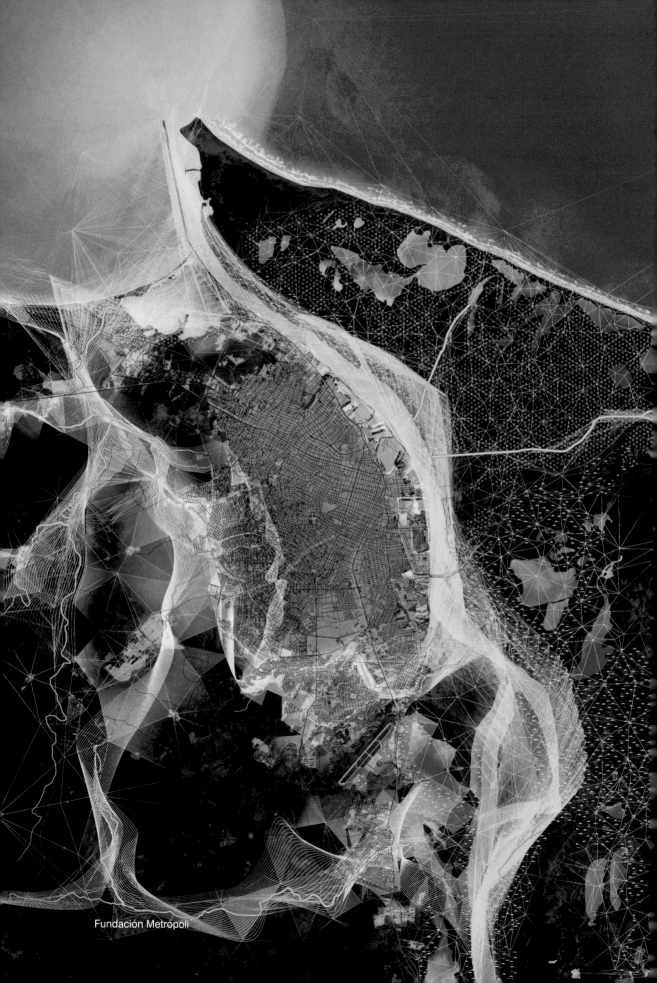

Fundación Metrópoli

敏感性和环境责任。智能场所对自然环境和城市环境怀有一种新的道德观。对于智能场所来说，持续、深入的反思，研讨环境问题，并不是传统行政规划部门的责任。因此，他们寻找新的切入点，尤其是在区域层面和中级层面。这些智能场所对于环境所带来的挑战和机会具有独特的敏感性，它们努力用独特的物理环境、合理的接待能力和种类丰富的职业来使得区域模式和城市模式协调一致。今天，我们可以幸运地说，对自然环境和城市环境的关注已经成为全球化的趋势，人们普遍认为减少对环境的负面影响至关重要。然而，智能场所在对环境的积极干预方面更有雄心，它们积极保护、评价土地生态，更新自然生态系统，并重新恢复那些在经济上、社会上和物质上都趋于堕落的城市区域。在"20城市计划"研究的不同城市中，城市和区域在环境方面的努力并不只是影响到居民的生活质量，也是城市在发展和吸引某些经济活动方面所具备的竞争力和独特性的重要影响因素，更是社会和谐不可或缺的因素，因为城市的环境系统应由全体居民共享。库里蒂巴的经验告诉我们，强大的社会影响力、保护环境所作出的努力与吸引国际企业的能力之间存在着巨大的关联。当然，这些智能场所将会为子孙后代留下更加精致和更具发展潜力的区域。如今，我们已经证实，投资城市和区域的自然美化及环境改善已经成为经济回报最丰厚、社会影响力最大的活动之一。建筑和城市规划的益处已经毋庸置疑，而"20城市计划"景观的价值在与"公共空间"相关的系统中体现得尤为明显。

具有创造竞争优势的能力。在一个越来越复杂和互相关联的国际背景下，城市和区域往往都是独一无二、不可复制的，它们能够为经济活动、住宿、娱乐、文化和社会关系提供某种竞争优势。在我们研究的多个城市中，一套良好的城市规划设计方案可以提高一个城市的竞争力。城市的吸引力不单单以其内在条件为基础，同时也取决于是否有能力就提出一个明智的未来规划达成共识。智能场所能够提出的城市计划，往往能使该城市在与其他城市和区域的合作及竞争的过程中创造自己的竞争优势，基础设施、大型设备和配套服务都包括在一个城市计划之内。我们在这本书的序言里提到过，我们的城市未来面临的最大挑战将是培养和吸引优秀高素质人才。从这个意义上讲，就业机会、结合互联性、教育基础设施、创新氛围、住所选择、生活质量、社会平等、治安、文化娱乐等城市空间的品质将会成为竞争力的核心因素，吸引和培训最优秀人才的城市往往会繁荣昌盛。21世纪经济的第一要素是居民，这在将来会对城市的形象和功能产生深刻影响。当地政府可以有效地促进其领域内的经济活动的开展，以提高企业竞争力，这指的是每个城市都可以制定具体的目标以获得产生竞争优势的关键因素。蒙特利尔的经验很耐人寻味，当地企业家在发展长期与本地企业对话的强有力的教育系统上发挥了重要作用。总之，这些智慧城市规划能够制定在新全球经济条件下切实可行的城市计划，使城市可以在各项活动上取得竞争优势。

智能场所
卓越城市提供了一个设计和针对目前面临的挑战提出环境解决方案的明智方法

致力于凝聚力与社会发展。在智能场所领域内，人们都为获取社会凝聚力和社会平衡而努力工作，也就是说要把所有居民都包括在内，反对不平等、反对把任何社会群体或个人排除在外等现象。智能场所在城市创新、环境质量改善、公共空间和城市形象方面做了大量努力，因为这些方面会影响到所有的社会阶层和城市群体。智能场所试图限制某些精英群体的"有意识的隔离"，以在此基础上建立一个更具包容性的社会。世界上不同城市的经验证明，公共空间可以成为城市社区社会中重要的参照标准之一，公共空间的质量及其使用水平是反映城市凝聚力和社会平等程度的重要指数。实现城市社会整合的大部分努力不能由政府部门来完成，因此市民社会的活力和担当对于实现社会平等是至关重要的。我们的研究带来了一个惊喜：我们证实了城市对于实现社会全体成员的平等所做的努力，对于提高城市竞争力和对经济活动的吸引力也有明显效果。智能场所还有利于归属感、加固本体性特征，而归属感可以提高在集体方案中的工作效能。最后，智能场所有效推动了城市的民主化进程，而积极参与的过程也成为反对排斥和促进社会发展的有效机制。

区域政府的凝聚结构。在最近的几十年里发生了重要变革：出现了新的政治和经济共同体、政府的职能进行了重组、区域和城市强势崛起成为全球经济的主角、城市区域化的现象进一步强化、地方组织的自治权引起当地政治和管理的分隔、最具综合性的区域则正在尝试去中心化的方案等。在这一背景下，政府的规模和区域的组织显得越来越复杂，分裂的危险十分明显，一个坚守不合时宜的政治和管理结构的区域政府将难以为继。在行政结构和政策与当地情况不匹配的情况下，政府和区域之间的矛盾也愈演愈烈，而智能场所则具有有效的政治管理框架和长期的跨机构合作协议，可用以设计和建设这些区域的未来。此外，它们也有能力创造相应机构来发展适合的设计以完成具体的目标，也就是说，它们能够建造出必要的所谓"社会建筑"，以保证为战略运作的发展效力。多伦多等城市最近启动了行政和政治改革进程，用民主而有效的方式重组其区域城市。还有必要指出，新科技为创造一个有效而英明的政府提供了可能，这样的政府意味着减少臃肿的官僚机构，为提高市民的参与度提供新的机会。世界上很多不同的城市都在应用数码科技，以改善对市民的服务，加强市民的身份认同感。

与环境的对话。智能场所总能找到城市外观设计和特定的背景环境之间联系的关键。在城市互相交织的全球范围内，许多城市在全球化经济中都找到了职能定位，并在此基础上确立了独一无二的城市外观。自古以来，新加坡是一个传统的港口、航空枢纽和金融中心，现在则为成为一个生物科技研究中心而蓄势待发；吉隆坡打算用"多媒体交互中心"工程来巩固在多媒体科技方面的优势地位；波士顿作为杰出的大学教育中心，准备好一项重要的创新型经济发展计划；迈阿密则是美国和拉美之间的桥梁等等。其次，在周围的城市系统中加入都市的某些核心元素，也会带来新的机遇，尤其是在有着悠久城市传统和丰富历史文化遗产的欧洲，在补充外观定义、增强联系、多中心区域的结构、超城市职能发展以及乡村和城市之间相互关联等方面都出现了新的契机。在欧洲，西班牙巴斯克地区以其"纳瓦拉区域治理"设计而有望成为一个新的标杆。此外，在大城市周围出现的城镇也为可能存在的关系提供了一个复杂而令人兴奋的领域，城市和城镇的组织将会成为21世纪城市规划面临的最严峻的挑战。城市的未来越来越取决于其定位与周边环境的关系，而智能场所可以根据周边环境条件来找出适宜的外观设计。传统城市规划需要在市区范围内安排各种城市活动，在此基础上要想确定城市外观则有一定难度。这不仅需要在不同的规模层面上以战略的眼光开展工作，还要求了解自身的优越条件和有关背景的独特性。

创新。在国际市场上获得成功的企业往往会在研发创新上付出很多努力。同样，城市和区域也可以通过研究和设计创新战略，即I+D+i，在未来取得更大的成功。智能场所多把赌注押在创新方面，强调城市规划要有创意、城市必须发掘其独特性和机遇，并具备总结自身经验和学习他人长处的能力。生活在一个充满各种迅速而深刻变革的时代，他们深知21世纪最大的危险是因缺乏创新能力而停滞不前。"20城市计划"的经验证实，创新是创造竞争优势的最有效方式：创新是从已经发明的东西中发明新的东西，从已知事物的定义和运作方式中找到新意，从对城市和区域已有的认知中找到进一步的升华。以下都是创新的绝佳范例：库里蒂巴的研究中心在城市"调查"中扮演了至关重要的角色；墨尔本"可持续的悉尼"的倡议，既为其竞选奥运会主办城市资格赢得了选票，又鼓舞了如今其城市区域内的整个城市发展战略；甚至我们在本书里提到的新加坡"纬壹科技城"，也是以建立创新点，以吸引来自世界各国富有创新精神的专业人才为天职。城市创新的关键在于人才，特别是是否拥有经过高水平培训的人群。当城市拥有重要教育基础设施，尤其是高级研究中心的时候，它就会在创新上占据优势地位。而那些还没有拥有成熟的教育基础设施的城市，则通过其优越的生活品质，宽容、创新的环境以及关于未来的美好构想，来吸引满怀憧憬的人才、熟练工人、企业和机构。

与城市网络的连接。在全球化的世界，"网络"和"流动"的概念相对传统的城市观念越来越有优势，甚至超过了对区域的传统观念。而最国际化、交互性最强的城市已经进入了全球化世界的大门，并步入了经济发展的快车道。从传统的意义讲，国家一直通过外交部和使馆垄断其在国际政治关系上的大权，而在未来，城市将在新的全球化社会中发挥越来越重要的作用，因此需要更加积极地寻找战略联盟。智能场所能编织城市网络所需要的链接并积极加入到使城市具有战略地位的网络中去，城市网络可以建立在文化共振、地理定位、规模大小、城市形象等方面互补的基础之上。总之，城市间的联系可以促进城市在政治、经济、社会、文化和理念上的交流。"20城市计划"的经验表明，环境相似但距离遥远的城市之间可以克服传统障碍建立起密切联系。城市与企业、大学、研究中心和个人一样，必须建立伙伴关系和战略联盟，以实现在全球化过程中的目标。一个没有未来规划的城市很难明确它所需要的关系，更不可能通过组建战略联盟在其需要改进的领域吸收创新

成果和经验。这些作为"智能场所"的城市或区域已经认识到，在全球化时代成功的关键之一在于通过合作与交流，从而使自己融入区域、国内和国际范围的运营网络之中。

"卓越集群"和城市形象

在"20城市计划"的项目中，首次在城市范畴内使用了"卓越集群"的概念。正如我们在上一节中提到的，这项研究的目的在于确定城市所具备的优秀禀赋，也就是说代表城市吸引力和显著成功水平的要素，特别是那些与城市物理和功能结构有关的要素。现在的城市和区域总是具有其独特之处，而这些独特之处又以特殊方式促成了城市的独特性和不同的城市形象。

这些优秀禀赋可以是住宅区、历史中心、新的经济活动园区、绿色环带、近海区域、城市公园、绿色通道、步行区计划、新的中心区、公共交通系统、机场、物流平台、社会住房项目、大学校园、专有设备、科学园区、反映城市形象的地标、道路设施、城市标志物、技术创新、独特的城市设计、环境可持续发展方案、体制机制创新，乃至无形却有效的社会架构等。

然而，在"20城市计划"的研究中最关键的是确定每个城市中的"卓越集群"，即一系列经过选择、相互关联的部分所组成的总体。"集群"这一概念最本质的部分在于其组成部分之间的相互联系，使得每个城市都形成了卓越独特、不可复制的城市风格。

在一些城市，优秀的禀赋已经成为现实，而在其他情况下，却仍停留在理念层面或需进一步发展。对于一些城市来说，未来的发展会提供不可错失的良机，使其有能力根据自己所在的背景环境形成一个"卓越集群"，从而产生自己的竞争优势。在关注"城市计划"项目时，"战略选择"的重要理念可以创造、扩大或重建一个城市的"卓越集群"。"战略选择"或关键项目的确定，是通过对优秀禀赋的研究进行的，特别是通过城市关键参与方的合作，让他们各抒己见，并通过一项我们称为"制度性参与"的渠道来表达对城市现状及其远景的见解。而为了找准这些关键项目，了解竞争环境下其他城市如何面对未来发展就显得至关重要。同样重要的是寻找机会与其他城市合作，可以互相提供一些有益的创新或优势互补。

正如这本书其他章节中提到的，要理解这种城市规划焦点的意义，需要考虑这个城市的现状。因为今天的城市和区域已经处在一种高度开放、竞争激烈的全球环境之中。现在，城市不仅需要关注它们眼前的竞争环境，而且是要提高其全球竞争力，这一概念不仅指经济方面，而且涉及更广泛的领域。这意味着城市必须根据其性质、特征和禀赋来形成自己的独特风格，成为同等层面上的一个全球化基准。这

人才是卓越城市的最重要资源

是城市规划中一种新的构思方法，不仅要"安置房子"，更要设计一个未来计划。该计划既要建立在城市强项的基础上，又要做到不仅仅是解决最明显的不足。因此，我们可以考虑本书中提及的各种理念和做法，同时考察它们的不同风格和共存的可能性，因为它们代表不同情况下的有益经验和概念。虽然这些经验和概念不能照抄，但却是可靠的参考和重要的材料。在全球化过程中获得成功的城市，一般具备发现自己的本体性、特质和长处的能力。同时，在一个复杂的、全球化的和相互关联的世界框架中，它们有能力创造和发挥相对周围环境的"竞争优势"。每个城市显然可以采取多种不同的方法来塑造未来，但是在现阶段，只有某些城市有能力创造出真正的竞争优势，这些办法被称为"关键项目"，并且它们一定是基于城市的长处和优秀禀赋的。

在对不同城市的研究之中，我们了解到，为了确认特别是设计这些独特的空间，我们必须用高度的敏锐性来认真观察、分析和理解城市。它们在每一种情况下都是独一无二的，并通过其优秀禀赋表现出来。只有这样，我们才能想象和创造出面向未来的一些关键项目，才能触发改造城市的灵感。这些项目通常产生在城市各项禀赋的交会点上，这些地方往往会萌发新的不可预测的动力和超越起点的可能性。

在一些城市，某些优秀禀赋是自发成长的；而在其他城市，如果我们要激发它，就需要付出类似科学家为取得一个特定的化学反应所做的努力。我们需要有一个适当的环境、有利的地点，一些比例正确的混合物、催化剂或活性剂，以及一些相关的诀窍等。智能场所指的就是那些有能力设计并建造他们自己的关键项目的地方。

鉴于城市有限的人力和财力资源以及地方政府的任期，关键项目和优先事项的确定是城市政策的基本要素。定义一个出色的城市项目的关键是严格确定城市的"卓越集群"，并在未来的"关键项目"方面达成一致意见。如是，这个城市计划就会成为一个明确的标准，以指导公共部门、私营部门和市民社会有组织的优先行动。

我们在研究"20城市计划"并运用"卓越集群"项目中所使用的方法有助于确认"关键项目"，因为它是"20城市计划"的基础。

迈向城市规划

21世纪初，我们生活的每一方面都在形成新的情势：新的信息和通信技术的开发使全球各个层面的互动能力飞速增长；国际市场的开放为走向全球化的企业带来新的行为规则；当今世界的政治结构，使得国际经济所产生的资源再分配问题难以得到公正而持续的解决，这反过来又加剧社会的不平等现象，扩大了国家、城市和

卡萨布兰卡的海滨道。现在的图景和对海边的设计，包括了梅迪纳（Medina）
数字城卓越集群和城市形象

Fundación Metrópoli

个人之间的鸿沟；全球的开放和国家之间日益增长的发展不平衡以引人注目的方式影响到移民潮，一些国家开始出现了严重的社会整合和社会治安问题；继2001年"9·11"恐怖袭击和2004年3月11日马德里的恐怖事件之后，人们的安全观念、国家的保护体系以及移民过滤制度等都发生了根本的改变，甚至个人自由和集体安全保证机制之间的平衡也在发生着变化。

所有这些变化也影响到城市及其管理方式。今天我们城市的居民身处一个全球化程度越来越高的环境中，这样的环境超越了地区界限。在我们的城市中诞生并发展的企业也需要在一个越来越大的市场中运行，它们不得不面临超出城市及其周围地区界限的竞争。在这种背景下，全球化已然成为城市组织和设计的基准，虽然这只是因为它们必须为居民和进驻的企业提供接待和相应服务。为求得生存，越来越多的公司需要全球化经营，而越来越多的市民也需要与城市范围以外的思想、信息、区域和人们进行互动交流。

在最近几年，有不少关于城市之间竞争的文章和讨论。经常有人指出，新经济中真正有效运作的经济单位并不是国家，而是城市和其区域环境。关键的问题是要考虑这种竞争的性质，我们需要问自己：竞争的主角是城市本身还是生活在城市之中的个人和企业？毫无疑问，由于信息的便捷、市场透明度的提高以及国际贸易壁垒的逐步消除，当今企业已不仅局限于当地竞争，而是在全球的范围内开展竞争。我们的论点是，从城市政策和城市规划出发，可以找到企业竞争力和城市生活质量明显差异的来源。

对于城市的政府部门来说，关键是要弄清楚市长以及城市或区域一级的政府班子是否可以做些什么来改善该地区的企业竞争力，抑或是这些地区之所以被视为有竞争力，仅仅是因为它们区域内有企业存在的缘故。"20城市计划"的研究表明，城市和区域确实能够为"某些"活动提供"真正的"竞争优势。历史上，所谓的比较优势是非常重要的，即有关地理、自然、气候等方面的对比条件。而在新经济中越来越占上风的，则是所谓人造的"竞争优势"，尤其是在城市中。城市和区域可以通过简化官僚机构、灵活高效的公共部门管理，与企业配套的教育设施、机场、物流、金融服务，有效调度、价格合理的可用土地以及高质量的公共场所等促进企业竞争力的提高。但是如果一个地区存在"经济集群"，或是具备能为特定企业的形成和发展提供服务设施时，这种促进就更为明显。城市需要具备一定的风格和生活方式，而如果定位明智，这将是一个创造附加值、吸引特定活动的有力工具。不论是对社会还是对个人来说，通过明智的决定空间，都有可能增加城市主导条件的价值。[23]

这一思考表明，相当一部分企业需要借助支持来提高其竞争力和吸引力，居民们也希望能达到较高水平的生活质量，而这些都与城市发展模式、结构和功能配置

西班牙拉里奥哈省阿罗（Halo）的酒庄建筑，以它的酒产品为城市贴上标签。它将结构和城市基础设施整合进创意经济中，促进了旅游业的发展

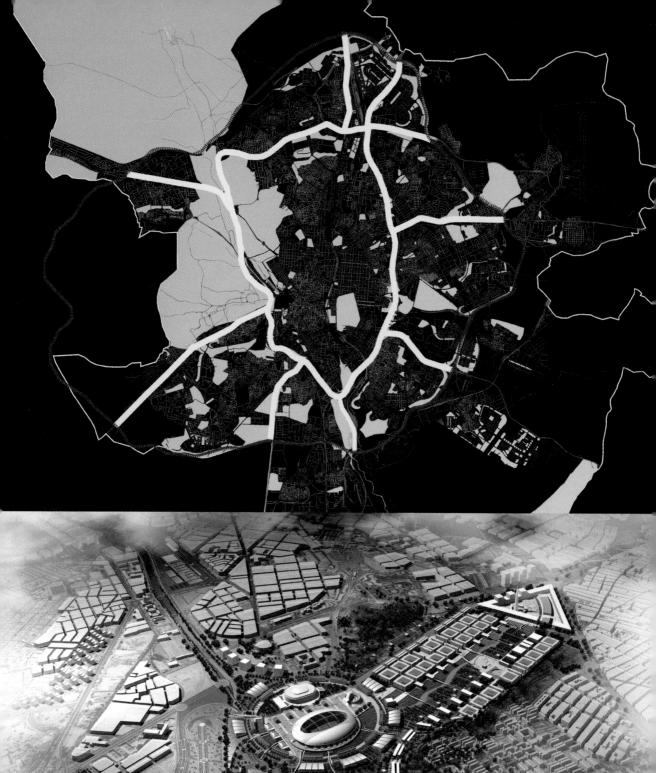

有着非常密切的关系，这些方面都是由地方政府进行管理的。归根结底，对于创造竞争优势和可持续的生活质量而言，城市政策是一个关键因素。地方政府最主要也是最困难的任务之一，就是引导城市基于自身的特点和禀赋朝向智能化的方向发展，并吸引不同主体的积极参与。我们在上一节中指出，地方政府由于任期往往较短，因此必须选择、确定好城市的关键设计方案并利用这些设计提高城市的竞争能力，同时为之提供必要的能量甚至憧憬和引导，以沿着智能化方向前进。这是在全球化阶段建立竞争优势和魅力的可行方法。为什么领导力显得如此重要？因为它是促使城市不同的组成部分以整合的方式开展行动的聚合剂。

几十年来，城市和地区的政府都是通过不够灵活的下属部门推举组成，后者很少有机会在相互关系和协同作用方面有所作为。特殊的机构对于智能场所设计项目的发展来说，显得越来越必要。因为这些联合设计项目几乎总是出现在汇合处，也就是被巴士快速交通之父贾米·勒讷精辟概括为"城市穴位"的地方。设计项目不能只在单一层面开展，而是有必要结合不同的城市和区域范围同时进行，以便产生交互影响。

21世纪一些最具创意和想象力的设计项目，如新加坡的纬壹科技城，正在通过裕廊（裕廊公司）整合城市设计、创新、大学、基础设施、生物技术、新技术、艺术、住房和休闲等多方面的努力来完善自己。其他的城市空间如住宅区、特定环境保护区、港口区等，可以通过常规步骤由不同主体进行开发。但能够强有力地推动城市改造的"关键设计项目"则是跨部门的，它们需要专门的智能化管理。21世纪的城市比以往任何时候都更以创新为基础，而创新又发生在不同学科的交叉点上，发生在哲学和不同理念的汇流点，发生在互动的物理空间里，发生在物理的和虚拟的节点上，发生在社会上最有创造力、最具包容性的人群经常光顾的地方。一个互动的地区，不仅是在形式上重新安排"公共空间"，更要把它作为日常生活中普遍关心的目标。

我们已经指出，我们的社会正面临着一个大变革的时代。如果在全球化阶段，城市被这些新的挑战边缘化，那么我们这些城市规划者和城市政策负责人也将不得不扮演一个被边缘化的角色。反之，如果我们能提供一个新的概念框架和新的工具，那么城市的作用将与城市规划和城市政策一起恢复，而我们也能在社会中发挥有益的甚至是重要的作用。在许多情况下，城市规划的传统工具都不足以满足今天城市的需求，我们的传统城市规划和运营有可能会因僵化腐朽的官僚作风而冒山穷水尽的风险。

在对发展"20城市计划"的许多世界不同城市的分析研究中，我们逐渐证明：除了城市的发展规模、经济水平和城市景观以外，还有一个基本区别，即"有计划的城市"和"无计划的城市"之别。智能场所是具有城市计划的区域，可以在经济

马德里三环公路设计：生态大道和智能城市体系。都市基金会

战略、凝聚力、社会发展、敏感性和环境保护之间找到平衡点。我们的论点是：智能场所，即具有我们前一章所提到的那些显著特点的城市和区域，是唯一能够在全球化时代游刃有余地应对可持续发展挑战的领地。我们可以结合不同城市的具体实际，以设计创新性城市设计为基础，借助强大的社会支持与经济发展的战略选择相一致，使城市实现可持续发展。我们应该从广阔的视野来理解可持续发展，除了环境的可持续性以外，还包括经济、社会和文化发展乃至人类及其日常利益的可持续性。卓越城市规划就是利用区域战略和参与性城市规划，以实现可持续发展和环境、社会、经济之间的智能平衡。

追求卓越和设计未来规划的能力并不是经济高度发达城市的专利，在发展的不同的研究阶段，都能达到一定程度的内聚力和平衡。我们可以向面临问题的城市，向那些传统上被排斥在成功和创新之外的城市传递的最好信息是：现在它们的时机已经到来，通过领导力、各方参与和对未来的智能规划，它们就能在很短时间内建立自己的竞争优势，并在一个日益开放、充满各种可能性的世界里达到目标。正如简·雅各布斯所说，种子内部孕育着它自身充满活力和繁荣的未来。

21世纪的城市规划有巨大的潜能。市政府预算本身对潜在的城市转型的影响十分有限。随着城市计划的进行，随着领导力和各方之间合作能力的增强，未来的可能性也在成倍增长。也许关键在于，地方和区域政府是否有远见和必要的信誉、是否有能力使私营部门和市民社会为发展目标和集体项目而工作。城市计划能使各种关系活跃起来，并使当地人力资本的价值得到体现。

从我们的角度来看，为了在知识社会中创造一个有吸引力的人居环境，我们需要重塑城市的政府，我们需要赋予城市以及周边区域更多的政治和经济权力，我们需要城市设计的新视野，还需要加强对城市的创造性领导。设想出新的公众参与形式，使当地的禀赋具有更高水平的敏感性，巩固归属感和认同感。这些都是从共同利益出发，了解集体项目和确定"20城市计划"的关键。

未来更成功的城市，将是那些在城市三部曲即经济竞争力、社会凝聚力和环境可持续能力之间实现平衡的城市。在以知识、创新和智力资本为基础的经济环境下，竞争力的因素并非纯粹的经济因素，同时也依赖于社会平等和环境质量。今后，大、中、小型城市都能够通过鲜明的定位和深入开展全球交往，获得自己的竞争优势。全球化的生活环境必须不断重塑，因为人们已经清醒地看到最有吸引力的城市和区域是那些能够对周围环境产生磁力和保证居民生活质量的城市和区域，是那些拥有令人憧憬的、可共享的未来设计的城市和区域，而不是那些躺在比较优越的初始条件上故步自封的城市和区域。

（"20城市计划"，原文是：Proyecto CITIES，致力于将5大洲的20个城市作为重点城市规划研究对象，其中包括波士顿、费城、迈阿密、多伦多、迪拜、利雅得、巴斯克、新加坡、蒙特利尔、麦德林、卡萨布兰卡、香港、上海、智利圣地亚哥、蒙得维的亚、库里蒂巴、悉尼、梅多克、都柏林、圣多明戈等城市。基本目的是确定各参与城市的创新和竞争优势，"卓越集群"主要提出它们应具有吸引力，应该成为经济、社会和环境方面杰出成就的城市典范。应该特别提及的是那些城市的物理形态及城市结构对其他城市和区域的影响——译者注）

注释和书目提要

第1章　现代城市规划溯源

1. 正如多纳泰拉·卡拉比（Donatella Calabi）在其知名段落里所述："城市病的诊断与治疗是20世纪英国城市规划的教学方法与基本制度。"出版于罗马，1979年。

2. 勒·柯布西耶（Le Corbusier），《走向新建筑》（1923），在第三版序言中，称之为"温度"，西班牙语版，波赛冬出版社，1964年布宜诺斯艾利斯。

3. "都市是一个我们描述甚多却知之甚少的系统"，约翰·迪克曼（John W.Dyckman）在其"城市中心与规划"一文中写道，该文引自《城市结构研究》，古斯塔沃·希利（Gustavo Gili）出版社，1964年巴塞罗那，第205页。这结论在如今看来显得十分必要，但当我们想这样说的时候，请记得：早在上一个世纪，研究现代城市的经典著作就已经得出了这样的认识。将古斯塔沃·希利（Gustavo Gili）选集收入其中的LUB的编著即如此，这是20世纪70年代IEAL翻译的文本之一，也可能是最知名的"城市"，联合出版社，1967年马德里，由《科学美国人》于1965年出版。

4. 见维托里奥·格雷高蒂（Vittorio Gregotti），《建筑区域》，古斯塔沃·希利出版社，1972年巴塞罗那，第184页。"城市规划是某种可以找到有效解决方案的共识或者同感吗？"布鲁诺·加夫列利（Bruno Gabrielli）这样说："在明确的方针指导下，一个计划应该定义出价值观支持的联系。这种行动的有效性，不在于它对并不存在的'客观性'有很大的期望，而是在于特定价值采用时候具有某种关联性。这类价值的形成应该是对严格审慎性质努力追求的结果……"《卡莎萨韦利亚》（Casabella），第550期，第15页。

5. 许多历史学家有调查现代城市计划的先例。在《向被控制的城市》中，安德烈·科尔博兹（Andrè Corboz）表示，在"1700~1992年的欧洲，旧秩序专政解体"，埃莱克塔（Electa）出版社，1990年米兰。分析在法国的例子之中，人们与城市的关系是如何调整的。如果是在1700年左右，干预一个城市的发展意味着美化它。相反，在1800年间，这将意味着要保护它，使它免于某些已知的危险，同时还要让它变得实用，建设基础设施。在对历史的逻辑的编排中，柯伯斯说："演出变成了分析，庆祝变成了行动，仪式变成了知识"。

6. 亚米纽斯主义（Arminus）的形象体现了其所在的时代特征。伯爵夫人阿德莱达·多恩-波林斯基（Adelaida Dohn-Polinski）在1874年写了一篇针砭城市弊端的散文。城市中，住所严重短缺。而大众住宅的首要问题，是一个需要动用所有可能工具的根本解决方法：财政改革、不动产政策、住宅推动活动和城市规划。

7. 是花园城市的先例，也许与风景画家劳登（J. C. Loudon）在1826年的草图尤为相似，尽管随后霍华德模型的影响使它们成为了对比因素。因此，在德国城市学家的某些模型里，出现了嵌入中心城市的公园体系——埃伯施塔特（Eberstadt）、沃尔夫（Wolf）还有施蒂本为1910年柏林城市规划所做出的模型。

然而生物的类比却更像是对都市增长的反映，而对城市和自然之间的互动的寻找并无太大影响。

8. 见佛朗哥·曼库索（Franco Mancuso），《分区的经验》，古斯塔沃·希利（Gustavo Gili）出版社，1980年巴塞罗那。几乎从一开始起，德国就有两种不同的城市规划方案：扩展城市方案和重组城市方案，联合街道整顿计划和街道扩宽计划。这些计划被认为是部门的发展计划。而建筑的施工则依照方案进行。

9. 由乔治·皮奇纳托（Giorgio Piccinato）在《建设城市计划·德国1871—1914》中发展，T研究院所，1993年巴塞罗那。从早期德国城市规划学家的功能视角看，控制计划的概念将会通过城市分区和建筑条例起到城市经济控制工具的作用。在德国，城市规划自始至终被认为是公共权益和私有权益之间的冲突。在"什么是城市的自然增长"这一点上，有各种不同的声音。从1924年开始，城市管理应用于普通住宅的发展，不动产的控制也增加了，尤其是在城市改革家领导改造过程的时候。

10. 约瑟夫·赫尔曼·施蒂本（Joseph Hermann Stubben）在1890年于德国达姆斯塔特（Damstadt）发表了《都市计划（Der Stadtebau）》。这一广为传播的作品表现了一个连贯的学说，在现在被我们称作"城市规划"。作为城市规划设计师，他的活动十分广泛：为科洛尼亚（Colonia）、海德堡（Heidelberg）、威斯巴登（Wiesbaden）、柏林（Berlín）多个城市都做了规划……他在罗马或者马德里也参与了城市建设的咨询工作。

11. 正如我们将见到的，卡米洛·西特（Camillo Sitte）在1889年用他的《艺术准则下的城市建设》进行反对，随后勒·柯布西耶（Le Corbusier）则反对西特。他不同寻常的多彩设计似乎在对"向驴子设计的城市致敬"。

12. 雷蒙·昂温（Raimond Unwin），《城市规划的实践，城市和街区规划的艺术简介》，古斯塔沃·希利（Gustavo Gili）出版社，1986年巴塞罗那（1909年第一版）。

13. 赫尔曼·穆特修斯（Hermann Muthesius）1904年撰写的书引起了英国家庭的兴趣。在领导德国工业联盟之前，他致力于推动德国社会住宅的发展。其作品《英国之家》就是在英国长期逗留、担任公职期间所写。

14. 昂温的手册里清楚地表现出，他对经济事务、行政管理都兴趣缺失。在手册里，昂温的观点和西特十分相近，并反复引用了他的观点。手册的主要讨论内容是使城市和街区变得适宜居住的方法。

15. 关于欧洲城市规划的起源、理想、发展和现状的研究，大不列颠为突出代表。曼塞尔（Mansell）的三部曲理论很有趣，1980年伦敦，《现代城市规划的兴起1800—1914》，由萨克利夫（Sutcliffe）主持，《塑造城市化世界：在21世纪进行规划》，由彻丽（G.Cherry）负责，以及《保存规划：一个国际化视野》，由卡因（R.Kain）领导。保罗·西卡（Paulo Sica）的城市化历史的手册在我们看来仍有特殊价值，《城市规划历史——19世纪（两册）以及20世纪》，IEAL，1982年马德里。

16. 弗朗索娃丝·肖艾（Francoise Choay）在《规则和模型，关于城市结构的理论》，塞伊（Seuil）出版社，1980年巴黎。法比安·埃斯塔佩（Fabian Estape）负责重新编辑《城市化发展、巴塞罗那的改革和扩建原则应用概论》的第三册（1867年），1971年财政研究所。表明在广泛的协作区域内，伊尔德方索·塞尔（Ildefonso Cerda）所确立的19世纪城市化准则的完全独创性和优先性很晚才得到确认，就算在巴塞罗那也是如此。在第三册里，埃斯塔佩完成了他的《伊尔德方索·塞尔的作品和人生》，在2001年由半岛出版社（Peninsula）重新编辑。

17. 参见米格尔·科罗米纳斯·阿尤拉（Miguel Corominas Ayula）的作品，《巴塞罗那的扩建根源。土地，技术和倡议》，UPC出版社，2002年巴塞罗那。作品中阐明了扩建区的物质建设方面，证实模型一开始就具有灵活性，领土嵌入——用科罗米纳斯的话来说。在说明的目录里《塞尔达，城市和领土。对未来的见解》，埃莱克塔（Electa）出版社，扩建的主要文件都被高质量地复制出来。

18. 欧仁·埃纳尔（Eugène Hénard），《关于巴黎变化的研究》，1909年，多纳泰拉·卡拉比（Donatella Calabi）和福林（Folin.M）"欧仁·埃纳尔（Eugène Hénard）（1943—1923），《城市设计的起源，大都市的建设》，马尔西里奥（Marsilio）出版社，1972年威尼斯（Venezia）。

19. 如果实在要指责塞尔达点什么的话，大海一定会被忽略掉。

20. 参见萨尔瓦多·鲁埃达（Salvador Rueda）的文章"城市模型：基本指标"，杂志《华登斯》第225期，2000年。也可以参见索拉·莫拉莱斯（Sola Morales）的手册《亲爱的里昂，为什么是22乘以22？》（《二重建筑学》第24期，1978年）中对于扩建区的独特解释。

21. 埃斯塔佩有意截取了弗洛雷斯塔（Floresta）教授的证据。1959年，从城市扩建的百年纪念上："这一工程……我们认识的很少；这种对待，说不上好也不算坏，而是纯粹的塞尔达的生活。"塞尔达在其一生中忍受了世人不解所带来的巨大痛苦，当他过世时，他处于尴尬的经济环境之中。

22. 法比安·埃斯塔佩（Fabian Estape），2001年版，第261页。

23. 参见卡尔·休斯克（Carl Schorske），《世纪末的维也纳》，古斯塔沃·希利（Gustavo Gili）出版社，1981年巴塞罗那。书中有一个章节是献给奥托·瓦格纳。斯特凡·茨威格（Stefan Zweig）认为，维也纳在世界文化中是否有某种含义将表明一种更高端文化存在的可能性。我们处于可行化新的理性建设的大环境的中心。参见阿伦·雅尼克（Allen Janik）、图尔明（S.Toulmin），《维特根施泰因（Wittgenstein）的维也纳》，金牛出版社，1983年马德里。这是一个一切处于高速运行状态之中的过渡时代："在那个时代中，没有人知道我们向什么方向行进，也没有人知道什么在上、什么在下，什么是前进、什么是倒退。"罗伯特·穆西尔（Robert Musil）在《没有个性的人》中写道。

24. 奥托·瓦格纳（Otto Wagner），《我们时代的建筑》，速写出版社，1993年马德里，第113页。

25. 马歇尔·贝尔曼（Marshall Berman），《一切坚固的东西都将化为烟云——现代化体验》，21世纪出版社，1988年马德里。贝尔曼突出了现代性和现代化之间的矛盾。

26. 参见斯图尔特·蔡平（Stuart Chapin），《城市土地的利用规划》，T研究所，经典出版社，1977年巴塞罗那。

27. 梅嫩德斯·雷克萨奇（Menendez Rexach），ITU国际电讯联盟当时的主管，在目录的演示文稿里写道：（摘自《西班牙的10年城市化建设，1979-1989》W_AA, MOPU城市公共城市工程部-ITU国际电讯联盟-IUAV威尼斯建筑大学，1989年马德里，第5页）"西班牙从来没有过一个对城市规划文化如此重要的贡献……"。西班牙城市在20世纪80年代发展的范围之广，令如英国、法国和意大利这样的发展相对迟缓的国家为之震惊。

28. "不动财产是难以移动、性质各异的，不容易比较和评定，而其报价也与性质相关"，保罗·克拉瓦尔（Paul Claval）在他的《城市的逻辑》中写道，1985年巴黎，第121页。

29. 弗里德里希·奥古斯特·冯·哈耶克（Friedrich August von Hayek），《农奴之路》，联合出版社，1995年马德里，1944年"农奴之路"英文版。

30. 参见1966年知名哲学家加达默尔（H.G.Gadamer）文章的深刻反思，《议未来的规划》，选自《真相和方法（二）》，跟着我出版社，1992年马德里。尽管我们总是面对某种难以具体化的不可能性，而且这种对不确切、难触及的现实的认识并不能维持建立的秩序。"思考—规划"就是"思考—合理化"，需要一种批判性的态度，而这其中又包含了对改善现实的强烈渴望。

第2章　美丽的城市

1. 卡米洛·西特（Camillo Sitte），《艺术准则下的城市建设》，古斯塔沃·希利，巴塞罗那，1980年，第257页。西特的第一版西班牙语书籍是由建筑师埃米利奥·卡诺萨（Emilio Canosa）在1926年付印的。1980年古斯塔沃的版本是前者的再版，但有"卡米洛·西特和现代城市规划的诞生"这篇完美的文章作为序言。而且是由哥伦比亚大学教授克里斯蒂亚娜（C. Christiane）和乔治·R.科林斯（George R.Collins）在1964年重新编辑。

2. 参见西格里德·吉迪翁（Sigfried Giedion），《空间、时间和建筑——新传统的发展》，多萨（Dossat），1978年马德里。

3. 施蒂本赞同西特书中的观点，而西特也欣赏施蒂本的手册。除了他们的差别以外，就像科林斯等在文章中说的那样——这两位同时代的城市学家有些非常重要的共通之处。例如，施蒂本赞扬西特（Sitte）对"漩涡中的广场"的维护之词。这个矩形广场在四个角上分别有四条街道，彼此各不相交。在广场中，不仅能感受到认知潜力，还能观察到交通组织的条件。但对西特来说，广场的交通情况倒丝毫不能引起他的兴趣。他同时也很看重埃纳尔（Henard）所设计的广场。

4. 布林克曼（A.E.Brinkman），《地点和纪念碑》，恩斯特·瓦斯慕斯，1923年柏林。

5. 黑格曼（W.Hegemann）、皮茨（E.Peets），《美国的维特鲁威（Vitruvius）：建筑师的城市艺术手册》，普林斯顿建筑出版社，1988年纽约；第一版1922年；还有一个西班牙语精美包装版，名为《城市艺术》，由建筑师之家于1993年编辑出版。

6. 布斯（Buls）的书《基础美学》40页有余，1893年在布鲁塞尔出版，比西特的书晚4年。很快这本书就重新编辑并译成多国语言。我们因此而认为布斯是西特的追随者，他们有许多相同的想法，这也就意味着这些想法存在于当时的时代氛围之中。布斯作品颇丰，在他所在时代的城市化发展辩论中提出自己的观点。他的书已经在1899年被译作英文，而西特的书尽管很出名，却直到1945年才在纽约有了译本。英国皇家建筑师协会RIBA（Royal Institute of British Architects）在1904年对西特的书作了一个很好的评价，但在英国国内他的书并没有得到明确的认同。布斯的中心议题是国内建筑的变革，城市设计图的方式以及纪念碑的维护保存。布斯不像西特那样，以公共空间为中心。布斯的最重要成就，是布鲁塞尔历史中心广场的重建工作。他的工作以其关心的议题为主导，不仅仅是关注广场本身。然而，这两位人物之间有很根本的平行现象。在现存地点的研究上，布斯向西特看齐，并时时以后者为参照和学习对象。1902年，布斯学习了西特作品的法语第一版，继而进行盛情宣传。参见马塞尔·斯梅茨（Marcel Smets），"查尔斯·布斯——城市艺术的原则"，皮埃尔·马尔达伽（Mardaga），列日市（Liège），1995年。

7. 昂温的《实践中的镇区规划》，1911年伦敦，是最广为流传、影响深远的城市规划手册之一。他从1909年尊称西特（Sitte）为城市中心设计的大师。雷蒙德·昂温，《城市规划的实践：设计城市和街区艺术的简介》，古斯塔沃·希利（Gustavo Gili），1986年巴塞罗那。

8. 相比之下被遗忘的人物，德国工业联盟（Deutche Werkbund）的第一任主席，斯图加特和慕尼黑的教授。在他的课程和研究中帮助下，涌现了陶特（B. Taut）、保罗·博纳茨（Paul Bonatz）、迈（E. May）、奥德（J.J.P.Oud）、门德尔松（E. Mendelson）和温弗里德（Winfried Nerdingen）——《特奥多尔·菲舍尔（Theodor Fischer）——建筑师和城市规划学家》，埃莱克塔（Electa），1990年米兰。

9. 参见拉斯穆森（S.E.Rasmussen），《城镇和建筑》，大学出版社，1951年利物浦；戈登·洛吉（Gordon Logie），《城市场景》，费伯（Faber）出版社，1954年伦敦；保罗·楚尔尔，《城镇和广场：从集会广场到公共绿地》，哥伦比亚大学出版社，1959年纽约。

10. 弗雷德里克·劳·奥姆斯特德（Frederick Law Olmsted，1822—1902年），是美国公立公园这一创造性传统的开创者。在他1870年发表的《社会科学学报》的"公立公园和城镇扩张"一文中，他清楚地表明了他对城市公园所持观点，以及对城市自由空间（如公园、广场和道路）的系统性联结的看法。温托尔德·雷布琴斯基（Wintold Rybczynski），《一个遥远的澄清：19世纪的弗雷德里克·劳·奥姆斯特德和美国》，斯基伯纳出版社，1999年纽约。

11. 选载于德卡尔（J.des Cars）和皮农（P.Pinon），展览"巴黎-奥斯曼大街（Paris-Haussmann）"目录，阿赛纳尔（Arsenal）展示馆，1991年巴黎。

12. 吉恩·查尔斯·阿道夫·阿尔方（Jean Charles Adolphe Alphand，1817—1891）在其著作之一中记录了他的经历，《巴黎漫步》，两卷，巴黎，1867~1873，随后出版了《花园艺术》，巴黎，1868年。植物系统由2个时时修剪的森林，3个公园，4个花园，19个"广场"和无数的市集以及林荫道、大道上种植的树林以及几个真正的花圃组成。总共创造和改造了1934hm²

的绿色空间，栽种了约100000树木，其建设过程得到了严格规划，考虑到了每一个细节。让"每个巴黎人都有一个花园"的理想，让现在的我们得以游览看到美丽安适的巴黎。有时候，城市公园的建造会使以前的荒地变成一个新的自然环境。巴黎比特·肖蒙（Buttes Chaumont）公园就是这样的例子。公园的构思出现在1863年，建设场地曾是采石场，而后又被用作垃圾场。如果要谈到重新利用土地、建设材料、功能和形式系统，那么拉维莱特（La Villette）现代工业园无疑是一个必须提到的典型。这个令人称羡的公园也建设于废地之上。

13. 中央公园于1857年动土，占地328hm²，仅在1856年就耗资800万美元，而在1863年占地面积又增加了65英亩，进一步抬高了它的身价。总面积约达354hm²，中央公园位于第五大道和第八大道之间，以及58街和110街之间。在美国的城市中只存在为数不多的花园空间，几个绿化的广场和部分公共用地。在这个移民国家中，这些是城市规划的珍贵遗产。城市公园的前身是乡村墓园，一些散布在城市郊区的园地。第一个"风景墓地"是奥伯恩山公墓（Mount Auburn Cemetery）。于1831年由物理学家、哈佛科学教授雅各布·比奇洛（Jacob Bigelow）设计，该墓建在波士顿城郊的山岭上。

14. "城市公园系统"这个构思来自奥姆斯特德（Olmsted）的助手——查尔斯·艾略特（Charles Eliot），因为他十分关注城市自然环境的保护，尤其是当时存在的大量公有空间。公共公园的城市系统与波士顿城市环境的自然储备相联系。参见洛杉矶历史学家牛顿（N.T.Newton），《土地上的设计史》，哈佛大学出版社，1971年。

15. 这很快得到认可。伟大的法国庭院设计家福雷斯捷（Forestier）在1906年出版了《公园系统中的大城市》，巴黎，阿谢特（Hachette et cie）图书馆。把公园系统的想法来源归结于波士顿市，并且恰巧在伯纳姆的计划之前谈到了芝加哥公园的建设任务。

16. 参见威廉斯·威尔逊（William H.Wilson），《城市美化运动》，美国霍普金斯大学（John Hopkins）出版社，1989年巴尔的摩。

17. 卡伦（Cullen）很快找到了一个新的视角来考量城市空间的工程。他是《建筑评论》的编辑，在1944年出版了《外墙装饰还是洒落瑰奇——城市景观塑造的艺术》，在该书中他首先强调了城市空间的概念。参见戈登·卡伦（Gordon Cullen），《城市景观：城市规划美学》，布卢姆（Blume），1976年巴塞罗那。

18. 凯文·林奇（Kevin Lynch）《城市意象》，伊甫尼托出版社，1974年布宜诺斯艾利斯。第一个英语版本由麻省理工学院出版社在1960年出版。林奇还著有《城市的良好形态》，古斯塔沃·希利（Gustavo Gili）出版社，1989年巴塞罗那；与哈克（G. Hack）合著《平面规划》（修订版），麻省理工学院出版社，1984年（之前的《平面规划》西班牙语版本，古斯塔沃·希利（Gustavo Gili）出版社）

19. 亚历山大和其他人合著，《物主的语言：城市、建筑和建设》，古斯塔沃·希利（Gustavo Gili）出版社，1982年巴塞罗那（1977）。还有其他的许多议题在与切尔马耶夫（Chermayeff）合著的书里有所涉及，《社区和隐私》，新视野出版社，1963年布宜诺斯艾利斯。

20. 查尔斯·詹克斯（Charles Jenks）在他影响巨大的《后现代建筑语言》（学院出版社，1977年伦敦）中绘制了建筑学的谱系树，其中一个分支被特别命名为城市规划，融入了背景主义。后现代主义以历史主义为主要特征之一，而背景主义的想法则能召集那些对城市计划感兴趣的反功能主义者们。它们有的被称作形态学家。但我们通常把形态主义同分析视角相结合。

21. 参见科林·罗（Collin Rowe）和弗雷德·克特尔（Fred Koetter），《拼贴城市》，古斯塔沃·希利（Gustavo Gili）出版社，1981年巴塞罗那。

22. 参见胡安·路易斯·德拉斯果瓦斯（Juan Luis de las Rivas）《作为地区的空间》，巴利亚多利德大学（Valladolid）出版社，1992年。

23. 与布鲁塞尔建筑学院相反的是，库洛特（Culot）和克里尔兄弟（the Krier brothers）发展了一种新的观点，他们关于现代建筑的文章，对整个20世纪80年代和90年代初建筑行业的有识之士都有着决定性的影响，尤其是那些法国和比利致力于保护人类遗产的学者们。参见汇集作品《合理的建筑——欧洲城市的复建》——《舆论报》，1978年布鲁塞尔。这一新的城市理论对于学者们来说是必要的，特别是在由巴尔西利亚（Barsilia）等人的城市计划提出、造成分裂之后。

24. 罗布·克里尔（Rob Krier），《城市空间——理论和实践》，古斯塔沃·希利（Gustavo Gili）出版社，1976年巴塞罗那。

25. 1992年3月在伦敦皇家艺术学院展开了一场有趣的学术论战"阿卡迪亚（Arcadia）的建筑"，参见《建筑设计》，第103期，1993年，第576页。其中莱昂·克立尔（Leon Krier）与一群热衷于乡村住宅工程的建筑师辩论，从庄园的经典案例说到了英国的乡村建筑，而其出发点是第三期"规划政策指导"，联系《欧洲城市环境绿皮书》，争议内容在于可持续的城市设计。威尔士王子为表示对建筑复建的支持，在1992年创办了一家建筑机构。正是在这样的背景之下，几个新城市主义的建筑师开始变得知名。

26. 安东尼·维德勒（Anthony Vidler），"第三类型学"，《反对党》期刊第七期，1976年。1982年，译文出现在《关于建筑的种类概念》，第二届建筑结构讲座，马德里高等建筑学院。

27. 道格拉斯·凯尔博（Douglas Kelbaugh），《步行邻里PP（Pedestrian Pocket）》，普林斯顿出版社，1989年；这是一个建筑研讨会的总结出版物，该研讨会吸引了许多学生参与。

28. 参见安德列斯·杜安尼（Andres Duany），普莱特—塞伯克（Plater-Zyberk）和斯佩克（J.Speck）《郊区国家——美国梦的陨落和无计划城市扩张的兴起》，北点书局（North Point Press），2000年纽约。这本书以新都市主义的信结尾。

29. 《建筑》杂志在2000年3月份，把安德列斯·杜安尼（Andres Duany）称作福音书传播者，这一期杂志是以谈论建筑师的影响力为主题。

30. 彼得·卡兹（Peter Katz）的书对此作了一个很好的总结，《新都市主义：迈向社区建筑之路》，麦格劳·希尔（McGraw Hill）出版社，1994年纽约。书中，重要建筑评论家文森特·斯库利（Vicente Scully）撰写了一篇很有趣的结语《社区建筑》，他强调，所建设的建筑属于郊区，而社区思想是主导思潮。斯库利认为，城市社区分散的关键因素是汽车的应用。这些住宅区对投资者有着很大吸引力，但是——可以在为穷人们建设社区的过程中盈利吗？时代向我们证明，新都市主义的思想在不同的社会和城市背景之中都颇具吸引力。新都市主义之所以有这样的重要性，并不是因为它有多么新奇。实际上，这一主义使用的论据都是已有的，但组合起来，却有了不同的结论。

31. 参见再版的《以旧换新的城市发展》，约翰·诺伦（John Nolen）在1927年出版的著名作品，副标题是"在一些美国小镇邻里中的城市修葺成就"，劳特利奇（Routledge）出版社，1998年纽约。伟大的城市设计师诺伦坚持认为，领导整个城市计划的应该是共同利益的维护，而不是对装饰的一味追求，而这需要跨学科的协调工作。罗杰斯（M.F.Rogers Jr）的著作《约翰·诺论和马里蒙特村（Mariemont）——在俄亥俄州建一个新城镇》，美国霍普金斯大学（John Hopkins）出版社，2001年巴尔的摩；作品中细致地分析了诺伦的建筑作品之一，这件作品也可以称得上是新都市主义的直接先导。

32. 参见克拉伦斯·斯坦（Clarence Stein）和亨利·赖特（Henry Wright）合著的《建立美国的新城镇》，麻省理工学院出版社，1973年坎布里奇市（第一版1957年）。

33. 我们在这儿特别指出两部城市设计方面的景观建筑经典之作：加勒特·埃克博（Garrett Eckbo）《生活景观》（Landscape for Living），《建筑实录》杂志，1950年纽约；以及劳伦斯·哈尔普林（Lawrence Halprin）的《人类环境中的创造过程——RSVP环》，乔治·布莱兹勒出版社，1970年纽约。对于北美的城市来说，《风景园林》的重要性和影响力是明显的。

34. 近几年实现的努力是非比寻常的，集中的代表是巴塞罗那的景观双年展，其成果是显著的：《再造景观》和《叛逆花园》——建筑师系列中的6号和11号作品，建筑师基金会总部，1999年和2002年，巴塞罗那。

35. 我们坚持认为，景观建筑的传统是根深蒂固的。例子请参见弗雷德（Wrede）和亚当斯（Adams），《去自然化见解：21世纪的景观和文化》，现代艺术博物馆（MOMA），1988年纽约；或者沃克（P.Walker）和西莫（M.Simo）的《看不见的花园：在美国景观中追求后现代主义》，麻省理工学院出版社，1994年坎布里奇市。关于景观和城市设计之间的创造性冲突，参见穆赫辛·穆斯塔法维（Mohsen Mostafavi）和纳吉尔（C.Najle），《景观都市主义——人造景观手册》，建筑协会，2003年伦敦；参与其中的西班牙建筑师有伊那奇·阿瓦洛斯（Inaki Abalos），赫雷罗斯（J.Herreros）和亚历杭德罗·赛拉-波洛（Alejandro Zaera-Polo）。

第3章 20世纪城市的乌托邦

1. 参见刘易斯·芒福德（Lewis Mumford）《历史上的城市》（上下册），伊非尼托（Infinito）出版社，1979年布宜诺斯艾利斯。

2. 1994年蓬皮杜中心（Centro Pompidou）组织的《城市》展览向我们展现了一个欧洲城市文化全景。这一全景从艺术到建筑，颇具价值。同时，值得探究的还有《现实和未来——城市中的建筑》，国际建筑师协会（Union International des Architectes）大会的总目录，1996年巴塞罗那。关于乌托邦的最好作品仍是曼努埃尔夫妇（Manuel）《乌托邦思想》，共分3册，托罗斯（Taurus）出版社，1984年马德里。

3. 已经有人做过这方面的研究，尤其是弗朗索娃丝·肖艾（Francoise Choay），《现代城市——19世纪的规划》，乔治·布莱兹勒出版社，1969年纽约；以及罗伯特·菲什曼（Robert Fishman）《21世纪的城市乌托邦——埃比尼泽·霍华德（Ebenezer Howard）、弗兰克·劳埃德（Frank Lloyd）和勒·柯布西耶（Le Corbusier）》，基础出版社（Basic Books），1977纽约。

4. 缺少的是构成一个虚无缥缈的乌托邦的思想，这些思想在最近的建筑方面的工作和建设性思考中显得很模糊，与"……欧洲城市规划中想象力的匮乏，尽可能准确地定义和构建新事物的能力，对于所面临的未来思想之接受程度、适应能力和记录能力，最终会反对这些思想，而不是产生这些思想"的叙述相反。马尼亚戈·兰普尼亚尼（Magnago Lampugnani）、维托里奥（Vittorio），《缺失的乌托邦——以一段重要历史为架构》，《卡萨韦利亚》（Casabella）建筑杂志，487-488，1983年。

5. 彼得·霍尔对霍华德的无政府思想表示肯定，格迪斯（Geddes）和芒福德（Mumford）认为："这些无政府主义先驱的见解并不只是一种可选的方式，而是一个备选的社会，既不是资本主义的也不是官僚社会主义的：是一个建立在男性女性之间自愿合作基础上的社会，他们使用政府的车辆，生活并居住在较小的社区里。"节选自《明天的社会》，赛尔博出版社，1996年巴塞罗那。

6. 参见科林·罗（Colin Rowe）和弗雷德·克特尔特（Fred Koetter），《拼贴城市》，古斯塔沃·希利（Gustavo Gili）出版社，1981年巴塞罗那；以及科林·罗（Colin Rowe），《乌托邦的建筑》，选自《矫饰风格（Manierismo）和现代建筑》，古斯塔沃·希利（Gustavo Gili）出版社，1981年巴塞罗那。

7. 参见戴维·亨利（David Henry），《希望空间》，加利福尼亚大学出版社，2003年马德里。

8. 埃比尼泽·霍华德（Ebenezer Howard），《明天：通往社会改革的和平之路》，1898年伦敦，和《花园城市》，1902年伦敦（《明天的花园城市》，选自艾莫尼诺（Aymonino），《现代城市的起源和发展》，古斯塔沃·希利（Gustavo Gili）出版社，1971年巴塞罗那）。

9. 工业化都市是大都市的最终阶段，是社会弹升的地点，就像杜米埃（Daumier）和多尔（Dore）的画作所展示的那样，也是人才培养的集中之地。同时，在都市里有着熙熙攘攘的集市，集中了人们的已经丢失的期望和幻想，就像萨尔莱、狄更斯、巴尔扎克等人的作品中常出现的一样，仍然是与现实相连的。

10. 对于他所设想的城市草图，埃比尼泽·霍华德首先给出的名字是社会城市，继而更名为花园城市。参见贝利（Bayley），《花园城市》，阿迪尔出版社，1982年马德里；多里奥（Doglio），《花园城市》，甘杰米出版社（Gangemi），1983年罗马（1953）。

11. 对于集聚式城市模型——Vitruvio的理想城市特征，却从未

和乡村联系起来过。到那时为止，乡村和城市仍是两个对立的概念。然而霍华德却指出了一个他所在时代的著名先例——景观设计师约翰·克劳迪厄斯·劳登（John Claudius Loudon），《花园杂志》的编辑，在1829年为伦敦提出了一个集聚型模型，这加快了"绿色环带"想法的形成。而这一模型也被认为是对都市现实状况的适应性调整，产生了一整个绿色地带的系统。

12. 参见W.AA.《阿图罗·索里亚和他时代的欧洲城市规划，1894—1994》，文化基金会出版社，1966年；以及阿隆索·佩雷拉（Alonso Pereira），《马德里线形城市》，建筑师基金会总部，1998年巴塞罗那。

13. 亨利·乔治（Henry George）发展了唯一税款的原则，《进步和贫穷》，1879年——从生产者为城市、乡村的土地所有人谋利益的事实出发，其增值不间断地增加，这引起学者的思考，同时也使得人民大众变得更加贫困。他认为，地租逐渐转变为捐税的形式。索里亚在西班牙宣传乔治的思想，而霍华德和赖特对这些理论也十分忠诚。

14. 勒·柯布西耶（Le Corbusier），《未来城市》，伊非尼托出版社，1962年布宜诺斯艾利斯；《走向新建筑》，1964年布宜诺斯艾利斯；《怎样理解城市规划》，伊非尼托出版社，1967年布宜诺斯艾利斯；《三种人类建设》，米纽伊特（Minuit）出版社，1959年巴黎。

15. 勒·柯布西耶（Le Corbusier），在《城市规划原则》，阿列尔（Ariel）出版社，1971年巴塞罗那。

16. 在《辐射城（La Ville Radieuse）》中勒·柯布西耶（Le Corbusier）谈道："我曾经建设出一种没有阶层的城市，这个城市的人们生活充实，既忙于工作又有闲暇时间。"

17. 阿兰·科洪（Alan Colquhoun）在《重大工程的策略》——参见《现代性和经典传统》，胡卡尔（Jucar），1991年马德里——中巧妙地表现了他的建筑工作中的永久矛盾：勒·柯布西耶伟大建筑的部分在他设计的城市中是不可能实现的，因为需要先前存在的城市的复杂结构。

18. 弗兰克·劳埃德·赖特（Frank Lloyd Wright），《建筑事业》，1928年。

19. 赖特曾说："在美洲的丛林当中，正在兴起一个新的希腊……希腊曾经是自由的。在希腊，每个公民都觉得自己是国家的重要一分子……"，亨利·戴维·梭罗（Henry David Thoreau），美洲复兴的中心人物，毅然放弃了在波士顿的安静生活，而选择了在瓦尔登湖湖畔定居；1854年，他出版了《瓦尔登湖》一书（又译作《湖滨散记》），这是在探索与自然和谐生活的第一部实用生态学作品，发展了一个独特的自我观念，能够反映和阐释在湖边的自然生活。在1849年，他曾写过《论公民的不服从权利》，这本著作拒绝接受权利的逻辑，而被托尔斯泰、甘地奉为经典。像赖特一样，梭罗崇拜东方的神秘主义，认为回归自然是振奋精神的前提，希望重新找到乡村生活的纯真，以及重新建立日常生活的神话。

20. 在这个背景之下，詹姆斯·多尔蒂（James Dougherty）的文章显得精彩绝伦：《广宙城市：一个新的社区规划》，《百年述评》，第三期，1983年夏，239-256页。

21. 参见唐纳德·莱斯利·约翰松（Donald Leslie Johnson），《弗兰克·劳埃德·赖特vs美国——20世纪30年代》，麻省理工学院出版社，1990年坎布里奇市。赖特的重要论点是："没有公众需求的私有归属权，没有地主或佃户，没有'租房'。没有供给家庭的生存所需，没有交通问题，没有铁路。没有川流不息的车辆，没有交叉路口，没有电线杆也没有电缆。没有前灯，没有灯具。没有突出的水泥人行道或者街道，只在少数几个园子里有高楼，没有贫民窟也没有社会渣滓。没有主流层级也没有边缘人群。"

22. 以瑞士医生、哲学家和炼金术士帕拉塞尔苏斯（Paracelso，1493—1541）的引文开始，找寻人类和自然终极秘密的人。赖特（Wright），《生活的城市》，艾瑞迪（Einaudi）出版社，1991年托里诺（英文版1958年）。建筑在社会中的角色是主要的——也许就像炼金术——从一个永恒的概念来说："建筑正在开始，一直在开始。它既不是被希腊人，也不是被罗马人创造出来的。它甚至不是出现于乔治安时代（Georgian period）。建筑是需要随着时间、生活、机会和生长的变化，一直更新。"

23. 参见《情境》，巴塞罗那当代艺术博物馆（MACBA），1996年，和《漂移理论和其他关于城市的情境学说》，巴塞罗那当代艺术博物馆（MACBA），ACTAR出版社，1996年巴塞罗那。

24. 后现代主义理论家鲍德里亚（Jean Baudrillard），博堡（Beaubourg）地区，在《文化和模仿》，凯诺士（Kairos）出版社，1978年巴塞罗那。

25. 迈克尔·索金（Michael Sorkin），《相约迪士尼》，摘自《主题公园的变化——美国新城市和公共空间的终结》艺术，希尔和王（Hill and Wang）出版社，1992年纽约。

26. 参见大卫·哈维（David Harvey）的《希望的空间》。哈维引用了马林（Marin）的有趣作品《乌托邦学：空间的游戏》，麦克米兰（Macmilan）出版社，1984年伦敦。空间秩序有道德含义，并且表达了乌托邦代表的规律。他也明确地褒扬了列菲伏尔（Lefebvre）的《空间的制作》。

27. 迈克·戴维斯（Mike Davis），《石英城市：发掘洛杉矶的未来》，温提基出版社，1992年洛杉矶。

第4章 功能性城市

1. 最近编辑了一个内容全面而有趣的文件，称作《新雅典宪章》，是由欧盟规划师协会（ECTP）创建的。之所以这样命名，是因为这个文件中所追求的系统性和深远性与"雅典宪章"所代表的时代相近，尽管这个名字与机能主义的假定方向无关。

2. 我们并没有提及宣言的每一个引注，我们也研究过乌尔里希·康拉兹（Ulrich Conrads），《20世纪建筑的宣言和计划》，鲁门出版社（Lumen），1973年巴塞罗那。

3. 参见雷纳·班纳姆（Reyner Banham），《机器时代的建筑理论和设计》，新视野出版社，1971年布宜诺斯艾利斯（1960年第一版）；希尔珀特（Hilpert），《功能城市》，IEAL，马德里1983年。

4. 在胡贝特-让·亨克特（Hubert-Jan Henket）和希尔德·海嫩（Hilde Heynen），《从乌托邦归来——现代运动的挑战》，010出版社，2002年鹿特丹，可能会通过许多不同的声音找到对"功能主义建筑"和其特色更为宽广、批判性和真实的视野。

5. 勒·柯布西耶（Le Corbusier），《走向新建筑》，波赛冬出版社，1964年布宜诺斯艾利斯（1923）。

6. 参见UR杂志第八期，1989年，《Comelis Van Esteren de cerca》。

7. 勒·柯布西耶（Le Corbusier），《城市规划原则》，阿列尔（Ariel）出版社，1971年巴塞罗那。

8. 在1981年，哲学家哈贝马斯（Jürgen Habermas）在柏林宣传"现代和后现代建筑"会议，参见《东方》杂志第42期，1984年。他在其中强调了现代运动的努力和独特性，尽管规划不只限于设计问题："另一个迹象是，在城市栖息地里，系统的关系是以逐渐增长的方式进行干涉进入，也没有一种具体的方式，这是'新建筑'最有野心之一的计划的失败。直到现在，都尚未能够在城市内，融合社区住宅和工厂。城市聚集的增加速度超过了人们持有的旧城市概念中的预期。然而，这并不代表了现代建筑或者任何一种其他建筑的失败。"

9. 《雅典宪章》是国际现代建筑协会（CIAM）第四次会议通过的文件。该次会议于1933年在雅典举行，更确切地说，是在一艘邮轮上进行的。该《宪章》是在当时协会的主持人勒·柯布西耶（Le Corbusier）直接参加下用法语写成的，1943年被巴黎普隆（Plon）出版社出版，名为《CIAM的城市化分析——雅典宪章》；1953年被午夜出版社重新编辑出版。我们接下来要涉及到勒·柯布西耶（Le Corbusier）的《城市化的若干准则》的西班牙语版本，阿列尔（Ariel）出版社，1989年巴塞罗那。这部作品是勒·柯布西耶（Le Corbusier）最为人所知的一部，在1949年贝加莫城举办的国际现代建筑协会第七次会议中被普遍接受，尽管毫无疑问书中所阐述的是一名著名建筑家的观点。

10. 1940年12月28日，塞特（Sert）收到一封来自刘易斯·芒福德（Lewis Mumford）的信，信中说："我认为城市的四种职能并不能包括城市化的所有层面：住房，工作，自由支配时间和交通都是很重要的。但是，政治职能、教育职能和文化职能，这些与城市计划的全球进程相关的职能在建筑体系中扮演着重要的角色，它们又是怎样的呢？"参见J.M.罗维拉的《何塞·路易斯·塞特在1901—1983》，埃莱克塔（Electa）出版社，2000年米兰，第105页。尽管问题集中在城市需要什么，对还原论的控诉却从一开始就有。

11. 二战之后，国际现代建筑协会的成员们试图恢复活动。1951在霍兹登（Hoddesdon）举行国际现代建筑协会第八次会议，主题是关于城市中心区，1953年在普罗旺斯地区艾克斯举行国际现代建筑协会第九次会议，1956年在杜布罗夫尼克举行国际现代建筑协会第十次会议，主题是人类生息环境。参见W.AA的《城市中心》，赫普利（Hoepli）出版社，1955年巴塞罗那。在第十次会议即最后一次举办的会议中，一些较为年轻的建筑家提出了批评建议。在第九次会议中史密森和凡·艾克夫妇公开批评了4项职能，提出身份认证和认知不同点的必要性这样的话题。这样形成了"第十队"。赫尔曼·赫茨伯格（Herman Hertzberger）提出了建筑的转变，"建设城市基础设施的持久要素"。斯堪的纳维亚半岛的建筑家们如今在新的

305

"人类规模"下工作，这种实践让位于占主导地位的挪威经验主义。

12. 勒·柯布西耶（Le Corbusier）在那些年里发展了他城市规划的思想。1943年完成了他的《访谈录》；1944年出版了《3种人类机构》；1946年出版了《城市规划的思维方式》，这是他在前几年里写的，编辑《宪章》是他在这几年里最重要的工作。

13. 参见马瑟斯·戈洛维茨（Matheus Gorovitz）的《巴西利亚，一个规模的问题》，设计出版社，1985年圣保罗。

14. 在勒·柯布西耶（Le Corbusier）编著的《雅典宪章》法语版出版时的同一年，何塞·路易斯·塞特出版了书名意味深长的《让我们的城市幸存？——城市问题基础、分析和解决方案》，哈佛大学出版社，1942年坎布里奇市。在这本书中他重新阐释了国际现代建筑协会第四次会议的材料，《宪章》的起源和1937年在布鲁塞尔举办的第五次会议中有关住房和消遣的问题的材料。塞特是国际现代建筑协会的副会长。除了包含了同样出自雅典会议的被他称为《城市规划宪章》之外，还运用了出自33份城市分析的多种材料，揭示了会议者的担心和在国际现代建筑协会中聚焦城市问题的领先思想方式，这些明显与永远的传道者勒·柯布西耶传递的观点和焦躁不同。该书于1983年被综合出版社译成加泰罗尼亚语。

15. 安德烈·柯尔博兹（Andrè Corboz），《超级城市》（L'ipercitta），摘自《任意秩序。关于方法、城市和空间的论述》（Ordine sparsa. Saggi sull'arte, il metodo, la citta e il territorio），弗朗哥·安杰利（Franco Angeli）出版社，1998年米兰。

16. 参见雅克·赫尔佐格（Jacques Herzog）的文章，《无学说的恐惧：冷漠的城市》，国家报，巴贝利亚版，2003年12月13日。赫尔佐格，著名的建筑师，在一个暗条中提出了双塔楼——一个被恐怖主义摧毁的城市标志——未被怀疑过的弱点，冷漠当作了防御的战略。因为我们暗地里感叹美国大城市的繁荣，并在事实上模仿它们的城市规划。举一个例子：西班牙城堡和皇家马德里体育之城的四个塔的延伸，恰好同时北美城市设计者重建他们城市时会回到市中心向欧洲眺望。

17. 这种质量是我们应当意识到的。参见维托里奥·马尼亚戈·兰普尼亚尼（Vittorio Magnago Lampugnani）的"标准城市"，国家报"巴贝利亚版"，2000年12月30日。

第5章　新城市的对应之策

1. 约翰·诺伦（John Nolen, 1868—1937）是美国景观规划方面的先驱，于1926年当选为国家城市计划会议的主席，作过美国27个新城市的规划；《新条件下的新社会》，一旦启动现代化和限制大城市面积的即适用。在《旧城换新城》（1927年，参见劳特利奇/托曼斯出版社，纽约，1998年）中提到："新人口的规划，建筑和景观的新形式和新工程应当更加紧密的统一，因此存在着使新城市的理想得到和谐表现的机会。"

2. 我们的依据是一篇经典且辨明的文章，该文章在英国新城镇建设的起始阶段发挥了作用。威廉·阿什沃思（William Ashworth），《英国现代城镇计划的起源》，劳特利奇与基根出版社，1954年伦敦。

3. 埃比尼泽·霍华德，珀德姆（C.B. Purdom），奥斯本（F.J.Osborn），塔洛尔（W.G.Talor）等。

4. 托马斯·亚当斯（Thomas Adams），《城市和城市规划概要》（1935年），劳特利奇/托曼斯（Routledge/Thoemmes）出版社，1998年纽约。亚当斯坚持政治领导力与政府标准和行动一致在达成城市规划目标中的重要性，这些目标常常会屈服于一些不确定因素。

5. 《皇家委员会关于工业人口安排的报告》（H.M.S.O，1940年），该委员会成立于1937年，由安德森·蒙塔古一巴洛（Anderson Montague-Barlow）先生主持事宜。

6. 参见彼得·霍尔（Peter Hall）的《城市与区域规划》，劳特利奇（Routledge）出版社，1994年伦敦，[第一版于1972年出版]。自巴洛的报告和1941～1947年间一系列专家报告刊发起，一个新的英国规划体系逐渐建立了起来：1945年《工业分配法令》；1946年《新城镇法令》；1947年《重要城镇和乡村的规划法案》，由政府根据英国现代城市规划体系的基本法律基础通过，并与城市计划和有责任心的地方政府发动的按情况补偿行动相联系，比如，在新城镇的案例中，买土地的价格是土地的原始价格，没有补偿权；1949年《国家保护区和乡间路途》；1952年专为新城镇制定的《城镇发展》。

7. 参见帕特里克·阿伯克隆比（Patrick Abercrombie）的《城镇和乡村规划》，牛津大学出版社，1959年（1933年第一版）。

8. 在该主题中值得一提的是弗雷德里克·奥斯本（Frederick Osborn）和阿诺德·惠蒂克（Arnold Whittick）的著作《新城镇：大都市的答复》，莱昂纳多·霍尔（Leonard Hall）出版社，1965年伦敦。

9. 参见克拉伦斯·佩里（Clarence E. Perry）的《邻近单元：家庭生活社区管理方案》，纽约区域计划，1929年。

10. 一些综合性研究：戈拉尼（G. Golany）《新城市的规划》，黎默萨出版社（Limursa），1985年墨西哥；欧文·加朗蒂（Erwin Y.Galanty）《新城市：由古至今》，1977年古斯塔沃·希利；克劳德·沙利纳（Claude Charline）《世界上的新城市》，Tau研究所，1988年巴塞罗那。

11. 弗雷德里克·吉伯德（Frederick Gibberd），《城市中心的设计——布景艺术和造型艺术》，现代出版社，1961年布宜诺斯艾利斯（1959年第一版，伦敦）。

12. 在一些书中，文化得到明确体现，如《房屋设计说明》，G.L.C.研究，建筑出版社，1978年（《城市设计》，布卢姆出版社（Blume），1985年马德里）。

13. 参见克拉伦斯·斯坦（Clarence Stein）和亨利·赖特（Henry Wright）的《迈向美洲新城镇》，MIT出版社，1973年坎布里奇市，1957年第一版。

14. 参见科林·布坎南（Colin Buchanan）的《城市的道路交通》，tecnos，1973年马德里。他的前辈是特里普（H.A.Tripp），一位伦敦警察局经验丰富的长官，他在1942年出版了《城市规划和道路交通》，该书首次阐述了空间观念。

15. 有一些作品知名度不高，但讨论城市规划实践的细节时却是必不可少的：库斯·博斯马（Koos Bosma）和赫尔马·赫林加（Helma Hellinga）《掌握城市——1900—2000欧洲城市规划》，NAI 和EFL出版社，1997年鹿特丹；库恩·范·德·瓦尔（Coen Van Der Wal）《对常识的赞颂——普化设计》，010出版社，1997年鹿特丹，费尔南德斯·加利亚诺（Fernandez Galiano）及其合作者，《现代化幻觉》，鹿特丹（Rotterdam）出版社，1989年马德里；《英雄事迹与寻常岁月——20世纪50年代的芬兰建筑》，建筑博物馆，1994年。

16. 斯文·马克柳斯（Sven G. Markelius, 1889—1972]，在1944~1954年之间领导斯德哥尔摩规划办公室。他是阿斯普隆德（Asplund）的学生，也是阿尔托（Aalto）的朋友。

17. 在选拔后，1953年由阿尔内·埃尔维（Aarne Ervi）设计。在塔皮奥拉（Taplola）的发展中，中心人物是海尼凯·冯赫尔岑（Heikei Von Hertzen），他是"七城"计划的主导，组织了建筑公司。而正是他的动机、能力以及投入的精力提供了所需资金，团结了工作意志。黑基·冯赫尔岑用这样一段话来描述他的目的："如果没有一处好的住宅，家庭福利就是空话。如果没有一个完善的城市计划，也就不会有好的住宅。而完善的城市计划又是以一个周密的地区规划为前提的。要实现一个周密的地区规划，则需要一个城市化的国家规划。"参见黑基·冯赫尔岑（H.Von Hertzen）和施普赖雷根（P.D.Spreiregen），《皮奥罗拉——芬兰的新式城市花园、建筑和新城镇》，麻省理工学院出版社，1971年坎布里奇市。

18. 彼得·霍尔（Peter Hall），节选自《明天的城市》，赛尔博出版社，1996年巴塞罗那。参见358-361页。

19. 地区行动和领土的筹划委员会（管理代表团）。

20. 城市区域的研究和培养组织。

21. 在1967年，发展了立法核心组织，在其城市规划法令之外，允许进行法国的领土筹划：不动产委员会和城市领土委员会通过的法律，以及其他的融资措施。在1970年，建立了新城市的中心群体。

22. 在乡村环境中，对新城市的建立反应极为迅速。这些举措被认作是耗资过大的大型不动产交易。公共行政机构抵挡住了争论的压力，勇敢地坚持了自己的初衷。

23. 和巴黎一起的还有：里尔（Lille）—鲁贝（Roubaix）—图尔宽市（Tourcoing），南锡（Nancy）—梅斯（Metz）—斯特拉斯堡（Strasbourg），里昂（Lyon）—圣艾蒂安（Saint Etienne），马尔塞亚（Marsella），图卢兹（Toulouse）；波尔多（Burdeos）和南特（Nantes）。

24. 在塞尔希奥·布拉科（Sergio Bracco）的《新城市的都市系统》，Tau研究所，1988年巴塞罗那，第9页。参见皮埃尔·梅兰（Pierre Merlin），《法国的新式城市》，法国大学出版社，1991年巴黎。

25. 参见《伊夫林省（Yvelines）的圣康坦（Saint-Quentin）城——一个新城市的历史》，骅讯出版社，1993年。

26. 参见《阿西佩尔城——共享领土》（Territoires partages. L'archipel metropolitain），阿塞纳尔（Arsenal）展示馆,2002年巴黎。

27. 有着13亿人口，中国在最近几年中以9%的增长率保持着经济的上升。一些观察家指出，按照这样的速度，中国经济将在2010年赶上日本的水平。然而中国政府面临着工业上大规模衰退的问题，而社会的开放又是无法避免的。在多方的不满情绪前，中国共产党稳定的政治控制遭到了不小的质疑。

28. 孙天和刘群，《上海的"一城九镇"计划》，《时代建筑》，2001年上海，由大都市基金会（Fundación Metrópoli）翻译。参与计划的还有澳大利亚、法国、德国、英国、荷兰、意大利、俄国、斯堪的纳维亚和西班牙多个国家。

29. 大都市基金会（Fundación Metrópoli）2001年6月份的综述文件，《一城九镇——线形经济城》。

30. 威廉·怀特（William Whyte），《最终的风景》，伊非尼托出版社，1972年布宜诺斯艾利斯（1968年），285页。

第 6 章　城市规划和公众参与

1. 亨利·列斐伏尔（Henri Lefebvre），《城市革命》，联合出版社，1970年马德里，17页。

2. 亨利·列斐伏尔（Henri Lefebvre），《城市革命》，联合出版社，1970年马德里，27页。列斐伏尔也确切指出，"……理论上来说，自然离我们远去了，然而自然的特征和现象在不断增加，从而取代了真正的大自然。"第33页。

3. 威廉·鲁特曼（William Ruttmann）精彩的电影剪辑《柏林——一座城市的交响乐》，1927，记录了在城市中心一天的行程，将从另一方面完善文章中的视角，也能够向我们展示这个伟大城市中的感觉苏醒。

4. 莫顿（Morton）和露西娅·怀特（Lucia White），《智力vs城市——从托马斯·杰佛逊（Thomas Jefferson）到赖特（Wright）》，伊非尼托出版社，1967年布宜诺斯艾利斯。

5. 罗伯特·埃兹拉·帕克（Robert Ezra Park）的《城市和其他城市生态的尝试》存在一个最近的西班牙语版本，赛尔博出版社，1999年巴塞罗那。在贝廷（Bettin）的《城市的社会学家》（古斯塔沃·希利（Gustavo Gili）出版社，1982年巴塞罗那）一书中，我们找到了一份对20世纪城市社会学的主要规划的宝贵总结。亦可参见何塞·路易斯·莱萨马（José Luis Lezama）的《社会、空间和城市理论》，墨西哥大学出版社，1993年。

6. 路易斯·沃思（Louis Wirth）在《美国社会学杂志》第44期上发表了"作为一种生活方式的都市主义"，1938年。

7. 简·雅各布斯（Jane Jacobs），《美国大城市的死与生》，兰登书屋（Random House），1961年纽约—西班牙版，半岛出版社（Peninsula），1973年马德里。

8. "……恢复艺术和哲学所贡献的作品意义；使时间优于空间，但时刻记得时间是铭刻在空间之上的，在控制以外还要保证将其占为己有"。亨利·列斐伏尔（Henri Lefebvre），《城市的权力》，半岛出版社（Peninsula），1969年马德里，第156页。

9. 大卫·哈维（David Harvey），《城市规划和社会不平等现象》，21世纪出版社，1977年马德里。曼努埃尔·卡斯泰利斯（Manuel Castells）在《城市阶级和权力》，麦克米兰（McMillan）出版社，1978年伦敦，章节名称为"城市规划的社会功能"；也可以参见卡斯泰利斯和戈达德（Godard）的《垄断城市，新事业，新科学，新城市》（Monopolville, l'enterprise, l'Etat, l'Urban），慕顿出版社，1974年巴黎。曼努埃尔·卡斯泰利斯（Manuel Castells），《城市问题》，21世纪出版社，1985年马德里。

10. 参见让·雷米（Jean Remy）和利利亚纳·瓦耶（Liliane Voyé）撰写的《城市：迈向一个新的定义》（La Ville: vers une nouvelle definition），哈马顿出版社（L'Harmattan），1992年巴黎。

11. 克里斯托弗·亚历山大（Christopher Alexander）在他的《建筑模式语言》（古斯塔沃·希利（Gustavo Gili）出版社，1982年巴塞罗那）中指出了如今与可持续性城市规划相关的工作。这些建筑模式中反映的思想和建议，是出自一种百科全书式的文化和一种对系统化、合理化的不懈追求。

12. 保罗·维瓦里奥（Paul Virilio），《赛维世界——最糟糕的政策》，卡特德拉出版社（Catedra），1997年马德里。

13. 参见道格拉斯（Douglas），迈克（Mike）和弗里德曼（Friedmann），《为居民设计的城市——全球化时代里公民社会的兴起和城市规划》，约翰·威利父子（John Wiley and Sons）出版社，1998年奇切斯特（Chichester），第3页。参见约翰·弗里德曼（John Friedmann），《城市的前景》，明尼苏达大学出版社，2002年明尼阿波利斯市。

14. 简·雅各布斯（Jane Jacobs），《帝国时代——城市和后殖民主义》，劳特利奇（Routledge）出版社，1996年伦敦。

15. 参见爱德华·索亚（Edward Soja）的著作，《第三空间——去往洛杉矶和其他"真实—臆想"城市的旅行》，布莱克威尔（Blackwell）出版社，1996年牛津；迈克·戴维斯（Mike Davis），《石英城市：发掘洛杉矶的未来》，温格基出版社，1992年洛杉矶；以及《食人城：论洛杉矶和对自然的毁灭》，城市修正计划——公共领域的目前工程，当代艺术博物馆，1994年洛杉矶。

16. 利奥妮·桑德科克（Leonie Sandercock），《现代主义城市规划的消亡》，收录于道格拉斯（Douglas），迈克（Mike）和弗里德曼（Friedmann）的作品，约翰·威利父子（John Wiley and Sons）出版社。

17. 吉洛·多尔弗莱斯（Gillo Dorfles），"寻找空间（Alla ricerca dell'identita spaziale）"，在美国城市地理学家戈特曼（Gottmann）和穆斯卡拉（Muscara）的《城市未来风险》（La citta prossima ventura），拉泰尔扎（Laterza）出版社，1991年罗马。

18. 一些学者认为，欧洲城市在两个极点之间摇摆——一个是城邦，即巩固而稳定的城市；一个是城邑，即居民的城市。城邦里主要居住的是资产阶级，尤其是积极推动经济增长的人们；而城邑里面居住的，多是勇于捍卫社会平等的人。很明显，城市社会的发展牵涉到了不同的人群。有时候，引领经济的人和勤于耕作的人所经历的生活与政界人士的完全不同。这些都是城市的居民，是古罗马的开放复杂城市的产物。但是，那些居住在城市里面的人就是城市居民吗？这个关于当代城市居民资格的问题，从来没有一个简单的答案，而是一个关系到主导城市方向的先锋的概念。参见马克西莫·卡恰尼（Máximo Caccian），《Aut Civitos aut polis?》，《卡萨韦利亚》（Casabella），第526期，1987年；以及社会学家达伦多夫（R. Dahrendorf）的《现代社会冲突》，蒙达多里（Mondadori）出版社，1991年巴塞罗那。

19. 礼俗社会（Gemeinschaft）——由滕尼斯（Ferdinand Tonnies）提出的社区的概念，清楚地表明了与协会概念的差别——法理社会（Gesellschaft）。社区是以私人关系为基础的，就像家庭一样，其存在的原理存在于其本身。然而，为了达到某些特定的目的，协会是理性地组织起来的。两种机构同时并存，相互混杂。

20. 1989年，在绿色政党（环境部门）的要求之下，法兰克福市开放了多文化事务的市区办公室AMKA。这类经验表示，在种族暴力的威胁之下，德国为社会一体化作出了不懈的努力。在实用主义和共同意愿的推动下，在城市中出现了促进外国人口一体化的服务，服务对象是各种移民，既面向新移民，也不把旧移民排除在外。这些移民的流动往往是因为工作和教育需要。有些并不打算留下，没有任何问题；有些则是为了"变成德国人"而入境，需要确认"融合"、"同化"、"移民"的概念。

21. 参见汤姆·兰金（Tom Rankin）和特鲁迪·斯塔克（Trudy W. Stack），《改变美国的本地英雄》，杜克大学纪录片研究中心，诺顿（Norton）公司，2000年纽约。由于其在城市设计上的优秀成绩，"艺术与人文镇"在2001年获得了堪比普立茨克（Prizker）建筑奖的鲁迪·布鲁纳（Rudy Bruner）奖。这并不是唯一的例子。在建筑领域，塞缪尔·莫克贝（Samuel Mockbee）和其作坊里学徒的作品无疑是罕见的。他们为南美的穷人们设计、建设了住房。他们的建筑设计尤为正派：参见奥本海默（Oppenheimer）和蒂姆·赫斯利（Tim Hursley）的《乡村设计室》，普林斯顿建筑出版社，2002年纽约。

22. 参见约翰·伊格（John Eger），《创意社区——糅合艺术、文化、商业和社区》，智能社区的加利福尼亚理工学院，2003年圣迭戈。

23. 保罗·佩鲁利（Paulo Perulli），《阿特拉斯城——大城市的社会变革》，联合大学，1995年马德里；第116页。

24. 理查德·弗洛里达（Richard Florida），《创意阶级的兴起及其对工作、休闲、社区和日常生活的变革》，基础出版社（Basic Books），2002年纽约。

25. 这一话题由理查德·塞内特（Richard Sennet）在其《无序的应用——个人身份和城市生活》中深入探析，科诺普夫（Knopff）出版社，1970年纽约。《城市生活和个人身份》，半岛出版社（Peninsula），1975年。

26. 参见亨利·列斐伏尔（Henri Lefebvre），《空间的产生》，人类（Anthropos）出版社，1974年巴黎。今天，这一作品真实反映了现实，而许多人也从这本书中得到了启示。列斐伏尔试图在城市规划上建立起一种新的理性，就好像是长期培养中的多方面规则一样。只有这样，我们才能诠释领土现象。

27. 关于这一话题，可以参考苏珊娜·莫尔斯（Suzanne Morse）的作品《智能社区》，约翰·威利父子（John Wiley and Sons）出版社，2004年旧金山。这一本书有一个意味深长的副标题："城市居民和当地领袖是如何利用战略性思想来建设一个更加明亮的未来"。

第 7 章　城市中心的复兴

1. 查尔斯·穆尔（Charles Moore），《你需要为城市生活付出代价》，在1965年的《观点》杂志。收录在《查尔斯·穆尔论文选编》，麻省理工大学出版社，2001年坎布里奇市。

2. 冈布里奇（Gombrich）提到了"毁灭的记忆"，与过去的对话似乎是在回应一系列的赔偿法规：变革越快，依附感就越强。他还证实，"……正是立法的过程证明了公共观点的重要贡献，在最近的几百年间，在一步步地扩大纪念性建筑物的概念时，整个建筑遗产也被涵盖其中，其中包括了我们的街道和家族广场，即使在当时并没有承载任何的历史含义。"参见冈布里奇（Ernst H. Gombrich），《为什么要保存旧建筑？》，《建筑》杂志第二期，1989年，第131页。

3. 弗朗索娃丝·肖艾（Francoise Choay），《城市遗产的创建》（L'invention du patrimoine urbain），选自其书《遗产的寓言》（L'allegorie du patrimoine），塞伊（Seuil）出版社，1992年巴黎。

4. 肖艾（Choay），第148页。

5. 在1913年出现了《老城区和新住房》（Vecchie citta ed edilizia nuova）一文，古斯塔沃·焦万诺尼（Gustavo Giovannoni）在1931年的书中把这个标题作为书名的名字保留下来，由CLUP出版社重新编辑，1995年米兰。焦万诺尼（Giovannoni）把地区级别的调整计划与领土的计划相联系，他知道现存城市包括旧城区在内的所有部分应该被一体化。

6. 在它的先例身上我们可以看出1931年《英国古迹保护条例》的重要性，这一条例包括了对保护古老纪念碑周围环境的要求；在意大利，1939年的《自然遗产保护法》包括"……保护了构造复杂的建筑物（不动产），因为这些古迹具有很高的整体价值，更拥有审美和传统价值"。1958年的《捷克历史建筑法律》中，真正地引进了"保护部门"，来存留纪念性建筑物、具体划定保护区域的边界。

7. 法国法令提出了"备份部门"的定义，这些部门可以划定要保护的区域，对每个地区都提出了一个"保护和巩固的长期计划"，相当于城市规划计划。法令规定了专业性职务，每个部门都有一个领导的建筑师，来协调计划所牵涉到的不同部门间的竞争，同时也负责了融资和严重社会问题的保护条例制定。以上提到的是执行计划，其意图是在具体可及的范畴内集中资金和精力。这个计划也试图满足佃户和居民的要求，解决城市设施的保养问题，这其中包括了地面上的住宅、商用建筑和手工场所。

8. 自从1967年的市政福利设施法（the Civic Amenities Act）在大不列颠颁布以来，具有建筑或历史价值的区域可以申报为保护区域。随后，《城乡规划法》（Town and Country Planning Act）包含了这一概念，同时也提出了试验行动区（action areas）的概念。要了解历史中心保存的逻辑发展，可以参考罗杰·卡因（Roger Kain）的《规划保护——一个国际化视野》，曼塞尔（Mansell）出版社，1980年伦敦。

9. 《威尼斯宪章》，1964年所形成的复建逻辑之发起人，把历史建筑群定义为"那些成组的建筑物构成了一个由同质性和建筑、审美单位集合的群体。在其本身体现了历史、建筑和艺术价值。"1972年的《修复宪章》，是由当时的意大利公共教育部发布的，他这样评论艺术作品："……它们与这些非常相近，为了实现维护和修缮，具有历史价值或者环境价值的纪念建筑群，尤其是那些历史中心；那些艺术收藏和保存着其传统布置的装饰品；那些被认为具有特殊重要性的花园和园林"。从1970年开始，古比奥（Gubbio）的一系列大会批判性地提出了这一议题。参见恰尔蒂尼（F. Ciardini）和法利尼（P. Falini），《历史中心》，GG出版社，1978年巴塞罗那。

10. 为其工作特性所迫，考古建筑师们开始研究城市地图制法，以便能提供一个对过去的新视角。一些工作，如兰恰尼（Lanciani）的《塞蒂穆斯地图》（Forma Urbis Romae），在1893～1901年制成，强有力地影响了穆拉托里（Muratori）等建筑师。参见拉斯塞尼亚（Rassegna）杂志第55期，《建筑师的建筑学》，第1993年。

11. 维加拉·戈麦斯（Vegara Gomez），《构想中的城市规划：建筑学校的协同作用》比斯卡亚法律委员会，1986年。在解释城市现象时，生物学和语义学的解释是经常用到的，它们为如今看起来类似的一系列概念贡献颇多。然而，是法国的地理学者首先把"形态学"这个术语应用到对城市的研究上来，明确地考虑了形态的问题。

12. 参见多纳泰拉·卡拉比（Donatella Calabi），《巴黎二十年：马塞尔诗人和城市历史的起源》，马尔西里奥（Marsilio）出版社，1997年威尼斯。皮埃尔·拉夫当（Pierre Lavedan），以其《街道地理》闻名的历史学家，也有同感。

13. 像其他有前途的建筑师一样——如果我们想一想那时候的加尔恰·梅卡达尔（Garcia Mercadal），以及随后的费杜奇（Feduchi）和弗洛雷斯（Flores）——帕加诺（Pagano）对农村环境有一种特有的兴趣：他的书《意大利乡间建筑》显示了他恢复流行建筑传统的意愿，并证明了逻辑的明确性以及常常被遗忘的建筑遗产所代表着的建筑沉淀。

14. 埃内斯托·内森·罗杰斯（Ernesto Nathan Rogers），《建筑经验》，新视野出版社，1965年布宜诺斯艾利斯；第一次出版，1958年。

15. 朱塞佩·萨莫纳（Giuseppe Samona），《城市建筑联盟》，弗朗哥·安杰利（Franco Angeli）出版社，1981年米兰。在威尼斯学会，从60年代开始形成了一个纪律团，他们在进行城市分析的名义下，集中了如城市、领土、类型和想象等课题。

16. 萨韦里奥·穆拉托里（Saverio Muratori），《威尼斯城市历史的运营研究》，国家制图所，1959年罗马。作为形态学之父，穆拉托里创造的依托在于历史。20世纪50年代，他进行了一项不凡的工作："危机中的建筑和文明"，1967年罗马。在他对罗马的研究中，他遵循了兰兹阿尼等（Lanziani）考古建筑家的传统，创造性地提出了技术在历史地图制作中的重要地位，并把现在的城市地图和普通的土地制图区分开来。1963年，他的徒弟兼同事，詹弗兰科·卡尼贾（Gianfranco Caniggia），在其第一部作品《城市的讲演》中进一步发展了形态学的分析。"这部作品的价值尤其在于，当懂得了建筑物类型和城市形态之间的关系时，建筑的历史把对建筑的认识和对城市的理解结合在一个单独的过程之中"，参见意大利建筑师艾莫尼诺（Aymonino）和阿尔多·罗西（Aldo Rossi），《帕多瓦城——明智的城市分析》，出版办公室，1966年罗马。

17. 阿尔多·罗西（Aldo Rossi），《城市的建筑》，古斯塔沃·希利（Gustavo Gili）出版社，1971年巴塞罗那。罗西宣布："我是从积极的意义上来理解建筑的，在我看来，建筑是一种创造，与世俗生活、所处社会都无法分割……因此，建筑对于文明的形成而言是固有的，是一种持久的、通用的和必要的事件。"

18. 阿尔多·罗西（Aldo Rossi），《城市的建筑》意大利文第二版，1969年。在《作为场所的空间》一书中《作为地区的空间》，巴利亚多利德大学（Valladolid）出版社，1992年——胡安·路易斯·德拉斯里瓦斯（Juan Luis de las Rivas）向我们展示了不同概念之间的类比，这些概念都可以供"场所"的概念参考。在以城市过去为重要吸引点的建筑辩论中，这是城市修复的本质特征。

19. 参见弗朗切斯科·因多维纳（Francesco Indovina），《不动产的挥霍》，古斯塔沃·希利（Gustavo Gili）出版社，1974年巴塞罗那；朱塞佩·坎波斯·韦努蒂（Giuseppe Campos Venuti），《城市规划与节俭》，21世纪出版社，1981年巴塞罗那，该书为其1967年作品《城市计划管理》的延伸。这些都是进步城市学家的集思广益，也激励人们在设计城市发展时候并不只是从数量的角度出发。

20. 参见法利尼（P. Falini），《城市区域的重新评定》，出版局，1997年罗马。在书中，他把原指导历史中心的思想扩展到了领土的总体应用上。

21. 埃齐奥·邦凡蒂（Ezio Bonfanti），"历史中心的建筑"，摘自《理性建筑》，联盟出版公司，1979年马德里。

22. 皮耶尔·路易贾·塞尔韦拉蒂（Pier Luigi Cervellati）以及其他的城市学家，《拯救历史中心——博洛尼亚》，阿尔诺多—蒙达多利出版社，1977年米兰。

23. 在意大利语中，"Ambiente"（环境）的意义与其他语言中不同。它指的不仅是场景，而是如全球大气层这样的环境，是让我们能与场所（拉丁语里指守护神）的概念。环境保护的概念产生的，是一种仅由对建筑物外表进行简单保护的防腐文化。

24. 参见朱塞佩·坎波斯·韦努蒂（Giuseppe Campos Venuti），《博洛尼亚的革命性城市规划》，博洛尼亚历史画刊第五卷的第五、六册，于1990年的AIEP。这两册分别题为"扩张中的重建"和"变革中的扩张"，坎波斯用意大利文解释了城市规划的演变过程，解决了三代的城市蓝图问题。面对左派的马克思主义风格，他革命者的姿态在城市蓝图的议题中寻找一种可能性，以保障社会稳定和为公共利益服务的不动产。

25. 在他多年前参与的城市会议之后，坎波斯在博洛尼亚（Bolonia）写出了一本精彩的书。其中，他为我们在城市规划方面的研究上了伟大的一课：朱塞佩·坎波斯·韦努蒂（Giuseppe Campos Venuti），《区域》，CLUEB和莫兰迪博物馆，2000年博洛尼亚（《城市规划》，城市规划研究所，2004年巴利亚多利德大学出版社）。

26. 要得到一个普遍的解释，参见特罗伊蒂尼奥·比努埃萨（Troitino Vinuesa），《旧城区和历史中心：问题、政策和城市动态》，MOPT-DGPTU，1992年马德里。

27. 在很长时间内，毕尔巴鄂市（Bilbao）拥有的7条街道都朝向内尔维翁河（Nervion River）河，每条街道的河岸都围拥着城市。而依阿雷纳尔山（Arenal）而建的市场广场起到了避风港湾的作用。参见比戈（Vigo），哈维尔（Javier），《毕尔巴鄂旧城区的艺术与城市规划》，毕尔巴鄂市政府，1990年。

28. 有一些令人不愉快的事件发生，但如果没有它们，就会阻碍城市的复兴。在大都市基金会领导的城市计划里——巴斯克政府，2002年维多利亚城，艾因赫鲁·萨瓦拉（Aingeru Zabala）和马尔塔·伊瓦尔维亚（Marta Ibarbia）在《欧斯克全球城》（EuskalHiria）一书中对毕尔巴鄂的旧城区进行了一个简短的描述性总结。

29. 参见《毕尔巴鄂城倡议》，比斯卡凯亚（Vizcaya）法律委员会，1994年。《城市地图册——伊比利亚半岛》，萨尔瓦特（Salvat）——巴塞罗那当代文化中心，1994年。

30. 简·雅各布斯（Jane Jacobs）的作品《伟大的城市之消亡和生命》，半岛出版社（Peninsula），1973年马德里。毫无疑问，这是与北美城市生活相关的最具影响力的佳作之一。

31. 参见布赖内斯（Breines）和迪安（Dean）的《行人革命》，Vintage Books出版社，1974年纽约；普什卡廖夫（Pushkarev）和朱潘（Zupan）的《行人的城市空间》，麻省理工学院出版社，1975年坎布里奇；布莱姆比拉（Brambila）和隆戈（Longer）的《只为了行人》，威特尼（Witney）设计出版社，1977年纽约；威廉·怀特（William Whyte），《城市——重新发现中心》，道布尔迪出版公司（Doubleday Inc.），1988年纽约。

32. 在伯纳德·弗里丹（Bernad J. Friedan）和林内·萨加林（Lynne B. Sagalyn）的《市中心——美国是如何重建城市的》麻省理工学院出版社，1991年。其中，对巴尔的摩、波士顿等市的市中心重建过程作出了一个精到的描述。也可以参见阿方索·维加拉（Alfonso Vegara）的"巴尔的摩市中心的复兴"，《城市规划》杂志第二期，1987年马德里。

33. 参见戴维·亨利（David Henry），《希望空间》，加利福尼亚大学出版社，2003年马德里。

34. 存在着一个"市中心协会"，能够使城市的不同地区重新焕发生机，为了复苏城市所创造的大小机构也依附于此。也存在一个旨在提高"内城"竞争力的基金会。

35. 参见布兰德斯·格拉茨（Brandes Gratz），罗伯塔（Roberta），明茨（Mintz），诺曼（Norman），《边缘城市——市中心的新生》，约翰·威利父子（John Wiley and Sons）出版社，1998年纽约。

第 8 章　城市战略规划

1. 罗伯托·卡马尼（Roberto Camagni），《欧洲城市和国际竞争——经济挑战》，"第二届欧洲城镇和设计师年会"的介绍性参考，1997年9月罗马。城市面对的巨大挑战可以总结为3个概念：全球化、可持续性和协调发展。

2. 参见杰勒德·弗朗索瓦·迪蒙（Gerard Francois Dumont），《城市经济——竞争中的城镇和领土》，里特克（Litec）出版社，1993年巴黎；以及科琳娜·莫兰迪（Corinna Morandi），《城市的竞争性优势——欧洲面临的挑战》，弗朗哥安杰利（Franco Angeli），1994年米兰。

3. 简·雅各布斯（Jane Jacobs），《城市和国家财富——经济生活原则》，阿列尔（Ariel）出版社，1986年巴塞罗那。在书中，她强调，相对于城市而言，城市在经济和文明建设中扮演了重要角色。

4. 彼得·霍尔（Peter Hall），《文明中的城市——文化、创新和城市秩序》，韦登菲尔德与尼科尔森（Weidenfeld and Nicolson）出版社，1998年伦敦。

5. 戴维·劳德斯（David S.Laundes），《国家的财富和贫穷》，评述版，1999年巴塞罗那。劳德斯借鉴北美实用主义传统的"边做边学"传统，研究发现不平等现象的根源。

6. 从1993年开始，这一技术从西班牙推广到整个伊比利亚半岛，这一过程尤其受到了巴塞罗那成功经验的促进，尤其是受到了所谓的"伊比利亚美洲战略性城市发展中心（CIDEU）"的支持。

7. 参见费尔南德斯·格尔（J.M. Fernandez Guell），《城市战略性规划》，古斯塔沃·希利（Gustavo Gili）出版社，1997年巴塞罗那；以及福克萨（M.de Forn I Foxa）和帕斯瓜尔（J.M.Pascual），《领土的战略性规划——市区的扩展》，巴塞罗那委员会，1995年。

8. 弗雷赫（Freije）在《企业战略和政策》——德乌斯托（Deusto）出版社，1990年毕尔巴鄂，第23、24页里采用的定义，分别来自阿亨蒂（Argenti）和德鲁克（Drucker）。

9. 富恩（Forn）和帕斯夸尔（Pascual）从阿科夫（Ackoff）处采用的定义，都是实用研究的理论。

10. 莱昂纳多·贝内沃洛（Leonardo Benevolo），《城市和建筑师》，帕伊多斯（Paidos）出版社，1989年巴塞罗那，第35页。

11. 经典参考来自于贝塔朗菲（Von Bertalanffy），《系统概论》，1968年，书中的理论在如今的生态保护主义上也得到了整体的应用。

12. 布里安·麦克洛克林（Brian McLoughlin），《城市和地区规划——聚焦系统》，IEAL出版社，1971年马德里，原版出版于1968年。

13. 例如，我们可以考虑一下如威廉·阿隆素（William Alonso）在《定位和土地利用——租地总论》（哈佛大学出版社，1964年坎布里奇市）中提到的决定性解释。

14. 贝尔纳德·韦特（Bernard Huet），《宜居空间的城市——雅典宪章的替代性选择》，《莲花》国际版第41期，1984年。

15. 参见卡罗·艾莫尼诺（Carlo Aymonino），《城市的含义》，布卢姆（Blume）出版社，1981年马德里。

16. 维托里奥·格雷高蒂（Vittorio Gregotti），《建筑领土》，古斯塔沃·希利（Gustavo Gili）出版社，1972年巴塞罗那。通过一种旨在"……形象地重建一个完全的文化模型，让我们用此来定义环境"的建筑，来超越城市规模。格雷高蒂达到了他所称的"定居原则"。作为计划的支持论据，这一背景理念提醒了萨莫纳（Samona），尤其是罗杰斯（Rogers）。

17. 参见《为了发展明天的城市——雷恩城市计划》，雷恩市政府，1991年。这一城市计划在中型城市中获得了巨大的成功，如在南特市（Nantes），布鲁诺·福捷（Bruno Fortier）就为计划在技术上的成功起了重要领导作用。

18. 参见菲利普·帕内拉伊（Philippe Panerai）和戴维·曼金（David Mangin），《城市计划》，1999年马尔塞亚（Marsella）。西班牙版本由塞莱斯特（Celeste）出版社出版，2002年马德里。

第 9 章　区域城市

1. 地区地理之父埃利泽·勒克吕（Elisee Reclus）和比达尔·德拉布拉切（Vidal de la Blache），在观点上有诸多共通之处。在地理上来说，地区的概念十分广泛，应用的意图也多种多样。"地区（Region）"一词源自"区（Regio）"，指的是当初罗马占卜师们为了给天空划界而绘制的直线。说到区域时候，我们指的可能是自然区域、历史区域、地理区域、行政区域……虽然从地理的角度来说，对于"地区"概念的解释是固定的，但这个词本身的一词多义性使得它能够与城市相连，而不会因此打断了领土的连续性。参见奥尔特加·瓦尔卡塞尔（Ortega Valcarcel），《地界限》，阿列尔（Ariel）出版社，2000年巴塞罗那。

2. 参见布鲁斯·卡茨（Bruce Katz），《区域主义的思考》，布鲁金斯研究所（Brookings Institute），2000年华盛顿。这里体现了可持续发展的城市模型与地区规模之间的深刻关系。

3. 由帕特里克·格迪斯（Patrick Geddes）发表在美国杂志《调查》（Survey）第54期上，1925年。甚至，在弗兰克·劳埃德·赖特的《广亩城市》一书中，分散的"城市区域"也借鉴了吉蒂斯的三部曲："地点—工作—成员"。

4. "我们的分析……是实现社区的历史生活的一种方式。这种历史生活并不是已经完成的过去，而是影响其现时的活动和特性的存在。所有的一切又重新开始，出现了新的影响，进行了新的干涉，从而定义了一个开发性的未来。在分析这些行为的时候，我们需要准备的不只是一个简单的对物质资料、经济资源和框架结构的合并收集，而是要优化社会特征，使每一代不只是在自我表达或者通过自我表达，有更多的改变方式。"参见帕特里克·格迪斯（Patrick Geddes），《演变中的城市——城市规划行动和城市研究绪论》，欧内斯特·本（Ernest Ben）出版社，1968

年伦敦（第一版在1915年），第363页。

5. 刘易斯·芒福德（Lewis Mumford），《城市观点》，埃梅塞出版社（Emece），1969年布宜诺斯艾利斯-巴塞罗那。

6. 参见马克·卢卡雷利（Mark Luccarelli），《刘易斯·芒福德和生态区——规划政策》，吉尔福德（Guilford）出版社，1995年纽约；以及罗伯特·沃吉托维茨（Robert Wojtowicz），《刘易斯·芒福德和美国现代主义——欧洲建筑和规划理论》，剑桥出版社，1996年。

7. 参见刘易斯·芒福德（Lewis Mumford），《技术和文明》，联盟大学出版社，1971年马德里（第一版于1934年）。

8. "城市科学"的美好时光，参见题为《美国科学城市》的散文集，出版于1965年"城市"，联合出版社，1967年马德里。

9. 都市化的第三次浪潮主要是关于：一个服务型社会和植根于灵活性大的组织过程中的现象。第三波浪潮有着人和社会的属性、关系到创造性，影响到创新活动的选址和生产问题。阿尔文·托夫勒（Alvin Toffler），《第三次浪潮》，帕恩（Pan Books）出版社，1980年伦敦。

10. 参见彼得·霍尔（Peter Hall），《国家、城市、国际资本以及对工作的新看法》，《领土研究》第19期，1985年。

11. 关于反城市化，可以参见贝里（B.J. Berry）的《城市化和反城市化》，阿诺德（Arnold）出版社，1976年纽约。克拉克（D.Clark），《城市的衰落——英国的经验》，劳特利奇（Routledge）出版社，1989年伦敦。这一作品是城市衰落理论的经典之作。空间循环的理论——城市化、郊区化、反城市化和再城市化——预测了城市中心的复兴，参见范·丹·伯格（L. Van Dan Berg），《动态社会中的城市系统》，奥尔德肖特出版社（Aldershot），1987年伦敦。但是我们也不能忘了范杜能（Von Thunen）、克里斯塔勒（Christaller）、劳里（Lowry）、勒施（Losch）、克拉克（Clark）、阿隆索（Alonso）、哈格斯坦（Hagerstand）、韦伯（Weber）等人，他们在模型解释的发展上起到了标志性作用。这些模型联结起城市中的工作、土地利用、交通和服务，为之提供有用的材料。尤其是对现在"客观"地解释城市系统非常有效，因为我们的分析还停留在对具体政策的量化评价上，影响不够深广。

12. 在城市—区域两者关系中，边界和包含地区的解释更受偏好。一名区域地理学家，如特兰（Teran），当谈到关于区域概念的不同解释时会谈及区域规划，此"区域"界定是出于特定背景下的对规划特有的宗旨；参见曼努埃尔·德特兰（Manuel de Teran）的《西班牙区域地理学》，阿列尔（Ariel）出版社，马德里，1968年。简·雅各布斯持恰好相反的观点，提出在定义区域时的"扭曲观察法"，即把区域看作一定比我们解决不了的最后那个问题更大的领域。

13. 参见戈特曼（J.Gottmann）和穆斯卡拉（C.Muscara）的《城市，下一场冒险》（La citta, prossima ventura），拉泰尔扎（Laterza）出版社，罗马，1991年。

14. 欧洲区域管理宪章，具备区域管理讨论资格的各部长第六次欧洲会议，1983年5月20日。

15. 参见蒙克卢斯（F.J. Monclús）的《分散的城市——郊区化和新周边》，现代文化中心，巴塞罗那，1988年。或许这是目前西班牙试图阐明这一话题的最好作品。

16. 欧洲共同体的区域政策存在着一个发展演变的过程。为了经济、社会的联合和内部市场关系的促进提出了欧洲2000年计划，在1991年出台了《欧洲2000：成员国的发展远景》。1994年，欧洲委员会发布了《欧洲2000＋》。1999年，通过"欧洲区域战略（ETE）"，目前，"ETE"正与"ESPON规划"一同更新、实施。

17.《巴斯克自治区区域管理纲领》，于1993年初次通过，1997年最终通过，该文件是由规划工作室团队在阿方索·维加拉（Alfonso Vegara）的领导下撰写的。欧洲区域规划"最受推荐奖"，欧洲委员会和欧洲规划师委员会，1995年。

18. 参见《巴斯克全球城》（EuskalHiria），巴斯克政府，维多利亚，2002年，与领导着大都市基金会的城市计划相关。

19. 由巴利亚多利德大学城市规划学院的胡安·路易斯·德拉斯里瓦斯领衔的在卡斯蒂利亚-莱昂进行的首次区域规划试验。文件在2001年8月2日由卡斯蒂利亚—莱昂管理委员会的发展会议颁发的206号法令中被通过。根据卡斯蒂利亚—莱昂区域管理1998年10号法律，该法律是针对次区域范围的区域管理纲领而制定。参见胡安·路易斯·德拉斯里瓦斯及其团队的《巴利亚多利德及其周边区域管理纲领的进步》，卡斯蒂利亚—莱昂管理委员会，1998年；www.jcyl.es/jcyl/cf/dgvuot/directrices-ot/doas/dotvaent/dotvaent.htm，www.uva.es/iuu。

20. 这些纲领的作用范围主要是皮苏埃加河与杜罗河汇合处的广袤土地确定的一片区域（此外还有其他如埃斯格瓦（Esgueva）河，赛加（Cega）河,阿达哈（Adaja）河，以及卡斯蒂利亚运河和杜罗河运河），该区域因连接卡斯蒂利亚沉积盆地中心地区的平原而呈现风光多样性的独特特性。

21.《巴利亚多利德及其周边区域纲领》在城市整体规划的第一级别内获得由欧洲城市规划委员会（ECTP）授予的第四届欧洲城市规划大奖，该奖于2002年11月在巴黎颁发。

第 10 章　可持续发展城市

1. 恩佐·斯堪杜拉（Enzo Scandurra），《人类环境，面向可持续发展城市的设计》（L'ambiente dell'uomo. Verso il progetto della citta sostenibile），Etas libri出版社，罗马，1996年。

2. 主要例子是梅多斯（D. H. Meadows）的著名报告，《增长的极限》，无智之书出版社，纽约，1872年；梅列斯和兰德斯（D.L, Randers, J）《超出极限：可持续发展未来的全球性崩溃》，地球扫描出版社，伦敦，1992年。

3. 蕾切尔·卡森（Rachel Carson）文章的影响，《寂静的春天》，霍顿米夫林出版社，波士顿，1962年。她是揭示杀虫剂对环境影响、其后果让大众无条件的去承受的真正先驱者，提出我们应当拥有知情权。巴里·康芒纳文章的影响，《封闭的循环》，诺普夫书局，纽约，1971年。在该书中他提出任何事物都是与其他事物相关联的，他缓慢而有力地阐释了这个观点，力图建立有关这一问题的新观念，让人们用更加智慧和珍惜的目光去观察自然。该书是一些哲学家如埃德加·莫兰（Edgar Morin）、阿尔内·内斯（I. Prigogine）和科学家如普里高津（Arne Naess），提出著名的盖亚学说的詹姆斯·拉夫洛克（J.E. Lovelock）的作品的补充。

4．E.F.舒马赫，《小的是美好的——为了一个考虑到人的社会和技术》，布卢姆出版社，马德里，1978年。

5．世界环境与发展委员会，由格罗·哈莱姆·布伦特兰（Gro Harlem Brundtland）前即挪威首相领导，以确立"变化全球计划"为宗旨于1983年创立。她的报告指出了"变化全球计划"的准则。《我们共同的未来》，联合国环境与发展委员会，牛津大学出版社，1987年。

6．可持续发展概念的其他定义：

·世界自然保护联盟（联合国环境规划署和世界自然基金会，1991年）："意味着在生态系统极限之内更高质量的生活。"该定义是作为对布伦特兰报告中的定义的补充部分由欧洲城市环境大会的专家组提出的。

·联合国环境与发展大会，于1992年在里约热内卢举办的全球峰会："对社会负责任，同时，为了后代的利益保护基础资源和自然环境的经济发展。"在里约峰会上，可持续发展的概念得到了世界范围的绝对支持，被183个国家列为共同目标，其中每一个国家都承诺为了实现《21世纪议程》制定国家计划和战略。并成立了联合国可持续发展委员会。

7．参见《迈向可持续发展》，欧洲委员会，1997年。

8．有关人类和自然关系有两篇揭示性的文章：格拉肯（Clarence J. Glacken），"罗兹岛海滩的痕迹——古代起到18世纪末西方思想中的自然与文化"，罗文出版社，巴塞罗那，1996年（第一版是1867年）。尼尔·埃弗登（Neil Everden），《自然的社会创造》，约翰·霍普金斯大学出版社，巴尔的摩市，1992年。

9．在一次有价值的试验中，东京都知事青岛幸男在1998年提出他的"创建生态社会的行动计划"，该计划包含5部分：资源和回收利用，水的循环利用，能源，运输需求的控制和教育环境。城市环境问题的解决应建立在3个原则之上：行动原则，有必要在实践中运作和面对问题，而不是讨论或表示倾向于保持和修复环境；全面解决原则，建立在科学基础之上但同时最重要是要在市民合作和承诺的情况下抱有预防、处理和解决的目的；合作原则，建立全方位多层次的合作关系。参见猪口孝和其合作者的《城市与环境——生态社会的新途径》，联合国大学出版社，1999年。

10．1996年，环境部发布了由TAU环境咨询公司做的《环境指标——向西班牙的提议》。指标是用来监督和评价现实状况和评估变化的量化测量。经济合作与发展组织提议一个偶然创立的指标系统：压力，状态，答复。指标系统可以在多部门政策中寻求因素的一体化（在技术、冲击和经济指标的组织之下）或者在经济政策中寻求环境方面的一体化（在这种情况中是由环境的可计算性引导的）。在城市空间中，汇合着不同涉及到的领域：大气层、废弃物、水，等等。

11．密集型城市当其在《有关城市环境的绿皮书》被列为欧盟的先进模式时已经获得相关性。在精确描述模式特点时有多种说法和不同之处，这与在不同的社会文化背景下功能会发生变化的密集度的方式和等级有关。

12．区域分级最初是因为对空间规划中的生态学的兴趣而出现的。本顿·麦凯（Benton Mackaye），《区域规划和生态学》，在《生态专题》第三版第十卷，1940年。

13．欧赫内·奥德姆（Eugene P. odum），《生态学基础》，W.B.桑德公司，费城，1971年（1953年第一版）；《生态学和我们濒危的生命支撑系统》，塞诺尔·亚斯（Sinauer Ass）出版社，1993年。

14．一些作者批评生态规划和可持续规划的认证，在生态系统占据最高地位的等级秩序中，应能够考虑有生命的系统，如人类，如从属的子系统。从社会和经济视野来看，它会意味着一个并不永久能被接受的观点。

15．伊恩·L.麦克哈格（Ian L. McHarg），《设计结合自然》，GG出版社，巴塞罗那，2000年（最初出版于纽约，1969年）。罗伯特·菲什曼指出简·雅各布斯所做的传统城市辩护和麦克哈格所持有关自然进程的立场反驳了一种思想和城市发展的逻辑，即将一切复杂系统进行一个破坏性的简单化。他们在20世纪60年代创建了一种语言，之后，城市主义者和环境主义者的联盟便成为可能，并且最终在20世纪80年代出现。参见罗伯特·菲什曼的《美国区域规划的死亡和生命》，在布鲁斯卡茨出版社，《区域主义的思考》，在布鲁斯卡茨出版社。

16．如想以全面和精确的方式了解风景的生态规划请参看《生态设计和规划》，由汤普森（G.F. Tompson）和斯坦纳（F.R. Steiner）编写（约翰·威利出版社，纽约，1997年）。

17．在手册中最为人所知的由环境部所编《拟定物理环境研究计划指南》，用多样化的技术在地区视野中占优势，但并没有整合的一个远景规划。欧洲的一些书本中与此正相反，比如戈德龙赫（M.Godronhe）和福曼（R.T.T. Forman）的《景观生态学》，威利出版社，纽约，1985年。描述性的文化是不够的，关于自然进程和非常个别的处境知识的运用，如湿地，森林地域或自然保护，将这些知识运用到整体空间规划进程中是非常必要的。

18．阿尔内·内斯（Arne Naess），《生态学，社会和生活方式——生态哲学的轮廓》，剑桥大学出版社，1989年。

19．参见《欧洲关于当地21世纪议程的规划指南》，地方政府环境行动理事会，弗赖堡，1995年，1998年由巴克亚兹（Bakeaz）译。

20．博塞尔曼（F. Bosselman）和卡利斯（D. Callies）在1972年的《土地利用控制中的寂静革命》中为华盛顿政府的环境质量大会作了一份报告，其中用到第一次评估数据，该数据在控制增长的名义下开始作为区域规划的战略和技术系统得到巩固。

21．布鲁斯·卡茨（Bruce Katz），《区域主义的思考》，布鲁金斯学会，华盛顿，2000年。

22. 一次如今已有无数评估的试验，如阿伯特（C. Abott）、豪（D.Howe）和阿德勒斯（S.Adlers）的《俄勒冈州式计划：一个20年的评估》，俄勒冈州立大学出版社，1994年。

23. 选自波特（D.R.Porter）的《在美国社会控制增长速度》，艾兰（Island）出版社，华盛顿，1997年。同时参看格格罗夫（J.M.DeGrove）的《平衡的增长，当地政府的规划指南》，城市管理理事会，华盛顿，1991年；斯坦（Jay M. Stein）的《控制增长：20世纪90年代规划的挑战》，鼠尾草出版社，纽伯里公园，加利福尼亚，1993年。

24. 彼得·考尔索普（Peter Calthorpe）是对可持续发展感兴趣的第一批专业人士，这点可以从他与范·德·赖恩（S. Van Der Ryn）合著的《可持续社会》一书中得到证实，山脉会出版社，旧金山，1986年。他的工作和作品已经获得了巨大影响。参见彼得·考尔索普的《下一个美国都市：生态学，社会和美国梦》，普林斯顿建筑出版社，纽约，1993年；彼得·考尔索普（Peter Calthorpe）和威廉·富顿（William Furton）的《地区性城市——扩张结束后的计划》，艾兰（Island）出版社，华盛顿，2001年。

25. 伊格那西奥·圣马丁（Ignacio San Martin）列出了可用作管理城市发展的各类工具的名录，我们可以数出甚至32种不同的工具。参见："多样土地利用的战略性速度控制"，论文，景观建筑和规划学院，亚利桑那州州立大学，1996年11月。

26.《精明增长——经济，社会，环境》，城市土地协会，华盛顿市，1998年。

27. 参见亚罗（R.D. Yaro）和希斯（T. Hiss）的《处于风险中的地区——第三次纽约和新泽西州结合部大都市区域计划》，艾兰（Is land）出版社，区域规划协会，纽约，1996年。

28. 埃德加·莫兰（Edgar Morin），《被泛化的生态系统》（L 'Ecologie generalisee），方法出版社Le Methode,1988。

29. 迈克尔·霍夫（Michael Hough），《城市和自然进程》，劳特利奇（Routledge）出版社，伦敦—纽约，1995年。由古斯塔沃·希利出版社（Gustavo Gili）、米格尔·图阿诺出版社（Ver Miguel Ruano）翻译，《生态城市主义——可持续环境：60计划》，古斯塔沃·希利出版社（Gustavo Gili），巴塞罗那，1999年；多米尼克·戈兹—穆勒（Dominique Gauzin-Muller）及合作者，《生态建筑》，古斯塔沃·希利出版社（Gustavo Gili），巴塞罗那，2002年。

30. 参见卢西恩·克里尔（Lucien Kroll）的《生物，心理，社会，生态·城市生态学》，哈马顿（L'Harmattan）出版社，尼韦尔（比利时城市），1997年。

31. 参见埃克哈特·哈恩（Ekhart Hahn）的《生态城市的重建》，在城市与地区——地区研究，第100-101页，1994年。

32. 意思是基督教犹太人的思想方式推动了技术发展，这种技术发展导致了生态危机，迪博这样指出。方济各，生态主义的支持者，也并不例外。的确，诺尔恰和他的《祈祷与劳作》是如下态度的一个例子：理解保存并不仅仅是保护而是如本笃会的修士们在追寻人与自然更和谐关系中弄脏自己的手，在寻求最好的方式以拥有宜人的自然系统和建设适合人居的环境过程中，人们的生活需要进行选择。对自然的崇敬与自愿承担照顾自然的责任是共存的。参见皮尔（G.Piel）和赛格贝里（O.Segerberg Jr.），《勒内·迪博的世界——勒内·迪博作品选集》，亨利霍尔特出版社，纽约，1990年。

33. 黑川纪章，《不同文化间的建筑——共生的思想》，学院出版社，伦敦，1991年。

34. 参见锡布兰·谢林吉（Sybrand P. Tjallingii）的《生态都市——生态意义上的合理城市发展战略》，巴克哈斯（Backhuys）出版社，莱顿，1995年；希尔德布兰·弗雷的《城市设计——朝向一个更可持续的城市形式》，E&FN Span,伦敦，1999年；比希尼奥·贝蒂尼（Virginio Bettini）《城市生态学的要素》，特洛塔出版社，马德里，1998年。

35. 参见詹克斯（M. Jenks），伯顿（E. Burton），E和威廉姆斯（K. Williams）《紧缩城市——一个可持续的城市形式？》，E&FN Span出版社,伦敦，1996年。

36. 参见迈克尔·巴菲克特（Michael Parfect）和高顿·鲍尔（Gordon Power）的《城市质量计划——城镇和都市的城市设计》，劳特利奇，伦敦，1997；河纳·阿伦德，《农村的设计》，美国规划协会，芝加哥，1994年；G.坎波斯·努提，《城市主义，生态学和巩固的城市》，城市期刊第四期，巴利亚多利德，1998年。

37.《雅典新宪章》，阿利·埃迪特里斯（Alinea Editrice），佛罗伦萨，2004年。参见欧洲城市学者会议的城市学者协会网站，www.ectp.com,和西班牙城市学者协会的网站，www.aetu.es。

38. 理查德·罗杰斯（Richard Rogers），《一个小星球的城市》，法波尔出版社（Faber&Faber），伦敦，1997年。由出版社译成卡斯蒂利亚语，GG出版社，巴塞罗那。

39.《尝试这条路——地方级的可持续发展》，欧洲城市规划会议，伦敦，2002年。www.ceu-ectp.org

40. 参见韦尔内蒂（Gianni Vernetti），《作为空间生态系统的城市》（La citta come ecosistema territoriale）,选自A.Magnaghi（Curatore），《人类栖息地。作为替代性战略的本地发展模式》（Il territorio dell'abitare. Lo sviluppo locale come alternative strategica），弗朗哥安杰利（Franco Angeli）出版社，1990年米兰。

第 11 章　数字城市

1. 丹尼尔·贝尔（Paniel Bell），《后工业时代的来临》，联合大学，马德里，1976年［1973年］。

2. 贝尔，同上，第554页。"知识社会"的概念在R.E.雷恩1966年的一篇文章中第一次出现。

3. 贝尔，同上，第562页。政治体系不能仅仅是技术专家治国主义，政治必须是由社会公众介入裁定，不仅仅是发布利益最大化或满足个人私欲的法令，而是确定社会的目标和保证社会优先，运用能够将社会福利和集体利益落实、实现上述目标的系统。正如罗伯托·索洛（Robert Solow）提前指出的，自20世纪50年代起生产率的提高将是"废弃物统计"的函数，科学、技术和生产过程中的信息管理将加入其中。

4．参见麦克卢汉（E. McLuhan）和津格隆（F. Zingrone），《麦克卢汉，重要的文稿》，帕伊多斯（Paidos）出版社，巴塞罗那，1998年。

5．维克多·雨果（Victor Hugo），1831年，《巴黎圣母院》，第五卷，第二章。

6．理查德·罗杰斯（Richard Rogers），《一个小星球的城市》，法波尔出版社（Faber&Faber），伦敦，1997年。由出版社译成卡斯蒂利亚语，GG出版社，巴塞罗那。

7．阿尔文·托夫勒（Alvin Toffler），《第三次浪潮》，普拉萨·詹尼斯（Plaza y Janes）出版社，巴塞罗那，1988年 [1980年]。

8．曼努埃尔·卡斯特利斯发展了一个里程碑式的三部曲《信息时代：经济，社会与文化》（最初于1996年和1998年间由布莱克威尔以《信息时代》为书名出版），由联盟出版社出版了西班牙语版，第一卷《网络时代》，1997年；第二卷《认同的力量》；第三卷《千年终结》1998年。

9．梅尔文·韦伯（Melvin M. Webber），"城市地区和非城市领土"，《城市结构调查》，GG出版社，巴塞罗那，1974年。

10．曼努埃尔·卡斯特利斯（Manuel Castells），《信息城市，信息科技，经济调整和城市进程》，罗勒布莱克威尔，坎布里奇市，大众牛津，1989年。

11．杜皮伊（G. Dupuy），《系统，资源和领土空间》（Systemes, reseaux et territoires），法国国立路桥大学校出版社，巴黎，1985年。

12．参见蒙克卢斯（F.J. Monclús），《分散的城市——郊区化和新周边》，现代文化中心，巴塞罗那，1988年。

13．参见戈特曼（J.Gottmann）和穆斯卡拉（C.Muscara）的《城市，下一场冒险》（la citta prossima ventura），拉泰尔扎（Laterza）出版社，罗马，1991年。

14．杰里米·里夫金（Jeremy Rifkin），《互联网时代》，帕伊多斯（Paidos）出版社，马德里，2000年。在该书中，作者试图证明新的占统治地位的资本主义将一切文化和生活体验都变为商业。里夫金肯定了在新的互联网时代，大中心和主题化命运是通往新商业文化的主要之门。在美国，大面积的商业接待的客人比任何其他地方都多，这其中包括大峡谷或迪士尼乐园。85%的北美游客称他们的主要活动就是购物。世界上最大的商业中心，加拿大的埃德蒙顿，占地面积相当于100个足球场，它也是文化制造最活跃的地区。商业区的所谓文化是显著的，增长潜力也吸引着更加优秀的投资方。

15．参见曼努埃尔·卡斯特利斯（M. Castells）和彼得·霍尔（Peter Hall）的《世界科技都市——21世纪的工业联合》，联盟出版社，马德里，1994年。这两位作者，柏克莱的教授，对硅谷的情况给予了独一无二的关注。

16．安娜·李·萨克森妮（Anna-Lee Saxenian），《区域优势：硅谷中的文化与竞争和128路径》，哈佛大学报刊，坎布里奇市，1994年。

17．彼得·霍尔（Peter Hall）《文明城市：文化，创新和城市秩序》，威登菲尔德与尼科尔森出版社，伦敦，1998年。

18．"发展是自己去做的过程……如果用一个词来定义经济发展，那将是即兴发挥，即是以合理的方式植根于日常生活的大背景中的即兴发挥。这个大背景是由几个保持着生机勃勃的贸易联系的城市创造的。"简·雅各布斯（Jane Jacobs），《城市和国家财政：经济生活原则》，埃里尔 S.A，巴塞罗那，1986年，167页。

19．"生产的稳定发展决定于网络系统。包括大企业之间的、大企业和小企业之间的、小企业之间的，以及正在进行权力结构分散化的大企业之间的。"卡斯特利斯（Castells）&霍尔（Hall），同上（1994），第23页。

20．克里斯蒂娜·博耶（M. Christine Boyer），《网络城市：电子通信时代的视觉感受》，普林斯顿建筑出版社，纽约，1996。

21．威廉·吉布森（William Gibson），《精神漫游者》王牌书局，纽约，1984年。

22．保罗·维瓦里奥（Paul Virillo），《机器视界》卡台德拉，马德里，1989年。维利里奥指出当今文盲和没文化之人不断繁殖增长，人们的视界被机械的视觉化取代，人们很难集中注意力，而是被周边的图像轰炸，总是而且普遍得缺乏方向感，无法判断和定位某些现象。想想"时间广场"和"皮卡迪利马戏团"中光彩夺目的招牌吧，它们被大肆复制到大阪，东京，多伦多，马德里和巴黎。

23．威廉姆·J. 米歇尔（William J. Mitchell），《便士之城：空间、地点和信息高速》，MIT出版公司，剑桥大众，1994年；和《电子托邦。城市生活：吉姆——但不是我们知道的那个》，MIT出版公司，剑桥，1999年，GG出版社 巴塞罗那，2001年。

24．威廉姆·J. 米歇尔（William J. Mitchell）2001，同上，75页。

25．托马斯·A. 霍兰（Thomas A. Horan），《数码地带：建设便士之城》，ULI出版社，2000年。

26．格雷厄姆（S. Graham）和S·马尔温（S. Marvin），《瓦解都市生活：联网的基础设施，技术流动性和城市环境》，鲁特雷支，伦敦，2001年。

27．马克·奥格（Marc Auge），《非地方——超现代的人种学》，埃德哈萨出版社（Edhasa），马德里，1996年。

28．参见安东尼·皮康（Antoine Picon），《数码城市》（La ville territoire des cyborgs），Les Editions de l'Imprimeur，贝桑松，1998年。

29．都柏林是近来增长最快的欧洲首都，最近几年爱尔兰GDP的平均增长速度无疑达到了7.5%。这归因于建立在国外投资促进基础上的经济和北美拥有新技术的公司的涌入。现有1400万居民的都柏林希望人口在近十年内可以增加30万。1999年，在1986年的《城市更新法案》的基础上通过《城市更新计划》，该计划对城市改造做出指导，并指出将这个过程的益处导向当地社会的必要性，将城市整体融入到这个新进程中。除政治选举义务之外，都柏林拥有负责的城市管理机构和负责的执行委员会，它们的职能就是保证采取的行动的有效性和连续性。

30. 参见www.thedigitalhub.com.

31. "纬壹科技城"是由裕廊集团与新加坡众多公共单位合作拟定的项目。参见www.one-north.com。顾问组由10名专家构成，在他们中除了有2名地方代表或私人部门的高层人士，还有1名微软的高管，1名日本建筑家黑川纪章，MIT建筑规划学院的系主任威廉·米歇尔（William Mitchel），西班牙城市学者阿方索·维加拉（Alfonso Vegara）和隆德大学医学系的系主任。

第12章 未来之城——卓越城市规划与城市设计

1. 一名建筑家或一名城市学家总会渴望用公式精确表示问题，但并不因此就不去支持可能的解决方案。

2. 约瑟夫·斯蒂格利茨，《全球化的代价》，桑蒂亚那，马德里，2002年。它的直译是《全球化及其不满者》，西班牙版本的书名模仿了弗洛伊德的著名作品《文明的代价》，一部在我们观念中是写给对侵略性的方面和自我毁灭感兴趣的人的作品。

3. 奥里奥尔·内洛（Oriol Nello），《城市中的城市》，埃姆普锐斯出版社（Empuries），巴塞罗那，2001年。卡塔卢尼亚城市化进程的思索，探讨了无边界城市的界线，这种现象是城市化的衍生物，在其中空间的限定性和职能的复杂性并存。

4. 参见萨斯基亚·萨森，《21世纪的城市》，美洲开发银行，1998年。

5. 理查德·罗杰斯，《一个小星球的城市》，法波尔出版社（Faber&Faber），伦敦，1997年。由出版社译成卡斯蒂利亚语，GG出版社，巴塞罗那。

6. 1996年是互联网开始大规模流行的一年，在当年，美国商务部提出了数字化分水岭的概念并将网络与人与人联络的最佳技术途径关联起来。

7. 参见萨斯基亚·萨森，"城市之间新的不平衡"，选自《全球经济中的城市》，锻松出版社，加利福尼亚州千橡树中心，1994年。爱德华·梭尔和迈克·戴维斯已经证实了如洛杉矶，在私人利益引导下的城市增长已经加速了空间的分裂和社会的灾难化。首要受害方便是公共空间，缺乏相交的能够促进社会一体化的地方。

8. 参见阿马蒂亚·森（Amartya K. Sen）的《福利、正义与市场》，帕伊多斯出版社（Paidós），巴塞罗那，1997年；《生活的质量》，经济文化基金会，墨西哥，1996年；《不平等的新考验》，联合出版社，马德里，1999年。

9. 参见罗伯特·菲什曼的《资产阶级乌托邦——郊区的浮沉》，基础出版社（Basic Books），纽约，1987年。

10. 参见乔纳森·巴奈特；"大都市的破碎"，《西方视野报》，

纽约，1995年。一些欧洲作者坚持认为近来西欧城市典型模式的变化以与北美许多城市的现象相类似为特征，打破了欧洲的独一无二性。

11. 罗伯特·菲什曼，同上。

12. 乔尔·加诺（Joel Garreau），《边缘城市：新边境的生活》，道布尔迪，纽约，1991年。

13. 爱德华·梭哈，《后都市——城市和地区的批评研究》，布拉克威尔出版社（Blackwells），牛津，2000年。

14. 弗朗兹瓦·阿谢尔（Francois Ascher），《后城市时代或城市的未来》（Metapolis ou l'avenir des villes）奥迪勒雅各布出版社，巴黎，1995年。还有其他概念，如外城exurbs，外部城市outer-cities，超级城市ipercita，无疆域城市citta sconfinata……。

15. 参见弗朗切斯科·因多维纳（Francesco Indovina），《分散的城市》，达鄂斯特出版社（Daest），1990年威尼斯；博埃里（S.Boeri），兰萨尼（A.Lanzani）和马里诺（E.Marino），《米兰地区的环境，风景和意象》（Ambiente, paesaggi e immagini della regione milanesa），阿比泰尔·塞吉斯特（Abitare Segesta），米兰，1993年。

16. 参见雷姆·库哈斯的《类型城市》，在O.M.A，雷姆·库哈斯和B.马乌，《小型、中型、大型、超大型》，010出版社，鹿特丹，1995年。

17. 在加拉加斯有小山和小丘，尽管两者看起来一样而且事实上在地表形状上就是这样。小山被管理高层们占据，而小丘上散布着茅屋和贫民区。

18. 参见约翰·特纳的《现代化进程中国家发展住房的障碍和渠道》，收录于路易斯·戴维所编的《城市增长》，古斯塔沃·希利（Gustavo Gili）出版社，巴塞罗那，1972年。

19. 参见约翰·特纳的《住房亏损的新见解》，收录于路易斯·戴维所编的《城市增长》，古斯塔沃·希利（Gustavo Gili）出版社，巴塞罗那，1972年。第140页。

20. 秘鲁50%的建筑企业和90%的运输商都是非正式的。在墨西哥城，圣保罗、利马、加拉加斯等城市35%~50%的人口居住在不稳定的条件中。

21. 奥斯卡·刘易斯，《贫穷的文化》，美国科学，215.4，19-25，1966年。他的贫穷的文化的概念在他有趣的《桑切斯的儿子们》（FCE，墨西哥，1961年）一书中就有提出过。尽管备受争议，这一概念仍成为了第三世界国家城市生活研究路途中的路标。我们可以在阿尔杜瓦（J.E.Hardoy）和萨特思韦特（Satterthwaite）的作品中找到补充资料，《住违章建筑的市民——城市第三世界人的生活》，地球扫描出版社，伦敦，1989年。

22. 参见布洛尔斯（A. Blowers）的《环境的可持续发展计划》，地球扫描出版社，伦敦，1993年。

23. 参见GUST（根特城市研究组）的《城市状况：现代都市中的生活空间，社会和自我》，010出版社，鹿特丹，1999年。

316

图片引用说明

第10页　巴西巴拉那州库里蒂巴市Arame歌剧院，摄影：Paulo Vilela, Collage Alex Camprubi）。

第12页　中国江苏苏州工业园，摄影：Hello RF Zcool / Shutterstock。

第26页　上图：Vitoria 航拍。下图：Vitoria: 由都市基金会进行地图绘制。

第32页　西班牙巴塞罗那市的埃伊桑普雷区（the Eixample），© agefotostock/Eduard Solé)/2004。

第36页　上图：Ayuntamiento Barcelona 22@, Fotografía oblícua。下图：Barcelona 22@, Plano Propuesta 2007。

第37页　Barcelona 22@ 航拍.

第40页　上图：卡尔斯教堂手绘图，版权公有。下图：维也纳的卡尔斯教堂，摄影：Ross Helen / Shutterstock。

第42页　新加坡"纬壹科技城"。扎哈·哈迪德（Zaha Hadid）为裕廊集团（JTC Corporation）设计的总体规划中的图片（www.one-north.com）。

第48页　美国马萨诸塞州波士顿后湾区（Back Bay），© agefotostock/Steve Dunwell)/2004。

第54页　纽约：地球科学和图像分析实验室，美国国家航空和航天管理局约翰逊空间中心（http://eol.jsc.nasa.gov）中的图片。

第58页　法国巴黎埃菲尔铁塔©Pigprox | Dreamstime.com。

第60页　澳大利亚悉尼歌剧院，Shutterstock.com。

第74页　上图：1933年勒·科布西耶的炮弹项目，版权公有；下图：昌迪加议会大厦（1952~1961年），CC by 2.0, via Wikimedia Commons by: duncid –KIF_4646_Pano。

第78页　亚利桑那州凤凰城：图片摘自亚利桑那地区图像档案局，数据基础来自陆地卫星7空间站。内华达州的拉斯维加斯：美国国家航空和航天管理局/戈达德航天中心/日本通产省/日本地球遥感数据分析中心/日本资源观测系统组织，以及美国/日本星体科学组。

第82页　图片摘自商业合作的建筑合作组。Carlos Lahoz Palacio, Manuel Leira Carmena, Francisco Clemente Burcio, c/ Sánchez Preciado 9.28039 Madrid. 914593931。

第90页　© Disney, 版权所有, Mission Space Epcot, 香港迪士尼, 2016年3月26日, 摄影：psgxx / Shutterstock。

第106页　上左图：巴西利亚照片（NUTEP）（Center for Technological and Public Policy Studies) http://nutep.adm. ufrgs.br。上右图：巴西利亚Pilot Plan 1960。中图：巴西利亚三权广场鸟瞰，版权公有，来源：Wikimedia Commons. by Mario Roberto Duran。下图：巴西利亚鸟瞰。CC by 3.0 via Wikimedia Commons by Victoria Camara。

第110页　拉斯维加斯的带状地带，© agefotostock/Doug Scoot/2004。

第118页　上图：伦敦大都市区周围兴起的一些主要城市，都市基金会地图图书馆。下图：米尔顿凯尔斯，城市总体结构。

第126页　努维勒城（Villes Nouvelle）的图片，http://www. villes-nouvelles.equipement.gouv.fr。

第136页　都市基金会照片。

第137页　诺曼·福斯特设计的大伦敦区市政府。

第144页　麦德林，摄影：Alfonso Vegara和Gracia Cid。

第152页　美国纽约曼哈顿天际线，CC by 3.0, via Wikimedia Commons by Lesekreis。

第162页　艺术馆（Kunsthaus）的图片 © Paul Raftery/View from Scholoss。

第162页　艺术馆（Kunsthaus）的图片　彼得·库克（Peter Cook）。

第166页　毕尔巴鄂古根海姆博物馆。

第172页　多伦多天际线，摄影：Javen / Shutterstock。

第176页　画册的平面图，"把视野扩展到南部宽街"，Avenue of the Arts, Inc.。

第176页　美国宾夕法尼亚州，费城市政府大楼。© agefotostock/ SuperStock/2004。

第184页　上图：南非开普敦，摄影：LMSpencer / Shutterstock。下图：伦敦塔桥夜景，摄影：ESB Professional / Shutterstock。

第188页　上图：哥本哈根，GeoLibrary: 都市基金会。下图：波士顿，GeoLibrary: 都市基金会。

第190页　上图：伦敦奥运会总体规划（2010年）。下图：巴塞罗那奥运村，CC by 2.0, via Wikimedia Commons by José Ramírez。

第202页　洛杉矶。图片来自美国国家航空和航天管理局/戈达德航天中心/日本通产省/日本地球遥感数据分析中心/日本资源观测系统组织，以及美国/日本星体科学组。

第204页　上图："美洲城市2050"，制图：宾夕法尼亚大学。下图：美国东北部大西洋沿岸城市带，GeoLibrary: 都市基金会。

第236页　阿斯塔那（Astana）的总设计图（哈萨克斯坦），Kisho Kurokawa Architect and Associates, 2002。

第246页　库里提巴的照片和平面图。库里蒂巴研究与城市规划院（IPPUC）。

第264页　都柏林数字中心。

第268页　新加坡"纬壹科技城"的图片。引自裕廊集团（JTC Corporation）（www.one-north.com）。

第290页　人群，Team Diversity，摄影：RawPixel.com / Shutterstock。

第294页　上图：西班牙拉里奥哈省阿罗，A.B.G. / Shutterstock.com。

对于在这一册书中刊登的照片，出版社已经尽可能地联系了全部的版权所有者。但在有些情况下，还是无法准确找到图片来源。因此，我们建议图片的作者可以与出版社联系。

阿方索·维加拉拥有城市及地区规划专业博士学位以及建筑学、经济学和社会学专业的学位。阿方索·维加拉是西班牙马德里建筑高级技术学校、纳瓦拉大学，以及圣巴布罗大学城市化课程的讲师。同时，他也是宾夕法尼亚大学设计学院的访问学者和苏黎世联邦理工学院的顾问。他在2002至2005年期间，在会员遍布超过70个国家的国际城市和地区规划师协会（ISOCARP）任会长。他是艾森豪威尔基金会的成员和受托人。在2014年，他获得了艾森豪威尔基金会杰出贡献奖。他的概念和作品通过30多本书籍和国际性会议，在欧洲、美国、拉美地区、亚洲、澳洲和非洲传播。他的作品曾被联合国、欧盟、欧洲空间规划委员会、建筑师协会、创业协会和各城市及国家的政府授予奖项。其中，由西班牙国王授予的"詹姆斯一世国王奖"，是为了表彰阿方索·维加拉在城市化和可持续发展领域的突出贡献。他在 Euskal Hiria、巴斯克地区、纳瓦拉生态城市设计的作品都曾被享誉盛名的"欧洲规划奖"授予。

阿方索·维加拉是"李光耀世界城市奖"的评审成员及"欧洲区域和城市规划奖"的评审主席。他在新加坡等全世界多个城市地区的政府担任顾问超过15年，包括横滨、墨西哥城、毕尔巴鄂、布宜诺斯艾利斯、吉隆坡、圣保罗、卡萨布兰卡、莫斯科和麦德林。从2005年他任新加坡在马德里的荣誉总领事。在2017年，他被新加坡总理授予公众服务享誉盛名的星章。阿方索·维加拉是都市基金会的创始人和名誉会长。都市基金会是一个致力于世界各地城市研究、设计和创新的国际中心。都市基金会与微软公司组成了一个联盟，以便在领土与技术交叉的不同城市间展开工作。在2016年，他完成了Caribe & Santanderes Diamond in Colombia 项目的指导工作，这个项目后来被巴塞罗那未来之城城市博览会授予"2015年概念创新奖"。在一个错综复杂而又相互联系的世界里，提升城市的战略意义和找到其发展机遇，是阿方索·维加拉工作的重点。他的概念和作品在《未来之城——卓越城市规划与城市设计》这本书中和最近出版的《超级城市》（Urban Intelligence）中展现。这部最新的出版物获得了国际城市与区域规划师学会颁发的2016年葛德阿尔伯斯奖最佳图书称号。

Alfonso Vegara has a PhD in City and Regional Planning and degrees in Architecture, Economics, and Sociology. Alfonso Vegara has been lecturer of Urbanism at the "Escuela Técnica Superior de Arquitectura de Madrid", "Universidad de Navarra", and "Universidad CEU San Pablo". He was also a visiting scholar at the School of Design of the University of Pennsylvania and Advisor of ETH Zurich Polytechnic. He was President of ISOCARP from 2002 to 2005, the International Society of City and Regional Planners, which has members in over 70 countries. He is a Fellow and Trustee of the Eisenhower Fellowships. In 2014 he received the "Eisenhower Distinguished Award". His ideas and projects have been disseminated through more than 30 books and International Conferences in Europe, The United States, Latin America, Asia, Australia, and Africa. His projects have been awarded prizes by The United Nations, The European Union, The European Council of Spatial Planners, Architects´ Associations, Entrepreneurial Associations, Cities, and National Governments. Among these awards is the "Rey Jaime I "prize, given by the King of Spain to recognize Alfonso Vegara's contribution to the fields of Urbanism and Sustainability. He has also been awarded in three occasions with the prestigious "European Award of Planning" for his work in Euskal Hiria, The Basque city region and the design of the eco-city of Sarriguren in Navarra.

He's member of the Jury of the "Lee Kuan Yew World City Prize" and current President of the jury at the "European Regional and Urban Planning Awards". He's been advisor for more than 15 years to the Government of Singapore, as well as of various cities around the world, including: Yokohama, Mexico DF, Bilbao, Buenos Aires, Kuala Lumpur, Sao Paulo, Casablanca, Moscow and Medellin. Since 2005, he is Honorary Consul General of Singapore in Madrid. In 2017 was awarded the prestigious "Public Service Star" conferred by the President of Singapore.

Alfonso Vegara is the Founder and Honorary President of Fundación Metrópoli, an international center of excellence dedicated to research, design, and innovation in cities around the world. Fundación Metrópoli has an alliance with Microsoft in order to work in different cities of the world at the intersection between Territory and Technology. In 2016, he ended the direction of the project "Caribe & Santanderes Diamond in Colombia" which has been awarded by the Smart City Expo World Congress in Barcelona as the "Innovative Idea Award of 2015".

The focus of Alfonso Vergara's work is to promote strategic values of cities and their future opportunities in a complex and interrelated world. His ideas and projects are presented in the books he has written: "Territorios Inteligentes" and the recently "Supercities. The Intelligence of Territory"; this last publication received the Gerd Albers Award for best book of 2016 by ISOCARP.

Juan Luis de las Rivas is an architect and PhD in Architecture by the University of Navarra, he is professor of Urban Planning in the University of Valladolid, where he has been Director of the Institute of Urbanism and Director of the Urbanism Department. He has been Visiting Professor in universities around the world, which include The Polytechnic University of Milan, Texas University at Austin, Universidad Latinoamericana in Puebla, Mexico or the Central University of Venezuela.

He is an active scholar in international congresses of urbanism and his writings have been widely published within the professional field of urbanism, from which we can mention exceptional books like "El Espacio como Lugar" (The space as a place), the Spanish edition of "Design with Nature" from Ian McHarg or the "Atlas de Conjuntos Historicos de Castilla y Leon" (Historical Heritage Atlas of the Spanish provinces of Castilla and Leon".

He is a member of IAC (International Advisory Council) of Fundación Metrópoli where he permanently participates in urban projects. He has directed 12 doctoral theses and collaborates with a vast array of scientific committees and expert groups and associations, like the one who assesses the "Good Practices" of the Dubai Award sponsored by the United Nations UN-Habitat and the Dubai Government.

His diligent and sharp research in urban and regional planning earned in 2002 the European Council of Town Planners (ECTP) award with the document related to the Regional Guidelines for Valladolid and the same council awarded in 2013 a commendation for the program: "Actuaciones de Urbanización de Castilla y León" (Urban interventions in the Spanish Province of Castilla y Leon".

胡安·路易斯·德拉斯里瓦斯是一位拥有西班牙纳瓦拉大学建筑学博士学位的建筑师。他是巴利亚多利德大学城市规划教授，曾任城市规划研究所所长，城市规划主任。他曾在世界各地担任大学访问教授，其中包括米兰政治大学、奥斯汀得克萨斯大学、墨西哥普埃布拉拉丁美洲大学，及委内瑞拉中央大学。他是城市主义国际大会的积极学者，他的著作已经广泛出现在城市主义专业领域，包括《作为一个场所的空间》、英国著名园林设计师伊恩·麦克哈格《设计结合自然》西班牙语版、《西班牙卡斯蒂利亚-里昂的阿特拉斯山历史遗产》。胡安·路易斯是都市基金会国际咨询委员会的成员之一，他在委员会里长期从事城市项目。他指导了12篇博士论文，与大量的科学委员会、专家组和专业协会合作，例如在联合国人类住区规划署和迪拜政府联合赞助的迪拜奖"优秀实践"作评审。

胡安·路易斯在城市和区域规划领域中全心全意的工作，取得优异突出的研究成果。在2002年他以巴利亚多利德地区指南的相关研究文档，获得了欧洲建筑界技术平台的奖项；2013年，他再次以"西班牙卡斯蒂利亚-里昂的阿特拉斯山历史遗产（西班牙卡斯蒂利亚-里昂省的城市干预）"项目获得该组织的表彰。

著作权合同登记图字：01-2017-9472号

图书在版编目（CIP）数据

未来之城——卓越城市规划与城市设计/（西）阿方索·维
加拉，（西）胡安·路易斯·德拉斯里瓦斯著；赵振江等译.
—北京：中国建筑工业出版社，2017.1
　ISBN 978-7-112-20287-4

Ⅰ.①未… Ⅱ.①阿…②胡… ③赵… Ⅲ.①现代化城市－城
市规划－研究 Ⅳ.①TU984

中国版本图书馆CIP数据核字（2017）第011124号

TERRITORIOS INTELIGENTES
Alfonso Vegara, Juan Luis de las Rivas
ISBN 84-609-2698-2
© 2004 Fundación Metrópoli, los autores

Fundación Metrópoli
Avda. Bruselas 28
28108 Alcobendas, Madrid, Spain
+34 914 900 750, +34 914 900 755
citieshub@fmetropoli.org
www.fmetropoli.org

Knowledge Partner:

ΠΠ FUNDACION METROPOLI

中文版总策划：路彬（Alex Camprubi）
平面设计：王江

责任编辑：吴宇江　孙书妍
责任校对：陈晶晶　姜小莲

未来之城—— 卓越城市规划与城市设计
【西】阿方索·维加拉　胡安·路易斯·德拉斯里瓦斯　著
赵振江　段继程　裴达言　译
【西】路彬（Alex Camprubi）　陈安华　校
*
中国建筑工业出版社出版、发行（北京海淀三里河路9号）
各地新华书店、建筑书店经销
北京锋尚制版有限公司制版
北京富诚彩色印刷有限公司印刷
*
开本：787×1092毫米　1/16　印张：20　字数：415千字
2018年1月第一版　2018年9月第二次印刷
定价：258.00元
ISBN 978-7-112-20287-4
　　　　（28294）
版权所有　翻印必究
如有印装质量问题，可寄本社退换
（邮政编码 100037）

Territorios Inteligentes is a remarkable compendium of leading ideas about urban development. Cities across the globe are at very different stages of development, but each must address the question of how they participate in a global economy. SmartLands suggests a variety of approaches, based on success stories in cities around the world. It is a text that decision makers, planners and city managers ought to have at their fingertips.

Gary Hack
Dean of the School of Design University of Pennsylvania

Territorios Inteligentes is a unique contribution to urban theory and practice. It is both encyclopedic in its coverage of the antecedents of modern planning and quite focused on the innovations of the last two decades. It will be an invaluable tool in translating theory into action, assisting in the global sharing of experiences and raising the quality of debate when policy changes are being considered.

W. Paul Farmer
Executive Director and CEO. American Planning Association (APA)

Authors are keen observers of contemporary issues in urbanization. In his book, they reaffirms the fundamentals; Cities remain as both works of art and functional entities. Nevertheless new concerns confront the modern urban world: Citizen Participation, Renaissance, Sustainability, Smart Land and the relentless expansion of City Regions. Well travelled the authors deal with these topics through first hand experiences.

Liu Thai Ker
Former CEO and Chief Planner, Urban Development Authority (Singapur)

... Let me congratulate you on the scope of your book. It is truly exciting that a leading planning intellectual like yourself has designed a publication that spans the earliest ideas about modern planning through to the implications of the digital age and globalisation for our cities. The table of contents looks wonderful ...

Marcus Spiller
National President, Planning Institute of Australia